KB076469

전문가와 (목공)동호인을 위한

수납디자인

엑스날리지 지음 • **박승희** 옮김

마티

Part 1

동선을 고려한 수납 계획

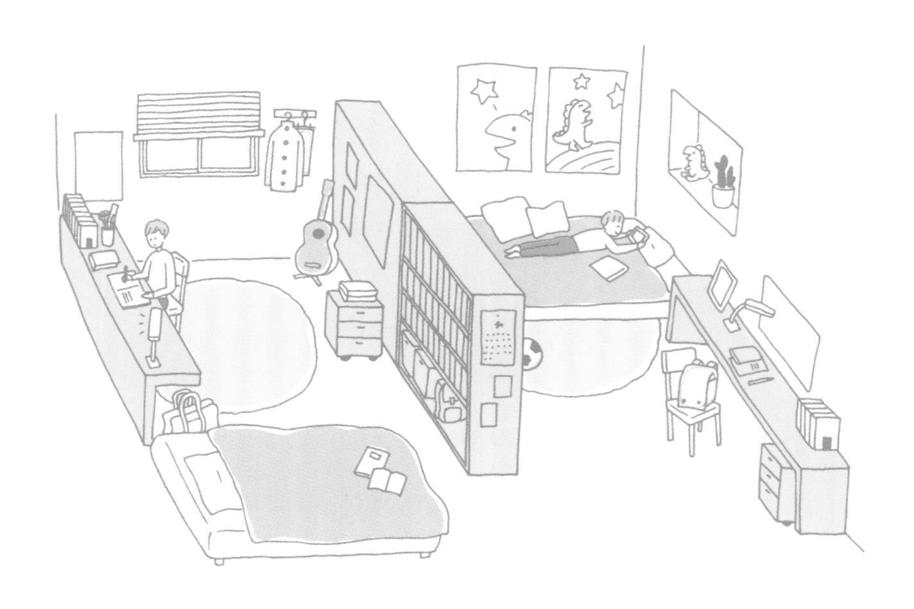

Part 2

부분별 수납 설계법

Part 3

붙박이 수납가구의 기본과 만드는 법

Part 4

요즘 사람들의 소지품 사이즈 사전

머리말

저절로 정리되는 집

집 정리로 골치를 썩는 사람들이 많다. 깔끔한 성격에 집안일을 잘하고 즐기는 편임에도 불구하고 정리 때문에 골머리를 앓는다면 그건 거의 현재 집의 평면이나 수납 방법에 문제가 있는 것이다.

깔끔하게 정리된 아름다운 집이 의외로 드물다. 왜일까? 삶을 편리하게 만들어주는 각종 제품들과 취향과 라이프스타일을 드러내는 소비의 범람을 주택 평면이 다각적으로 따라가지 못한 것이 원인 중 하나인 것 같다.

예를 들어, 일본의 집은 가변성이 높은 다다미 공간이었는데 1960년대부터 서구식 '방'이 도입되었다. 보통 서구식 '방'이란 침실마다 화장실이 딸려 있는 '완전히 사적인 공간'을 가리키는데, 공간이 매우 제한적일 수밖에 없는 일본에서 따라하기는 어려웠다. 그래서 몸단장을 위해 필요한 행위의 대부분은 여전히 가족 공용공간인 세면실에서 이루어진다. 예를 들면 이런 부조화로 동선이 복잡해졌을 것이다. 이렇듯 복잡한 동선 때문에 수많은 다양한 물건의 제자리를 정하지 못한 채 은근한 스트레스를 받으며 '일단' 살고 있는 이가 많다.

정리 잘 된 집에서 살고 싶다면 효율적인 '동선'과 '수납' 설계가 필수다. 이를테면 세면실이 없는 층에는 작은 세면 코너를 만들어야 한다. 먼저 자연스러운 생활 동선을 설계하고, 바닥에서 천장까지의 높이를 최대한 이용한 고밀도 수납을 동선 상의 적절한 위치에 설치하면 정리는 그냥 연쇄 반응처럼 자연스럽게 흘러간다.

리모델링을 포함해 지금까지 200채 정도의 주택을 설계했다. 가장 큰 보람이라면, 언제, 어느 집을 방문해도 깔끔하게 정리된 상태라는 것. 애초에 '지저분해지지 않는 시스템'을 구축해 놓으면 그다지 신경 쓰지 않아도 보기 좋은 상태를 계속 유지하며 살 수 있다. 주택 설계에서는 거주자가 '오랫동안 아름답고 편하게 지낼 수 있는 집'을 만드는 것이 필수 사항이며 그것은 오직 설계자의 책임이다.

아틀리에 사라에서, 건축설계사 미즈코시 미에코

'정리하지 않아도 정리되는 집'의 기본

문의 색은 벽이나 선반에 맞춘다.

수납 선반으로 '구분'하기. 공간 가동률이 높아지고 편리하다. 담을 물건의 종류를 구체적으로 정하고, 분류 바구니의 크기까지 결정해 수납공간의 안길이와 폭에 딱 맞는 바구니를 건축주에게 제공하면 없던 습관도 생긴다.

가로 선반 패널은 위치를 바꿀 수 있도록 만들되, 일단 정리할 물건의 높이에 맞춰 선반의 높이를 조정해두어 수납의 밀도를 높인다.

보이는 수납과 숨기는 수납의 밸런스 맞추기

'정리하지 않아도 정리되는 집' 설계 포인트

❶ 흩트러지지 않는 집의 3대 요소

'동선·수납·인테리어'라는 3요소를 정밀하게 조사한 후 설계를 해야 한다. 단순한 동선과 기능적인 수납 시스템이 잘 연결된 토대 위에서만 아름다운 디자인이 가능하다. 동선상 최적의 장소에 효율적인 수납공간을 만들면 입주할 때 그대로 흩트러지지 않는 집을 설계할 수 있다.

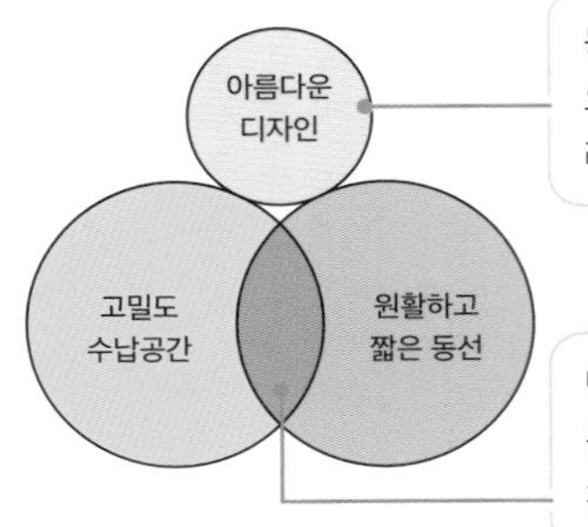

동선과 수납으로 정돈하지 않으면 아무리 훌륭한 인테리어라도 빛을 발하지 못한다.

단순한 동선과 기능적인 수납을 연결하기. 이것이 '저절로 정리되는 집'의 토대.

❷ 고밀도 수납으로 유효 면적을 늘리기

좁은 공간이라도 선반의 수를 늘리면 수납 면적을 만들어낼 수 있다. 가로폭 1,800×안길이 300㎜에 수납공간을 만들 경우, 바닥에서 천장까지의 전체 층고가 2,400㎜라면 높이 200㎜의 선반을 12단 만들 수 있다. 결과적으로 약 2평에 가까운 넓이의 고밀도 수납공간이 생긴다는 뜻.

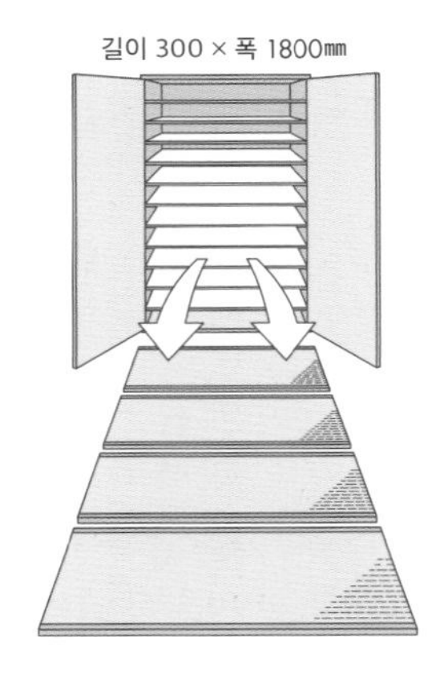

평면도와 사진을 토대로 현 상태의 문제가 무엇인지, 특히 수납이 안 되는 원인이 무엇인지 진단하고 상세하게 상의한다.

현재 제자리를 찾지 못하는 물건들을 어디에 수납하면 좋을지 사전에 제안한다.

❸ 이상적인 수납을 위한 진단과 조언

가구를 정하거나 새 집에 필요한 수납량을 결정하는 '수납 진단'을 설계 전에 반드시 실시한다. 설계자는 현재 사는 집의 수납 상황을 확인하기 위해 '모든 물건들을 사진으로 찍어 달라'고 의뢰한다. 이것이 정리되는 집을 설계하기 위한 첫걸음이다. 이 과정을 부끄러워하는 집 주인이 적지 않지만 의도를 정확하게 이해시키고 문제점을 공유하는 과정을 통해 설계자와 거주자 사이에 신뢰관계가 생겨난다. 이 작업을 거치면서 불필요한 것들을 거주자 스스로 정리하게 되어 물건의 양을 줄이는 데에도 도움이 된다.

❹ 수납에는 반드시 적재적소가 있다

'저절로 정리되는 수납'의 철칙은 '사용할 장소 근처에 물건의 자리를 정하는 것'. 아래와 같은 진단용 체크리스트를 이용해 거주자에게 현 상황을 확인시킨다. 해당 칸에 답을 기록하며 집 안에 있는 물건과 두는 장소 사이에 발생하는 괴리를 스스로 검토할 수 있다. 특히 가족들이 함께 쓰는 물건이라면 '정해진 장소=적소'를 정해 애매함을 없애는 시스템을 만드는 것이 '늘 정리된 상태의 집'을 만드는 지름길이다. 이 시스템을 더 쉽고 편리하게 활용하기 위해 입주 전 단계에서 높이와 폭이 다른 흰색 플라스틱 바구니를 100개(16종) 정도 거주자에게 제공하여 더욱 세세하게 물건의 위치를 미리 분류하게 한다. 이 바구니를 서랍 대신 활용하면 물건의 지정석이 정해지고 선반 사용도 편리해진다.

거주자가 오른쪽의 A~E를 기재한다. 그리고 '적소'에는 물건을 둘 장소로 어울리는 곳을 적어 넣는다.

A 종종 꺼내 둔 상태로 있다.
B 가족들이 자주 장소를 묻는다.
C 수납 장소가 멀다고 느껴진다.
D 수납장에서 꺼내는 것이 귀찮게 느껴진다.
E 자주 행방을 알 수 없다.

'적소 수납' 체크 리스트

	물건	진단	적소
1	모자와 장갑		
2	가족의 코트		
3	손님용 코트		
4	손수건, 포켓티슈		
5	외출 시 갖고 나가는 스포츠 타월		
6	마스크와 휴대용 난로		
7	종이봉투(비축용)		
8	헌 신문, 헌 잡지		
9	포장용 테이프, 가위, 끈		
10	가족 공용 문구류		
11	가족 진찰권		
12	보관할 영수증·청구서		
13	손톱깎이, 귀이개, 체온계		
14	양초, 성냥		
15	주부용 문구, 필기구		
16	편지지, 봉투, 엽서, 우표		
17	가전관계 설명서, 보증서		
18	가족 관련 서류		
19	자녀 관련 서류		
20	공구		
21	반짇고리		
22	약상자		
23	앨범		
24	다리미, 다리미판		
25	비디오 카메라, 카메라 류		

	물건	진단	적소
26	컴퓨터와 주변 기기		
27	전화, 팩스밀리 등		
28	수저, 커트러리		
29	접시		
30	찻잔, 커피 컵		
31	테이블클로스, 런천매트		
32	음식물 쓰레기통(두는 곳)		
33	병, 캔, 패트병(두는 곳)		
34	플라스틱 쓰레기(두는 곳)		
35	비축용 식료품		
36	매일 사용하지 않는 조리도구		
37	손님용 물수건		
38	화병		
39	잠옷		
40	속옷		
41	수건(비축용)		
42	세제(비축용)		
43	곽티슈, 화장실용 휴지(비축용)		
44	청소기		
45	철 지난 침구		
46	계절용 난방기와 선풍기		
47	전구(비축용)		
48	전지(비축용), 전지(처분용)		
49	스포츠용구		
50	CD와 DVD		

part 1

동선을 고려한 수납 계획

일상은 소소한 일거리와 움직임의 연속

물건을 '사용하는 장소'와
'수납하는 장소'의 거리가 최소한이 되도록
동선을 정리하고 최적의 장소에
'가진 물건의 양에 맞는 수납공간'을 만들면
놀라울 정도로 생활이 쾌적해진다.

생활을 고려한 동선과 수납공간

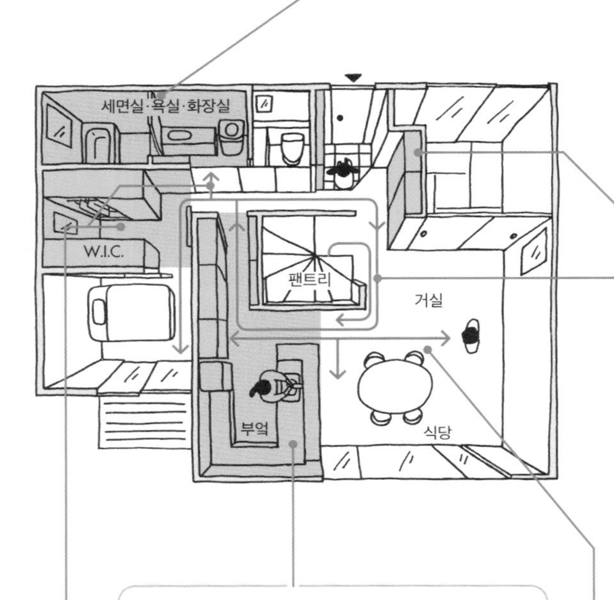

주요 동선과 기점의 관계

세면실·욕실·화장실

세면실·욕실·화장실은 가족이 개별적으로 하루에도 몇 번씩 사용하는 특수한 공간이다. 세수, 목욕은 물론이고 양치와 손 씻기, 면도, 콘택트렌즈 탈착, 옷 갈아입기와 화장 등 이곳에서 이루어지는 행위는 실로 다양하다. 수납해야 할 물건의 양과 종류도 필연적으로 많아진다. 가족이 모두 사용하면서도 동시에 매우 사적인 성격을 가진 공간이므로 배치하는 장소와 동선에 신중을 기해야 한다.

현관 수납

현관은 바깥과 집 안을 잇는 장소이므로 주로 '밖에서 사용하는 물건'을 넣는 수납공간이 필요하다. 현관과 연결되는 동선상에 충분한 용량의 수납공간을 만든다.

회유동선

집 안에 막힘이 없는 '회유동선'을 만들면 여러 방향으로 접근이 가능해지므로 이동이 훨씬 자유로워진다. 예를 들어 부엌을 회유동선으로 만들 경우, 양끝 어느 쪽으로든 드나들 수 있기 때문에 가족 모두가 지나다니기 편리하다. 이 동선 상에 수납공간을 배치하면 쓸데없는 움직임이 줄어 일상이 원활하게 돌아간다.

부엌

부엌은 단순히 '식사를 만드는 장소'가 아니다. 조리 외에도 커피를 끓이거나 쓰레기를 치우거나 사 온 물건들을 정리하는 등의 행위가 거의 끊이지 않고 이어진다. 조리와 세탁과 외출 준비 등을 동시에 진행하는 경우도 많아 가사 동선의 중심으로서 각 공간과의 연결 방식에 신중해야 한다.

드레스룸

침실을 사적인 공간(방)으로 만들 경우, 흔히 침실과 드레스룸(W.I.C.)을 옆에 붙이기 때문에 세면실·욕실·화장실과의 동선상에 W.I.C를 설치하면 공간을 더 효과적으로 사용할 수 있다. 침실과 세면실·욕실·화장실 공간은 다른 공간을 거치지 않고 바로 오갈 수 있는 게 좋다.

부엌과 식당을 잇는 동선

부엌은 하루 종일 가족들이 수시로 드나드는 '집 안의 교차로' 같은 공간이다. 냉장고에서 음료를 꺼내거나 여럿이 조리 준비를 도우면서 부딪히지 않고 원활하게 움직이도록 거실·식당과 부엌과의 동선을 정리해두어야 한다.

"집을 깔끔하게 유지하기 위해 수납공간이 많았으면 좋겠다"는 건축주가 많다. 그러나 설계자로서 해야 할 일은 무턱대고 수납공간을 늘리는 일이 아니라, '정리하기 쉬운 시스템'을 설계하는 것이다. 그 시스템을 구성하는 것이 '동선'과 '수납공간'이다.

매일의 삶은 소소한 작업과 움직임의 연속이다. 원활한 생활 동선으로 쓸데없는 움직임을 줄이면 가사와 외출 준비의 효율성이 높아져 생활에 여유가 생긴다.

집 안에서 하는 '작업'과 그에 따르는 '물건'은 떼려야 뗄 수 없는 관계다. 집 안의 사령탑과 같은 존재인 '부엌'과 가족 모두가 매일 사용하는 '세면실·욕실·화장실'은 집 안에서 사람과 물건이 가장 많이 또 자주 오가는 장소다. 이 장에서는 그 두 곳을 생활 동선의 중요한 기점으로 삼아 각각 효율적인 동선과 수납 계획의 패턴을 정리해 소개한다.

물건은 '사용하는 곳'과 '보관하는 곳'의 거리가 최소한이 되도록 동선을 정리하고 동선상의 최적의 장소에 수납공간을 만든다. 이로써 거주자의 바람을 완벽하게 만족시키는 '제구실을 하는 수납공간'을 만들 수 있다.

이동과 수납을 겸하는 방법

집 안에는 싫든 좋든 복도나 계단처럼 통로로 사용되는 공간이 생긴다. 쓸데없는 공간을 최대한 줄여야 하는 도시형 주택에서는 이 공간을 효과적으로 활용해야 한다.

팬트리나 W.I.C.를 독립된 방으로 만들지 않고 이동 공간에 넣어 '막힌 곳'을 없애면 양 사이드로 접근할 수 있어 한층 더 편리해지며 회유동선과 뒷동선의 일부가 된다.

❶ 계단과 수납공간을 겸한다

직선 계단의 길이 방향에 생긴 벽면을 이용해 가족 공용 책장을 만들었다. 계단은 가족 모두가 반드시 통과하는 장소이므로 공용 수납공간을 만들기에 적합하다.

❷ 복도와 수납공간을 겸한다

부엌과 세면실·욕실·화장실을 연결하는 이동 공간의 양쪽에 안길이 약 300㎜의 선반을 달아 팬트리로 만들었다. 여기는 뒷동선으로도 기능한다.

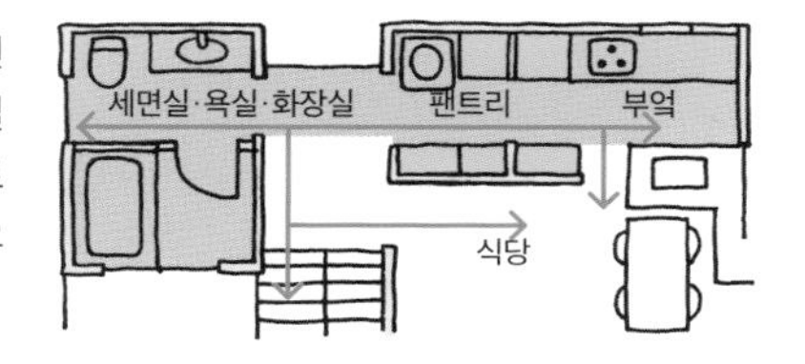

부엌을 주요 기점으로 삼는 동선과 수납공간

부엌과 '세면실·욕실·화장실'을 조합한 경우 [❶·❹]

부엌과 '세면실·욕실·화장실'을 회유동선으로 조합한 플랜. 세탁 동선과 조리 동선이 단축되어 가사의 부담을 줄일 수 있다.

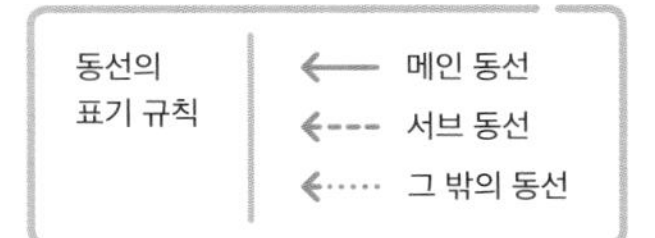

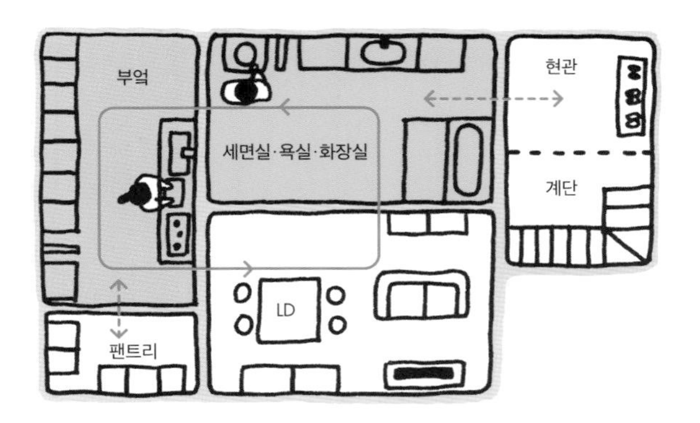

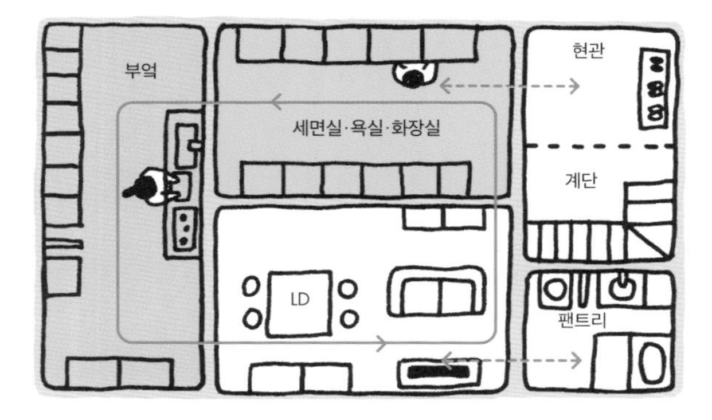

부엌과 팬트리를 조합한 경우 [❷·❺·❻]

부엌과 팬트리를 회유동선으로 조합한 플랜. 팬트리를 이동 공간으로 사용하면 플래닝의 선택지도 넓어지고 동선이 편리해진다.

부엌 주변의 동선 계획은 물건의 움직임이나 사람의 접근이 원활해지도록 회유동선을 만들고 그 일부에 부엌을 넣는 것이 포인트다. 부엌을 회유동선상에 배치하고 욕실, 가사실, 팬트리와 가까이 두면 생활의 중심이 되는 공간과 수납공간을 쉽게 오갈 수 있어 결과적으로 편리한 가사 동선이 만들어진다.

동선의 패턴은 부엌과 어느 공간을 조합하는가, 그리고 부엌이 어느 층에 있는가에 따라 크게 10가지 패턴으로 나눌 수 있다. 구체적으로는 부엌과 거실·식당이 1층에 있는 경우[18~22쪽 ❶~❺]와 2층에 있는 경우

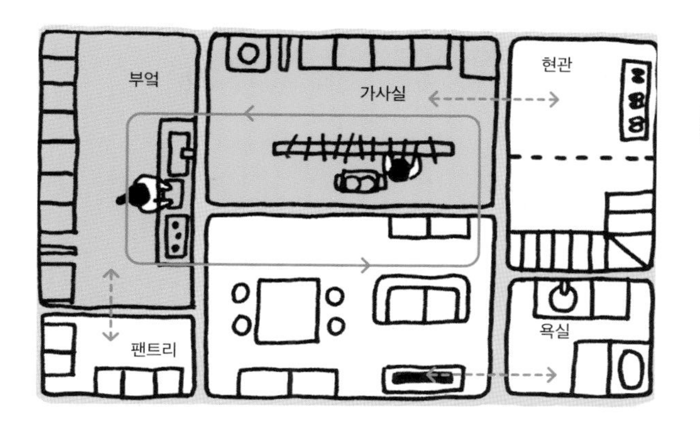

부엌과 가사실을 조합한 경우 [❸·❼]

부엌과 가사실을 회유동선으로 조합한 플랜. 욕실과 부엌을 연결시키지 못한다면 세탁기를 설치한 가사실과 가까이 배치해 가사 동선을 단축시킨다.

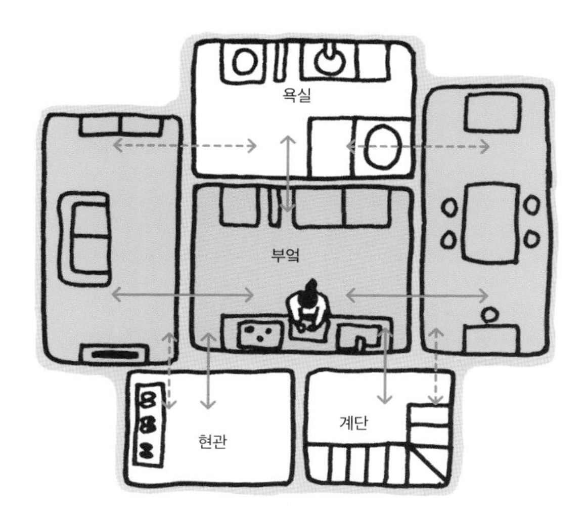

부엌이 거실과 식당 사이에 있는 경우 [❽·❾]

거실과 식당이 분리된 플랜. 부엌을 거실과 식당 사이에 두면 부엌을 기점으로 두는 편리한 동선이 된다.

[24~26쪽 ❻~❼], 그리고 1층·2층 모두 적용되는 거실·식당 분리형의 경우 [27~29쪽 ❽·❾]로 나눌 수 있다.

부엌, 거실, 식당 등의 공유 공간을 어느 층에 둘지는 부지 면적이나 채광 조건, 주변 환경 등에 따라 결정된다. 그와 달리 부엌을 기점으로 어떻게 동선을 만들 것인지는, 현관에서 부엌으로 곧장 가고 싶다거나 부엌에 수납 공간을 충분히 확보하고 싶다는 건축주의 생활 방식이나 패턴을 우선적으로 고려해야 한다.

1 욕실·세면실의 뒷동선에서 외출 준비를 하고 부엌으로

현관에서 욕실·세면실을 지나 부엌으로 가는 동선을 만들면 귀가 시 현관과 바로 연결된 욕실·세면실에서 손을 씻거나 옷을 갈아입고 세탁물을 내놓는 등 몸을 깨끗이 정리한 상태에서 팬트리나 부엌으로 갈 수 있다. 욕실·세면실을 지나지 않고 거실·식당으로 직행할 수 있는 동선도 함께 만들면 두 방향에서 부엌으로 갈 수 있는 회유동선이 생긴다.

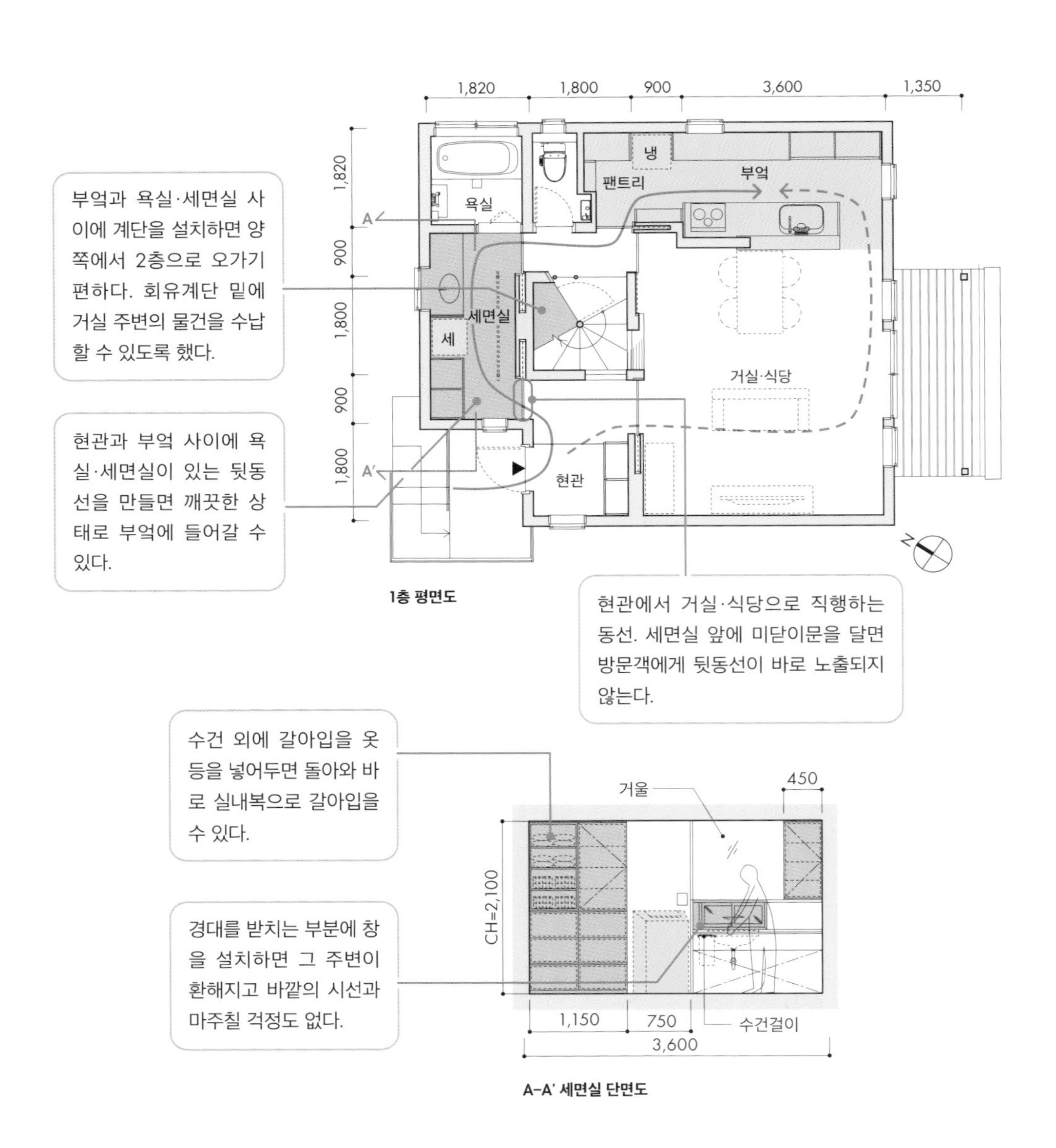

1층 평면도

A-A' 세면실 단면도

⟶ 메인 동선 - - -> 서브 동선 ·····> 그 밖의 동선

2 쇼핑 후에는 현관 수납공간의 도움으로 가볍게 부엌으로

현관에서 현관 수납공간과 팬트리를 경유해 부엌에 이르는 동선일 경우, 우선 현관 수납공간에 코트와 신발, 가방 등 외출 시 사용한 물건을 수납하고 팬트리에 식재료 등 쇼핑해 온 물건을 정리한 후 가벼운 상태로 부엌으로 들어갈 수 있다. 이동 공간상에 수납할 공간이 있으므로 물건의 이동도 가장 단축시킬 수 있는 편리한 뒷동선이다.

현관 수납공간에는 코트, 신발, 우산 등 밖에서 사용하는 물건을 수납한다. 동선상에 배치해 양쪽에서 출입할 수 있도록 하면 편의성과 통기성도 확보된다.

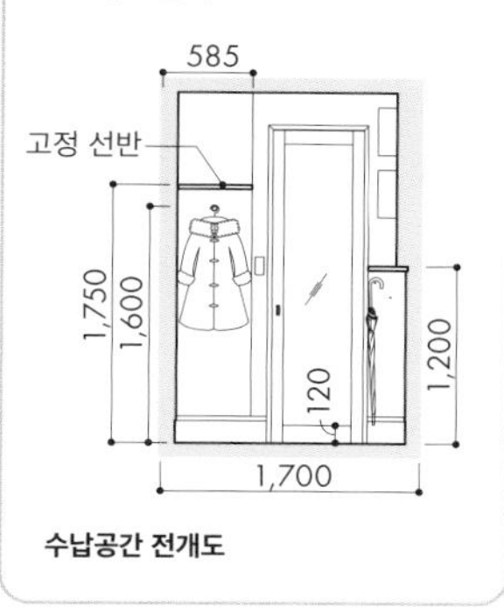

수납공간 전개도

부엌 옆에 팬트리를 설치. 현관 수납공간, 팬트리와 수납공간이 연결되는 뒷동선. 현관 수납공간과 팬트리 사이에 미닫이문을 달았는데, 오픈하면 편하게 왕래할 수 있다.

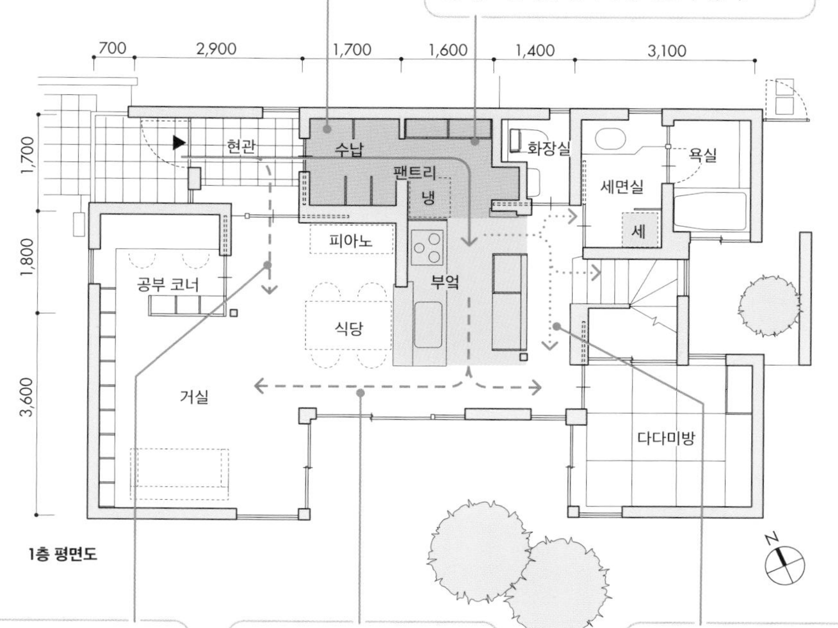

1층 평면도

손님이 오면 현관에서 거실·식당으로 곧장 가는 동선을 지나도록 하며, 수납 부분의 뒷동선과 구분되도록 한다.

현관~부엌~거실·식당으로 회유동선이 만들어졌다. 부엌에서는 모든 방으로 접근이 쉬워 가사 효율이 높다.

부엌을 경유해 세면실·욕실·화장실과 2층으로 연결된 계단으로 이어지므로 거실·식당을 지나지 않고 프라이빗 존으로 직행할 수 있다.

3 조리와 세탁을 동시에 할 수 있는 직렬형 가사 동선

부엌과 가사실이 가까이 있으면 부엌일과 세탁을 바로 옆에서 동시에 병행할 수 있어 가사 효율이 높아진다. 여기서는 부엌 옆에 세탁기와 건조 공간이 있는 가사실을 만들었다. 가사실에서 거실로 빠지는 생활 동선을 회유동선으로 만드는 것도 효율적 활용에 빠질 수 없는 포인트다.

부엌에서 가사실을 본 모습. 조리와 세탁 동선이 일직선으로 연결되어 있어 이 동선 안에서 집안일이 완결된다. 가사실 천장 부근에 건조용 봉을 설치하여 실내 건조도 가능.

탁자에서는 다림질을 하거나 빨래를 갠다. 탁자 밑은 빨래 바구니를 두는 공간으로도 사용.

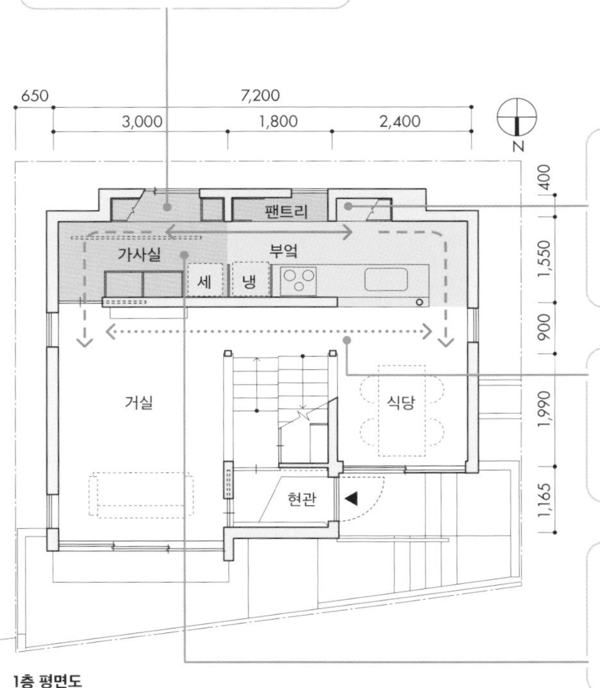

1층 평면도

부엌의 뒷면 수납공간에는 식기류와 쓰레기통을 수납. 부엌 카운터 아래는 나중에 설치할 식기세척기를 고려하여 내경 치수 600㎜를 확보한 서랍식 수납장으로.

거실과 식당은 복도를 사이에 두고 연결되어 있으므로 부엌을 포함하면 회유동선이 만들어져 어디서든 쉽게 부엌으로 접근할 수 있다.

냉장고와 세탁기는 가사실과 부엌 중간쯤에 둔다. 그렇게 하면 부엌과 가사실 어디서 일하든 불편하지 않고 동시에 일하기도 편하다.

→ 메인 동선 - - -→ 서브 동선 ⋯→ 그 밖의 동선

4 조리·세탁 공간을 하나로 묶은 가사 동선

부엌일과 세탁 등의 집안일을 한꺼번에 하는 경우, 세탁기를 부엌 안에 두는 방법도 있지만 사실은 세면실·욕실과 부엌을 연결하면 세탁할 옷을 옮기는 수고를 덜 수 있고 가사 동선이 짧아진다. 부엌과 세면실·욕실이 인접한 아래 사례에서는 세면실·욕실을 뒷동선으로 만들고 복도 및 계단과 부엌을 연결시킴으로써 거실을 경유하지 않고 2층과 각 방에서 세면실·욕실 및 부엌으로 직행할 수 있게 했다.

팬트리를 사이에 두고 부엌과 세면실·욕실이 인접해 있다. 18쪽 ❶의 현관 직결형 세면실·욕실과 달리 현관과 바로 이어지지 않기 때문에 세면실·욕실 안의 프라이버시도 유지된다.

세면실·욕실과 계단은 한 걸음에 이동할 수 있는 거리. 프라이빗 존(침실·아이방·세면실·욕실 등)이 1층과 2층으로 분리되어 있는 경우에는 퍼블릭 존을 경유하지 않고 세면실·욕실로 곧장 갈 수 있는 동선으로 만들면 타인의 시선을 신경 쓰지 않고 이동할 수 있어 좋다.

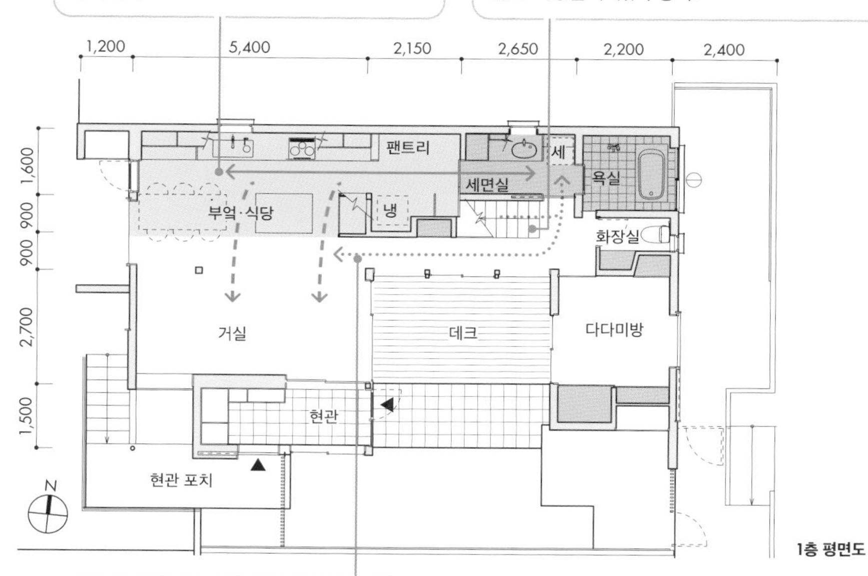

1층 평면도

복도의 뒷동선상에 세면실·욕실을 두면 식당이나 거실의 시선을 신경 쓰지 않아도 된다.

1층 부엌과 식당. 오른편 안쪽의 입구에서 팬트리, 세면실·욕실로 이어진다. 복도의 뒷동선이라 거실에서 이 가사공간들이 보이지 않는다.

5 팬트리를 경유해 여러 생활 동선과 이어진다

팬트리는 부엌과 가장 밀접한 관계를 가지는 수납공간이므로 최대한 부엌 근처에 설치하면 좋다. 이 사례처럼 부엌과 현관을 잇는 이동 공간에 팬트리를 만들면 가사 동선이 짧아지고 공간도 절약된다. 또한 팬트리를 경유해 현관, 거실·식당 등 여러 생활 동선과도 이어지는 편리한 수납공간이 된다.

현관에서 팬트리를 본 모습. 손님이 왔을 때 팬트리 문을 닫아 두면 시선을 신경 쓰지 않아도 된다. 현관 수납장과 팬트리의 문, 벽, 천장의 색을 맞춰 보기에도 예쁘다. 바닥에서 천장까지 높이의 현관 수납장으로 충분한 용량을 확보.

팬트리 선반은 오픈형으로 만들어 한 눈에 알 수 있도록 했다. 식기류 선반은 먼지를 신경 쓰는 사람이 많으므로 문을 다는 게 좋다.

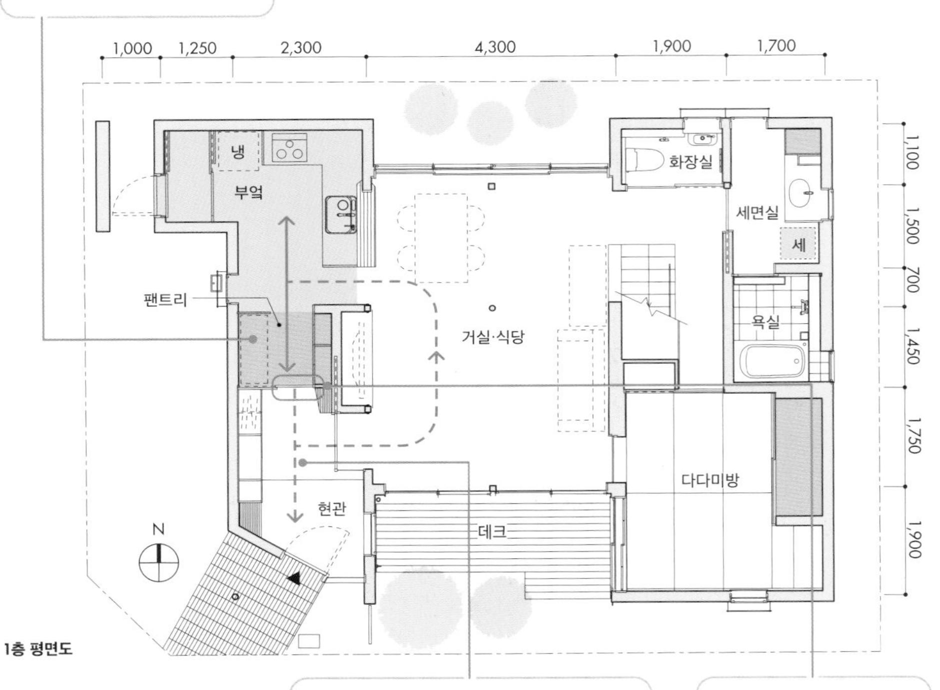

1층 평면도

팬트리를 경유해 현관·거실·식당으로 이어지는 뒷동선. 팬트리가 동선의 분기점이 되므로 어떤 장소에서든 물건을 꺼내기 쉽다. 이동 공간상에 팬트리가 있어 수납공간 안의 통기성도 확보된다.

현관에서는 팬트리 안이 보이지 않도록 미닫이문으로 칸막이를 했다.

→ 메인 동선 ---→ 서브 동선 ····→ 그 밖의 동선

현관에서 팬트리와 부엌을 본 모습. 팬트리를 지나 부엌으로 가는 뒷동선을 만들었다. 오른편의 문을 열면 거실과도 이어진다.

6 2층 부엌은 계단과의 접근성이 핵심

2층에 LDK를 두는 경우에는 부엌의 위치에 신경 써야 한다. 현관에서 짐을 반입하거나 쓰레기를 내놓는 등 부엌으로 물건이 많이 드나들기 때문이다. 계단을 올라가자마자 바로 팬트리가 나오도록 배치해 팬트리를 부엌으로 가는 동선으로 만들면 수납면에서도 동선면에서도 효율적이다.

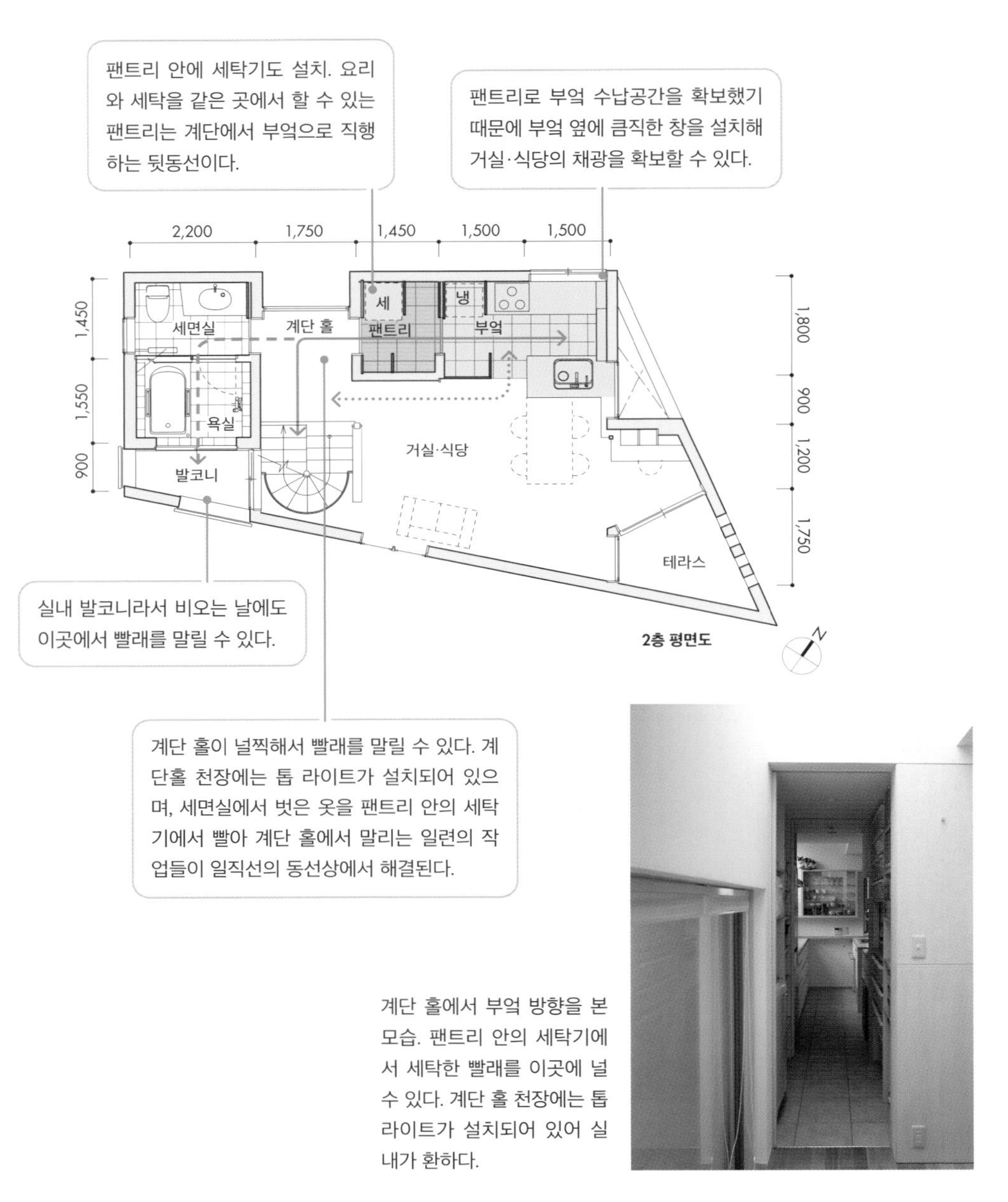

계단 홀에서 부엌 방향을 본 모습. 팬트리 안의 세탁기에서 세탁한 빨래를 이곳에 널 수 있다. 계단 홀 천장에는 톱 라이트가 설치되어 있어 실내가 환하다.

→ 메인 동선 ---> 서브 동선 ····> 그 밖의 동선

부엌에서 바라본 팬트리 방향. 계단 홀과 세면실까지 일직선으로 배치해 가사 동선이 단축된다.

7 2층 부엌도 가사실과 연결해 집안일이 편한 동선으로 만든다

부엌과 가사실을 연속 배치하면 조리와 세탁 등의 집안일을 한 곳에서 해결할 수 있어 편하다. 여기서는 2층에 부엌과 세탁기를 갖춘 가사실을 연결해 배치했다. 2층에 LDK를 두는 경우, 계단 근처에 가사실을 두면 1층 욕실·세면실에서 세탁한 의류를 쉽게 운반할 수 있어 편하다. 2층의 가사 동선은 회유동선으로 만들어 실속 있게 만들었다.

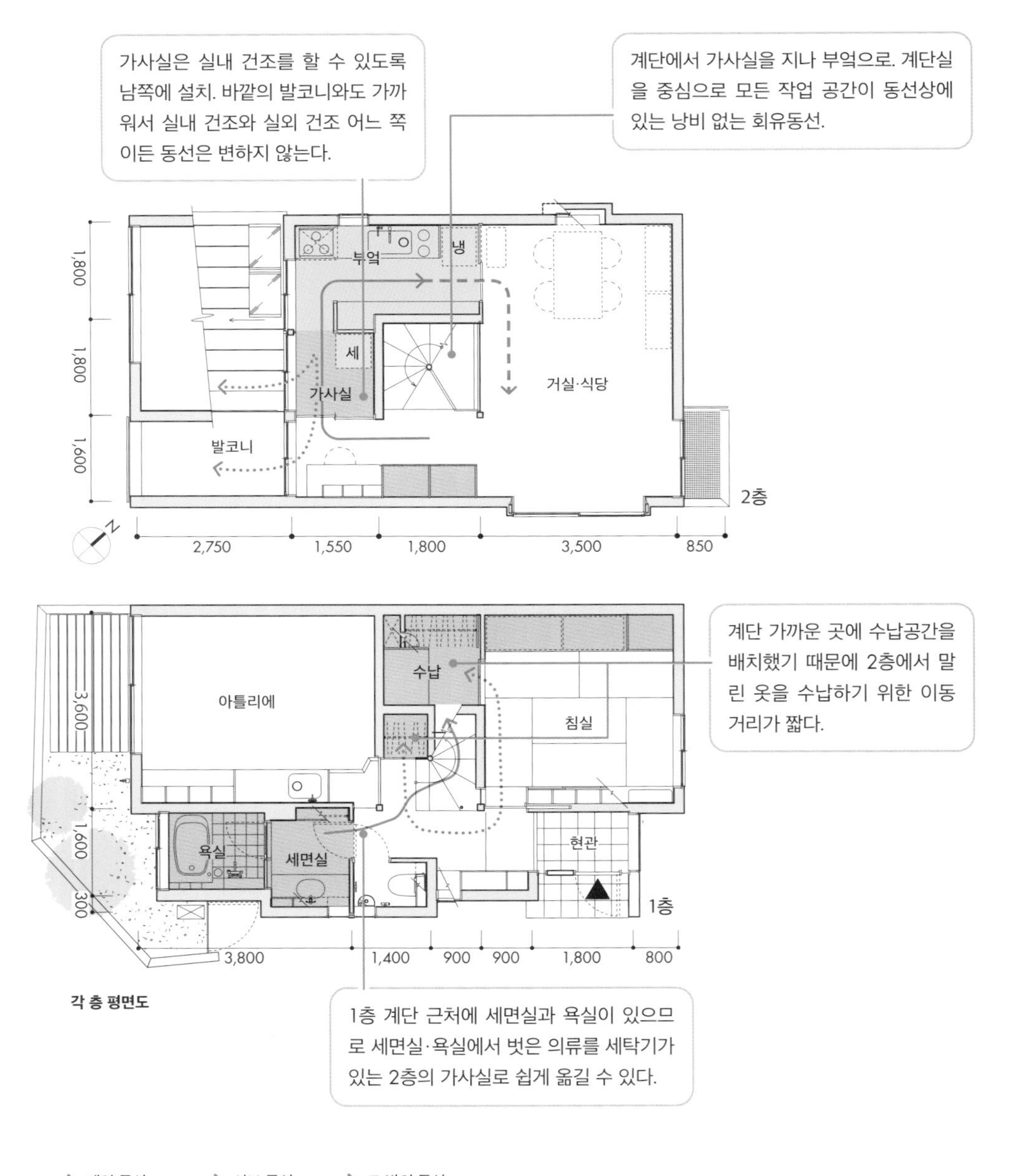

각 층 평면도

8 집 안 어디서든 쉽게 모일 수 있는 부엌 중심의 방사형 동선

여러 동선을 통해 부엌으로 갈 수 있는 복합형 부엌 동선. 이 사례에서는 식당, 거실, 복도, 가사실 등 총 4방향에서 부엌으로 출입할 수 있게 되어 있다. 부엌을 기점으로 방사형으로 동선이 연결되어 있고 부엌이 동선의 중심에 있어 집 안 어디서나 접근하기 쉽고 전체적인 집안일의 부담이 줄어든다.

부엌과 식당 사이에 칸을 막는 문이 달려 있다.

부엌에서 거실로 가려면 식당을 지나거나 계단실을 지나는 2가지 방법이 있다.

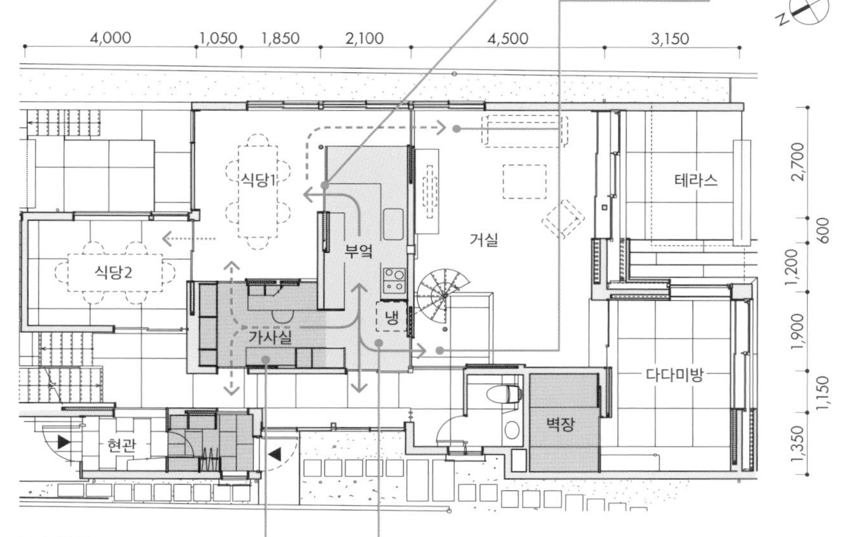

1층 평면도

가사실에 부엌이나 식당 주변의 자잘한 수납물도 정리한다.

복도·가사실·거실로 가는 분기점. 여러 방향으로 나뉘어져 어디서든 쉽게 부엌으로 갈 수 있다.

1층 부엌을 식당쪽에서 본 모습. 넓은 오픈 카운터가 있어 여러 명이 작업하기 편하다. 왼쪽은 거실로 이어지는 통로. 오른쪽에 가사실의 개구부가 보인다.

부엌에서 거실 방향을 본 모습. 부엌과는 약간 떨어진 거리에 거실이 있으므로 시선을 신경 쓰지 않아도 되고 적당한 거리감이 있다.

9 1·2층 모두 만들 수 있는 거실·식당 분리형의 부엌 동선

거실과 식당 공간이 구분되어 있는 경우, 부엌과 거실이 반드시 이어져 있을 필요는 없지만 거실과 식당 양쪽에서 부엌으로 드나들 수 있도록 하면 동선이 보다 편리해진다. 이 사례에는 부엌과 식당에 작은 회유동선이 있고, 층 전체에 커다란 회유동선이 있어 부엌으로 가는 동선이 여러 개다.

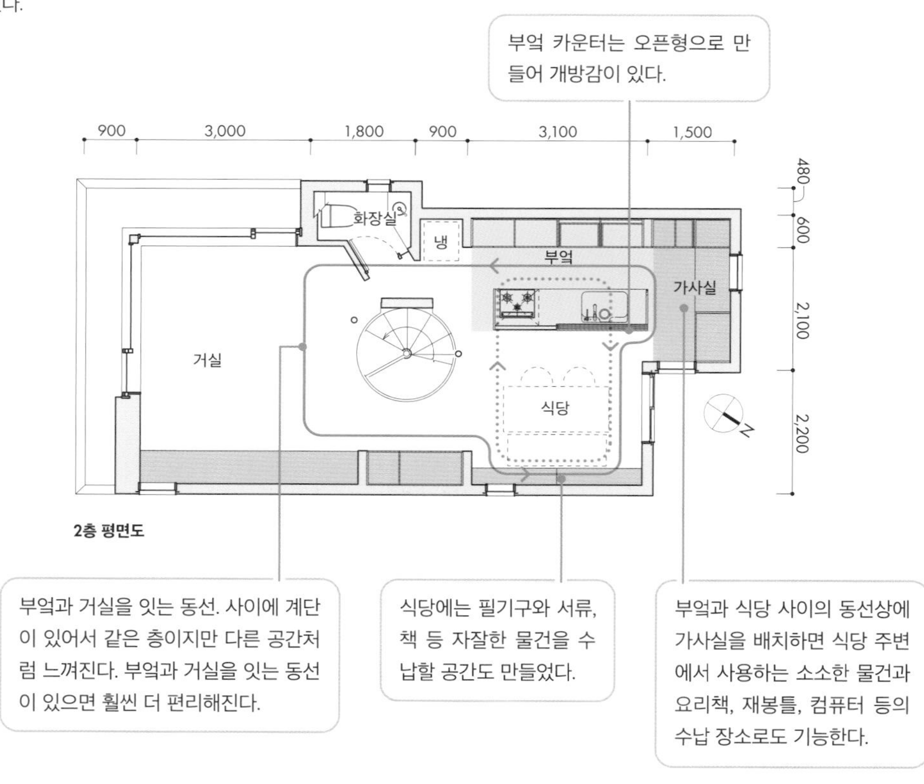

2층 평면도

부엌 카운터는 오픈형으로 만들어 개방감이 있다.

부엌과 거실을 잇는 동선. 사이에 계단이 있어서 같은 층이지만 다른 공간처럼 느껴진다. 부엌과 거실을 잇는 동선이 있으면 훨씬 더 편리해진다.

식당에는 필기구와 서류, 책 등 자잘한 물건을 수납할 공간도 만들었다.

부엌과 식당 사이의 동선상에 가사실을 배치하면 식당 주변에서 사용하는 소소한 물건과 요리책, 재봉틀, 컴퓨터 등의 수납 장소로도 기능한다.

→ 메인 동선 - - -> 서브 동선 ····> 그 밖의 동선

부엌에서 가사실을 본 모습. 부엌에서도 식당에서도 가기 쉬운 위치에 가사실을 배치했다.

새니터리 기점의 동선과 수납

2층에 거실·식당을 배치

❶ 2층 남쪽을 거실, 1층을 건조 공간으로 만든 플랜. 1층 새니터리에 세탁기를 두면 1층에서 세탁 동선이 완성된다.

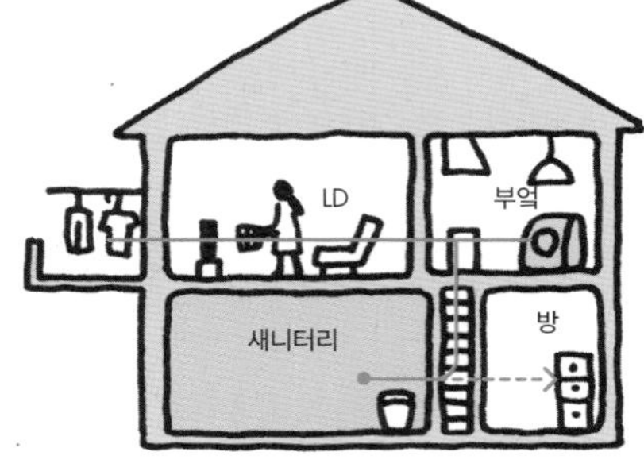

❷ 새니터리는 1층에 있고 건조 공간이 2층에 있는 경우. 젖어서 무거워진 세탁물을 계단으로 나르지 않으려면 2층 부엌에 세탁기를 두는 게 좋다.

동선의 표기 규칙

- ← 메인 동선
- ←-- 서브 동선
- ←····· 그 밖의 동선

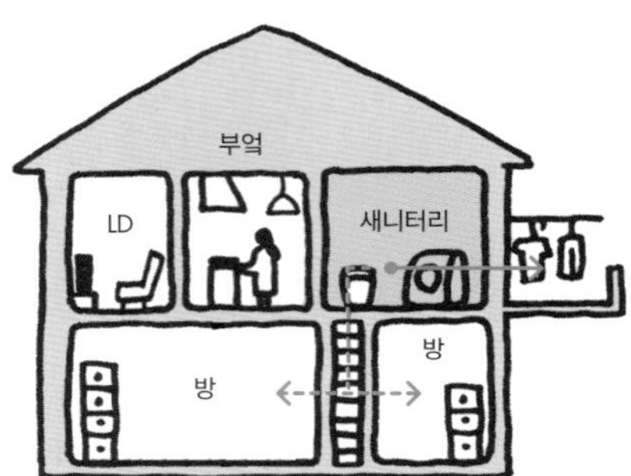

❸ 거실·식당이 있는 2층에 새니터리를 배치. 이럴 경우 세탁 동선은 거실·식당을 거치지 않는 뒷동선으로 만들 것.

세면·탈의실, 욕실, 화장실 등의 새니터리(sanitary)는 가족들이 하루에 적어도 2번은 사용하는 장소다. 그 중에서도 세면·탈의실은 옷을 갈아입고 세탁을 하는 곳이기도 하다. 그러므로 세탁 동선을 고려해 플래닝을 할 경우에는 새니터리를 기점으로 삼으면 쉽게 해결되는 경우가 많다. 이 동선을 위의 그림과 같이 ❶~❻으로 분류했다.

새니터리를 기점으로 하는 동선은 1층을 거실·식당으로 만들지, 2층을 거실·식당으로 만들지에 따라 크게 두 패턴으로 나뉜다. 또한 새니터리를 1·2층 중 어디에 배치할지, 세탁기를 새니터리와 부엌 중 어디에 놓을지에

1층에 거실·식당을 배치

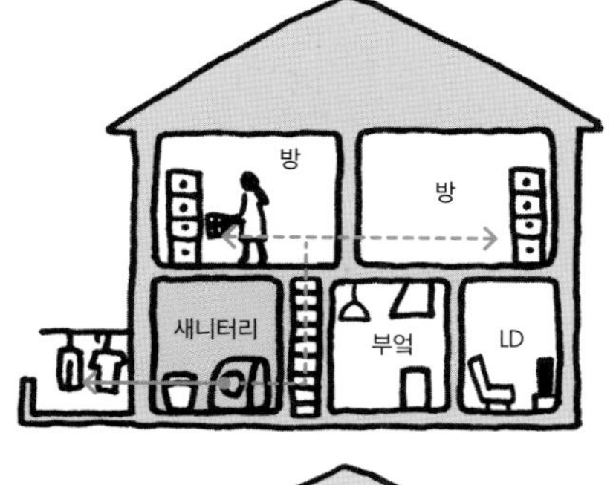

❹ 1층 새니터리와 바로 연결되는 건조 공간을 만든다. 세탁→건조하는 동선을 효율화할 수 있다.

❺ 새니터리는 2층에 있지만 건조 공간은 1층에 배치. 이럴 경우, 1층 부엌에 세탁기를 놓으면 건조 공간과 세탁기가 가까워져 효율적이다.

새니터리(sanitary)

세면·탈의실, 욕실, 화장실을 통틀어 새니터리라고 정의한다. 프라이빗한 성격이 강한 공간이므로 플래닝을 고려할 때에는 이 세 장소를 그룹화하면 좋다.

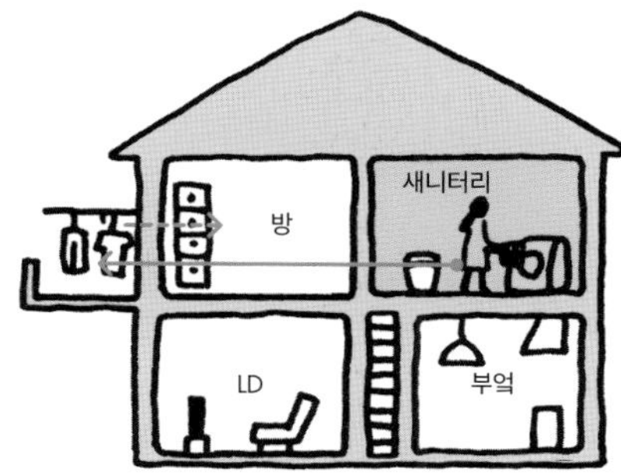

❻ 2층에 새니터리와 건조 공간이 있는 경우에는 새니터리에 세탁기를 두면 2층에서 세탁 동선을 완성할 수 있다.

세탁 동선

세탁물을 '빨고→건조하고→개는' 일련의 작업을 하는 동선을 세탁 동선이라고 정의한다. 세탁 동선은 최대한 짧고 간소하게 만드는 것이 좋다.

따라 동선의 패턴이 정해진다.

새니터리에 세탁기를 두면 벗은 옷을 세탁기에 바로 넣을 수 있다. 반면, 부엌에 세탁기를 두면 다른 집안일과 병행해서 세탁을 할 수 있다.

❶~❸은 2층을 거실·식당으로 만든 도시형 사례이다. 남쪽에 도로가 있거나 이웃집이 가까이 있는 경우에는 이 패턴의 플래닝이 효과적이다. ❹~❻은 1층을 퍼블릭한 공간, 2층을 프라이 빗한 공간으로 만든 일반적인 플래닝의 예이다.

① 1층에 새니터리와 건조 공간이 있으면 세탁 동선이 1층에서 완결된다.

2층을 거실·식당, 1층을 침실로 만든 케이스. 새니터리와 건조 공간인 데크를 1층에 배치하여 세탁 동선을 같은 층에서 완결시켰다. 이럴 경우, 세면실은 수납공간을 최소화하고 세면실에서 사용하는 샴푸·비누 등의 제품과 의류를 수납하는 창고를 가까운 곳에 설치하면 좋다. 침실과 창고를 연결하면 의류를 '개서 수납하는' 동선이 만들어진다. 세면실 천장에 건조대를 수납하여 비가 올 때는 건조 공간으로 사용한다.

1층 평면도

비가 오면 세면실에서 빨래를 말릴 수 있도록 천장에 건조대를 수납했다. 2,500㎜ 정도의 안길이를 확보하면 한 번에 많은 옷을 말릴 수 있어 편하다.

→ 메인 동선 --→ 서브 동선 ···→ 그 밖의 동선

좌 식당에서 부엌을 본 모습. 세탁기 위의 상부장은 거실에서 보이지 않도록 가벽의 면보다 조금 후퇴시켜 설치.
우 복도에서 세면실을 본 모습. 세면대 아래는 세탁 바구니를 둘 수 있도록 오픈형으로 만들었다.

② 건조 공간이 2층에 있으면 2층 부엌에 세탁기를 둔다.

2층을 거실·식당, 1층을 침실로 만든 경우. 1층에 새니터리와 침실을 배치했지만 정원이 없어 2층 발코니에 건조 공간을 만들었다. 이럴 경우, 2층 부엌에 세탁기를 놓으면 된다. 젖어서 무거워진 빨래를 계단으로 옮기지 않아도 되고 부엌일도 병행하며 세탁할 수 있어 편리. 1층 세면실은 세탁기를 놓지 않아도 되므로 콤팩트하게 만든다.

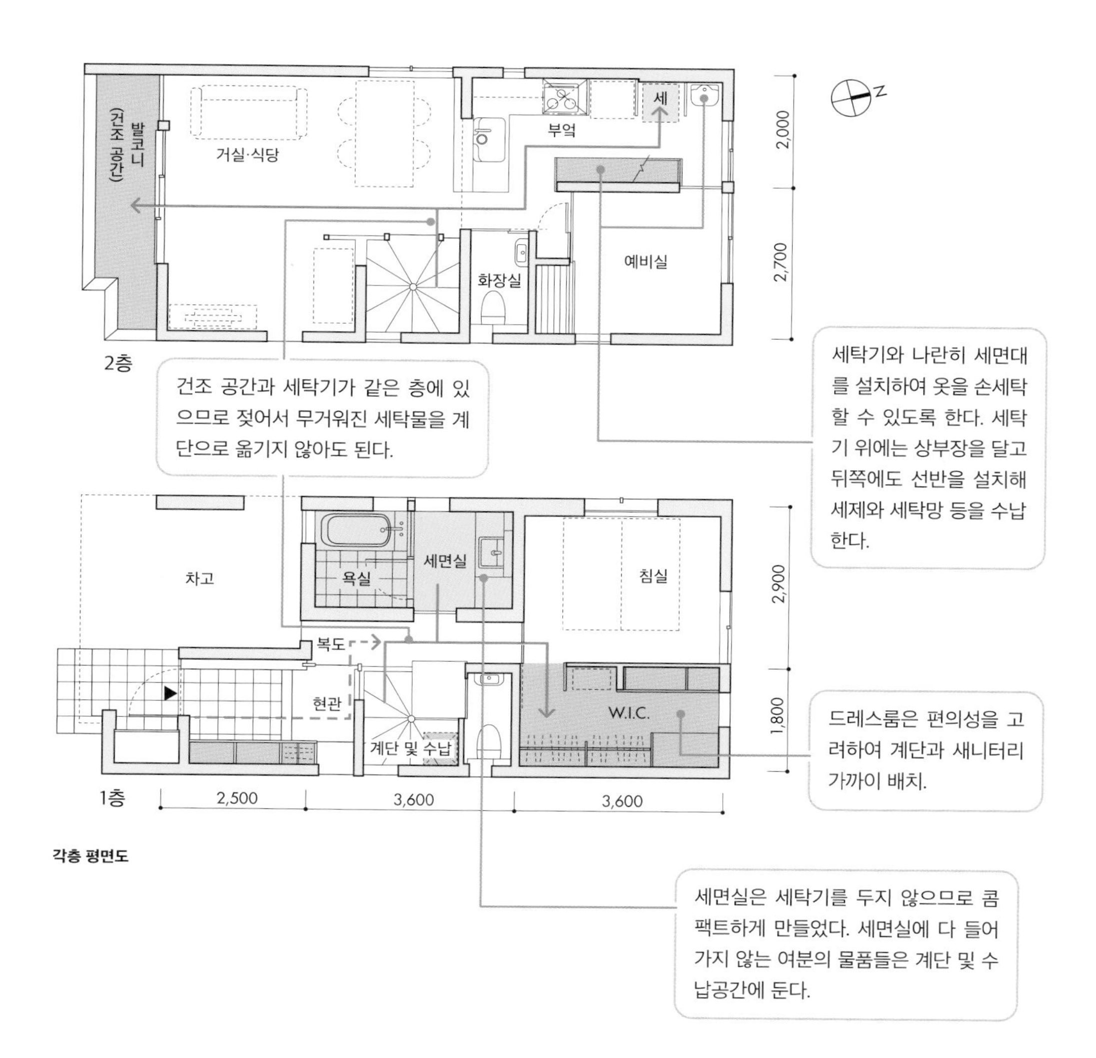

각층 평면도

3 2층 새니터리+건조 공간일 경우 복도·계단에서의 접근성이 중요

2층을 거실·식당으로, 1층을 침실로 만들고 2층에 새니터리와 건조 공간을 배치한 케이스. 세탁기는 세면실에 둔다. 여기서는 복도·계단의 배치가 중요. 세탁기는 빨래를 운반하기 쉽도록 복도나 출입구에 두는 게 좋다. 거실·식당 근처에 새니터리를 배치할 경우 세탁 동선은 거실·식당을 지나지 않아도 되도록 뒷동선으로 만든다.

세면실에서 욕실을 본 모습. 여기서는 폭 2,000㎜의 다소 넓은 세면실로 만들었기 때문에 세면대 뒤쪽 면에도 상부장을 달았다. 상부장 밑에는 2개의 행거파이프를 설치해 목욕 수건 2장을 걸 수 있다.

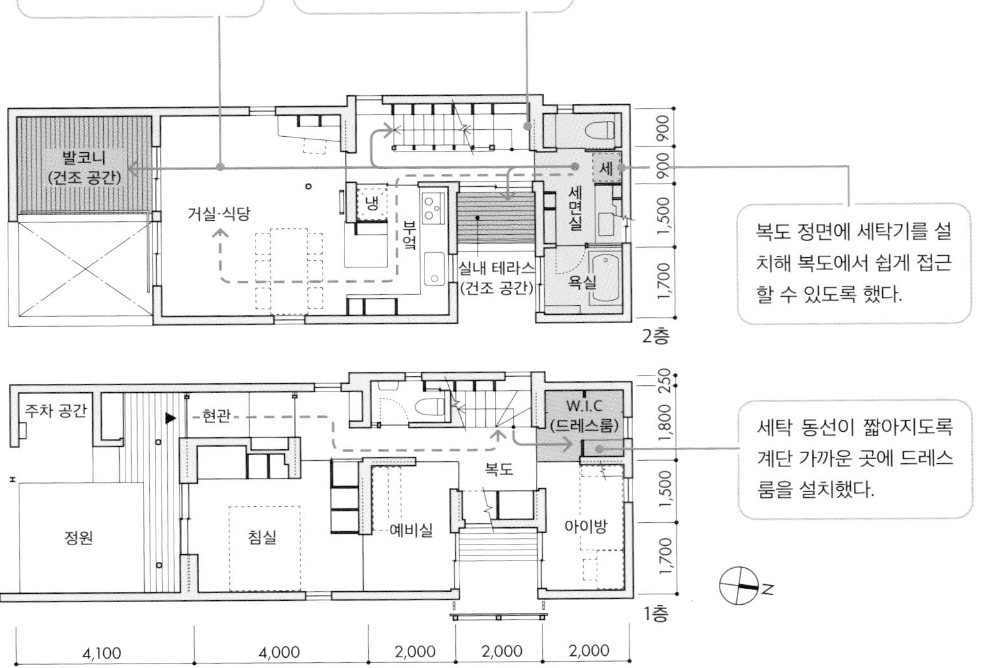

각층 평면도

4 1층 새니터리+거실·식당일 경우 뒷동선을 만든다

2층을 침실, 1층을 거실·식당으로 만든 케이스. 1층에 새니터리를 배치하여 그곳에 세탁기를 놓고 건조 공간도 1층에 만들었다. 세탁·건조 동선은 1층에서 완결된다. 걷은 빨래는 2층 옷장에 수납한다. 여기서는 새니터리에서 곧장 테라스 쪽으로 나가는 동선을 확보하여 거실을 통하지 않는 세탁·건조용 뒷동선을 확보했다.

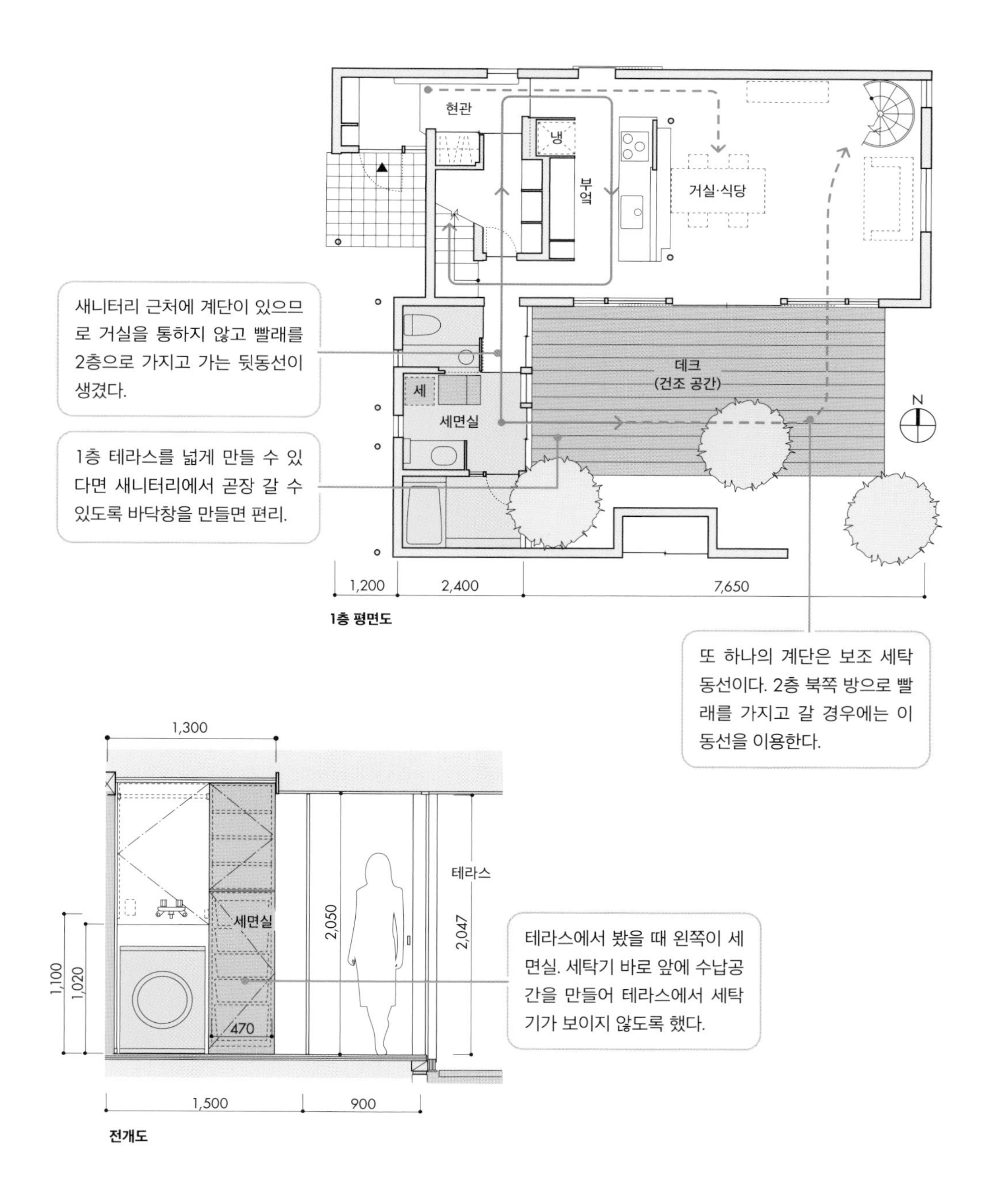

1층 평면도

전개도

5 런드리 슈트를 이용해 1층 부엌으로 세탁물을 보낸다

2층을 침실, 1층을 거실·식당으로 만든 케이스. 세면실(새니터리)은 2층에 있지만 1층 테라스를 건조 공간으로 만들었기 때문에 '세탁→건조'의 동선이 짧아지도록 1층 부엌에 세탁기를 놓았다. 세면실과 세탁기가 멀리 있으므로 2층 세면실 바로 밑에 세탁기가 배치되도록 플래닝하고 런드리 슈트(laundry chute: 세탁물을 빨래통으로 이동시키는 통로)를 설치했다. 이번 사례에서는 부엌 넓이에 여유가 있었기 때문에 부엌 구석에 가사실을 만들고 세탁기 위에 설치한 선반에 세탁 바구니와 세제 등을 수납. 천장에는 건조대를 수납하여 실내 건조 공간으로도 활용하고 있다.

좌 부엌에서 가사실을 본 모습. 가사실은 거실에서 보이지 않는 위치에 있기 때문에 편리성을 우선하여 오픈 수납공간을 만들었다.
우 세면실에서 욕실을 본 모습. 세면실에 세탁기를 놓지 않아 공간에 여유가 있어 세면대 맞은편에도 수납공간을 설치했다. 단, 계단실 쪽으로 환기용 창을 설치했기 때문에 선반은 허리높이까지만 만들었다.

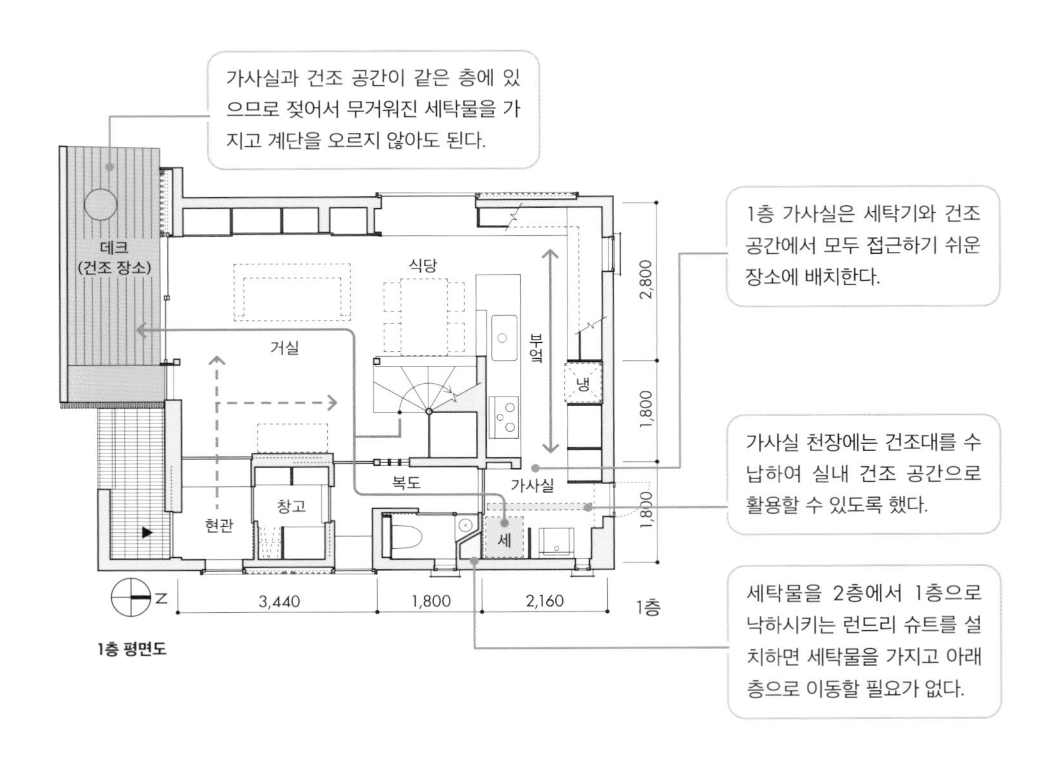

⟶ 메인 동선 ---› 서브 동선 ···› 그 밖의 동선

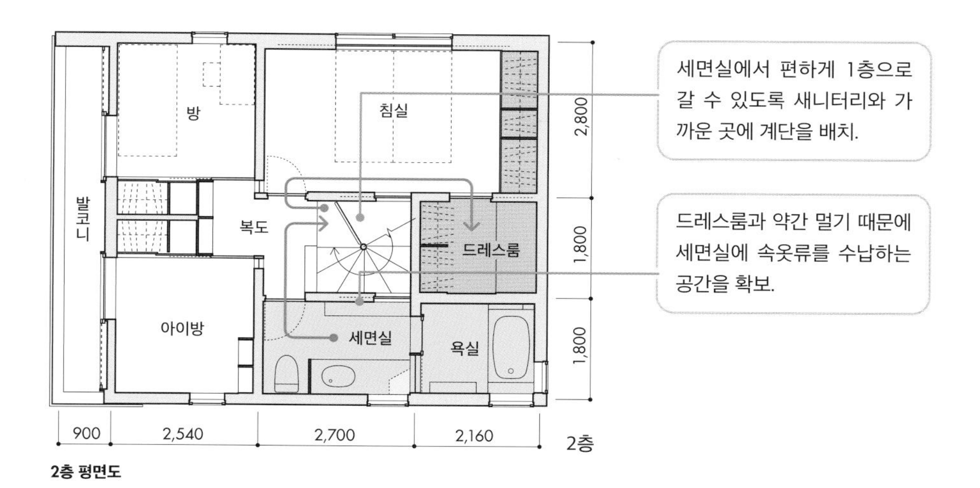

2층 평면도

6 세탁 동선을 2층에서 완결시킨다

2층을 침실, 1층을 거실·식당으로 만든 케이스. 발코니와 드레스룸 사이에 침실을 배치하여 걷은 빨래를 갤 수 있도록 했다. 드레스룸도 2층에 있기 때문에 여기서는 '세탁→건조→개기→정리하기'의 세탁 동선이 같은 층에서 완결된다.

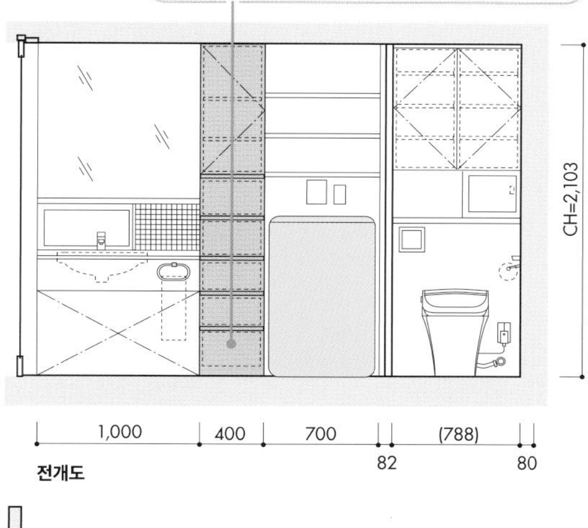

전개도

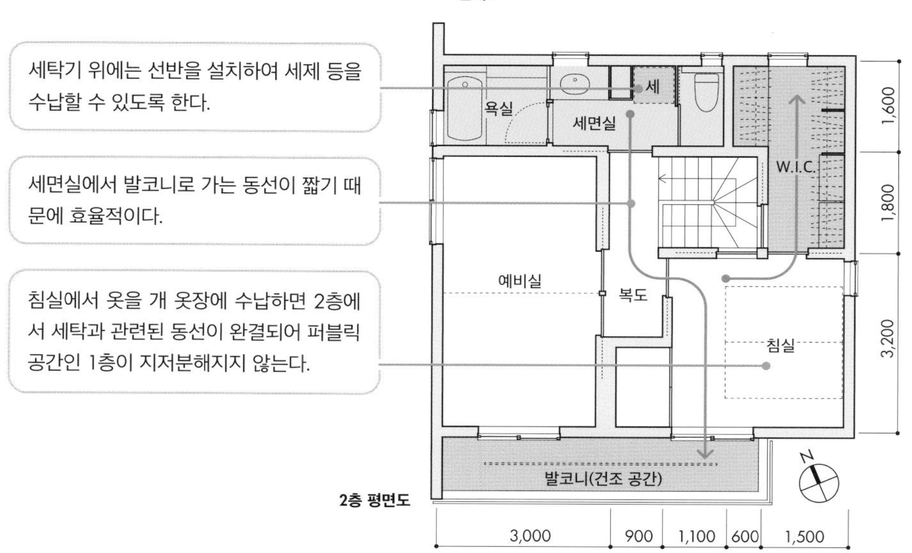

2층 평면도

드레스룸(W.I.C.)을 기점으로 하는 동선과 수납

침실·드레스룸·새니터리가 연결되다[❶]

드레스룸, 새니터리, 복도, 침실을 회유동선으로 잇는 플랜. 드레스룸에서는 최소한의 이동으로 새니터리와 침실로 갈 수 있다.

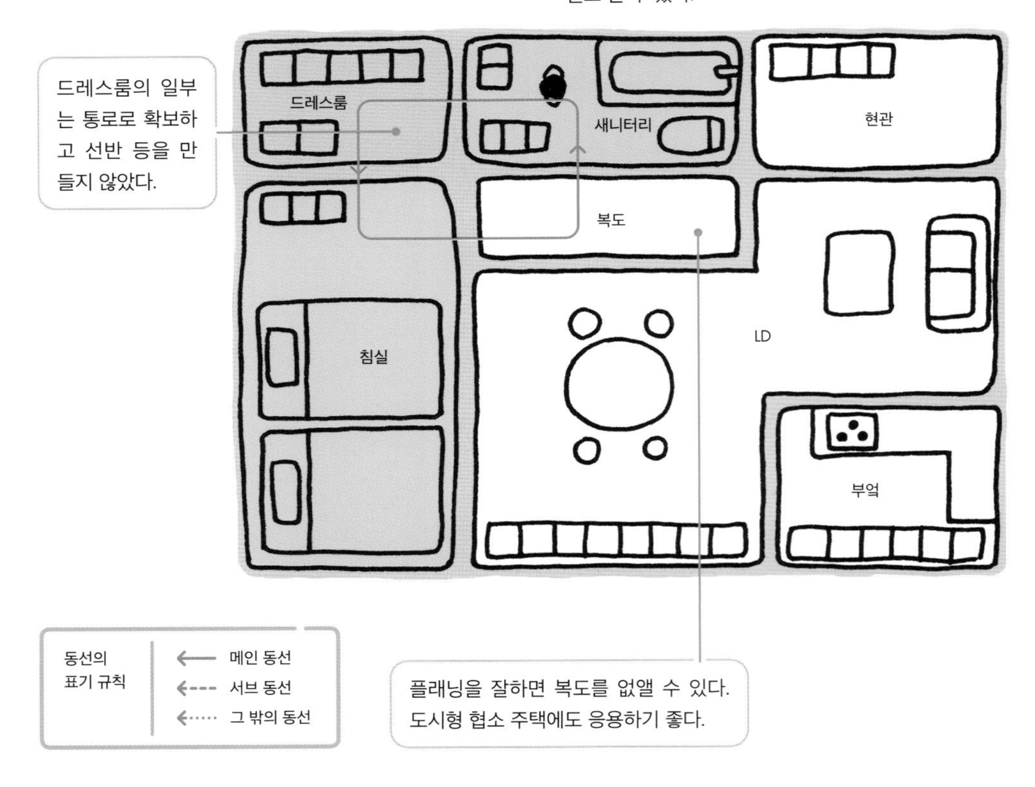

드레스룸을 기점으로 하는 동선은 출입구를 두 군데 만드는 것이 기본이다. 우선 생각할 것은 배치. (1) 드레스룸과 침실을 잇는다, (2) 드레스룸에서 새니터리로 침실을 통하지 않고 갈 수 있도록 한다는 2가지 사항은 필수 조건이라고 할 수 있다. (1)은 아침에 옷을 갈아입기 편하도록, (2)는 목욕 시 새니터리에 갈아입을 옷을 가지고 가기 편하도록 동선을 만든다.

위의 ❶그림은 복도의 면적을 최소화하고 회유동선으로 드레스룸과 침실, 새니터리를 연결한 동선의 예이다. 복도를 콤팩트하게 만들 수 있어 도

드레스룸 ·침실·복도를 잇다 [❷]

드레스룸, 침실, 복도를 회유동선으로 잇는 플랜. 새니터리를 더욱 프라이빗한 공간으로 만들고 싶은 경우에 효과적이다. 모든 방에서 사용하기 편하다. 이 경우에도 침실과 드레스룸은 연결시킨다.

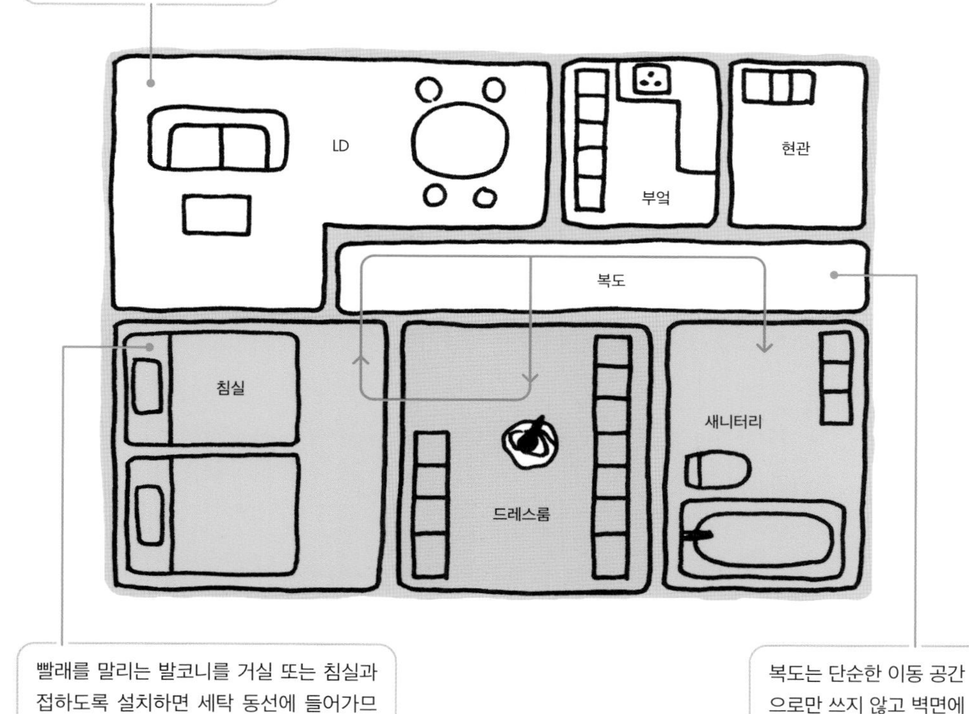

시의 협소 주택에도 적합한 플랜이다.

❷는 복도를 중심으로 각 방을 배치한 평범한 플래닝. 드레스룸과 침실, 복도를 연결했다. 복도를 통해서만 새니터리로 갈 수 있으므로 프라이버시가 더욱 확보된 공간이 된다.

단, 복도를 만드는 경우에도 단순한 이동공간으로만 쓸 것이 아니라 각 방과 관련된 수납공간을 벽면에 설치하면 좋을 것이다.

좋은 동선과 수납 계획의 기본은

'조닝'

살기 좋은 주택을 설계하기 위해서는 동선이나 수납 계획을 세우는 전 단계에서 '조닝'도 생각해야 한다. 조닝이란 집 안의 각 공간을 그 장소에서 하는 행위, 기능, 프라이버시 정도에 따라 분류하고 상호 관계성을 대략적으로 조합하는 것을 가리킨다. 조닝을 할 때는 특히 프라이빗한 공간인 새니터리(욕실·세면실·화장실)와 퍼블릭한 공간인 LDK를 큰 축으로 나누어 조합해야 한다.

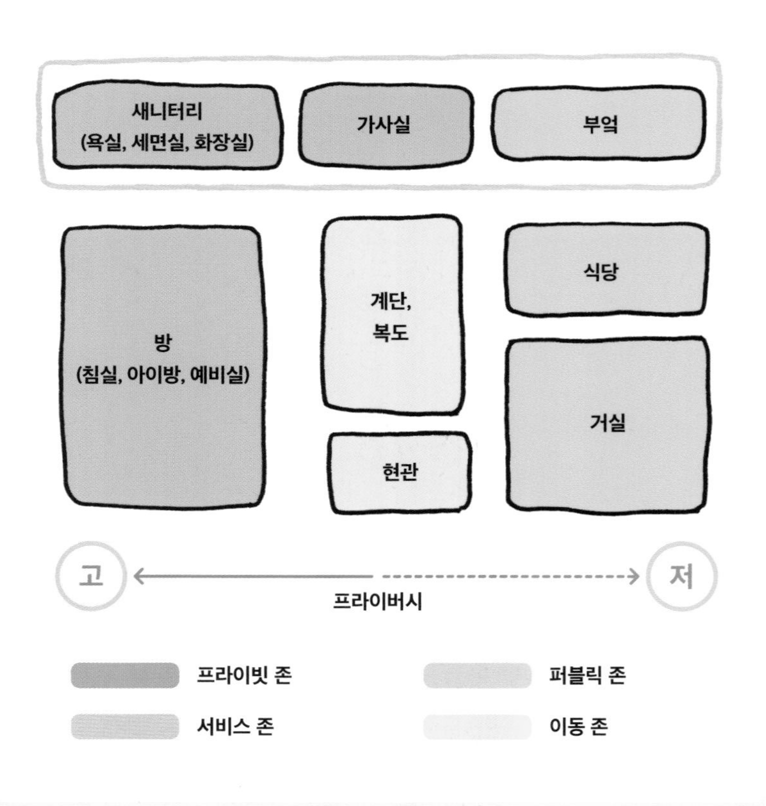

part 2

부분별 수납 설계법

일상의 컨트롤 타워인 부엌,
가족 모두가 매일 사용하는 세면실,
느긋하게 휴식하는 거실….
각 방에는 나름의 역할이 있고
비치하는 물건의 종류도 다르다.
각 방의 수납에 대한 기본 개념과
응용 방식을 소개한다.

현관

기본편

밖에서 쓰는 물건은 모두 이곳에

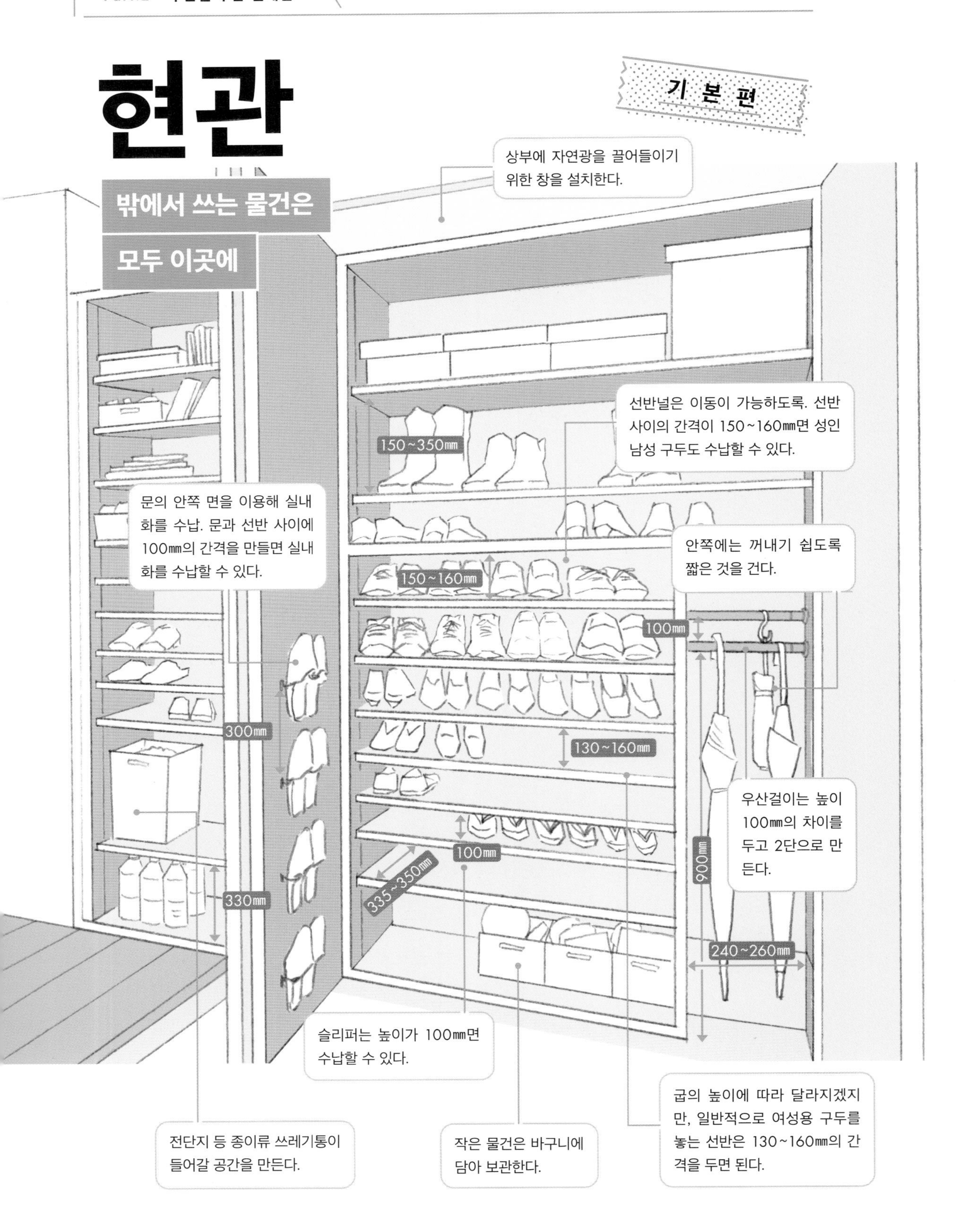

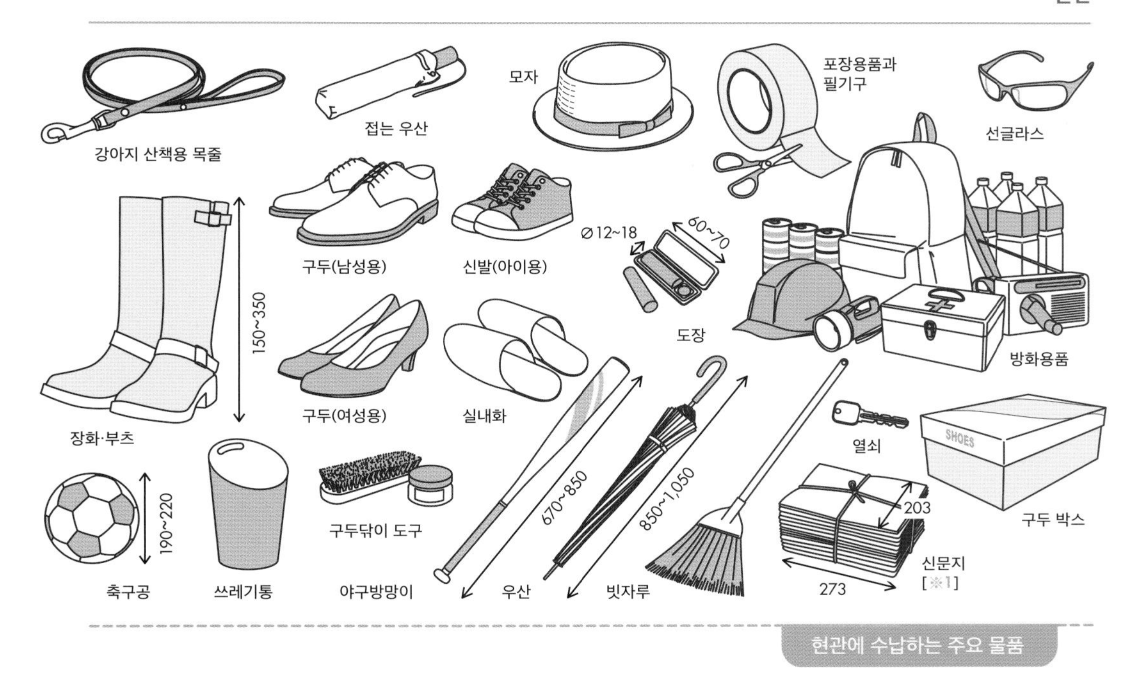

현관에 수납하는 주요 물품

현관은 주택의 첫인상을 결정짓는 중요한 포인트. 가족과 손님을 언제든 기분 좋게 맞이하기 위해서는 잡다한 물건까지 다 들어가는 대용량 수납공간이 필수다. 한정된 공간을 최대한 활용하려면 바닥에서 천장까지 높이의 벽면 수납[※2]이 효과적이다. 상인방 위의 작은 벽(垂れ壁, 천장에서 내려오는 작은 벽, hanging partition wall—옮긴이)을 만들지 않고 수납장 문을 하나의 벽처럼 보이게 하면 디자인이 고상하고 깔끔해진다. 구두 수납장은 버려지는 공간 없이 밀도 높게 수납하기 위해 가동식 선반널로 만든다.

현관에 두어야 할 물건은 신발이나 우산뿐만 아니라 '밖에서 사용하는 모든 것'이다. 아이가 밖에서 놀기 위한 도구, 외출 시 끼는 장갑이나 선글라스, 자전거 열쇠 등 '집안에서 사용하지 않는 물건'은 집 안에 들이지 않고 귀가 시 모두 현관에 넣는 시스템을 만들면 실내가 어질러지지 않는다. 공간에 여유가 있으면 수납장 안에 코트걸이나 출퇴근 가방을 두는 장소도 만들기를 추천한다.

또한 매일 오는 전단지 등의 '불청객'도 실내로 들이지 않고 현관에서 처리하자. 수납장 안에 그것들을 버리는 쓰레기통과 파쇄기, 개봉용 가위를 함께 두면 놀라울 정도로 생활이 쾌적해진다.

※1 크기는 신문지를 네 번 접은 사이즈.
※2 현관에 자연광을 들이고 싶은 경우, 상부까지 수납장을 설치하지 않고 채광용 창을 만드는 경우도 많다.

봉당 쪽의 선반에는 신발뿐 아니라 벽 매립식 우편함, 파쇄기, 포장도구와 헌 신문 등을 정리해 수납. 실내쪽 수납장에는 코트류와 모자를 보관한다. 현관에 자연광을 유도하기 위해 수납장 상부에 하이사이드 라이트 FIX 창을 설치했다. [※ **1**(46쪽 참조)]

1 코트와 우편함, 파쇄기까지 모두 수납

공간에 여유가 있으면 현관 수납공간 안에 코트걸이와 모자 수납용 선반도 함께 만들면 편리. 수납공간 안에 벽 내 매립식 우편함을 설치하는 플랜은 우편물을 가지러 밖으로 나가는 수고나 번거로움을 해소할 수 있어 인기가 높다. 또한 폭 300~600㎜ 정도의 거울을 현관홀과 봉당에서 보이는 위치에 달면 수납장에서 코트 등을 꺼내 입고 그 자리에서 옷차림을 체크할 수 있다.

현관의 수납장 문은 되도록 편평하게 설치하여 벽처럼 보이도록 하면 쓸데없는 선이 사라져 깔끔하고 예쁘다. 화장실 문과도 면을 맞춰 공간이 넓고 일체감 있게 보인다.

채광을 위해 FIX 창을 설치했다.

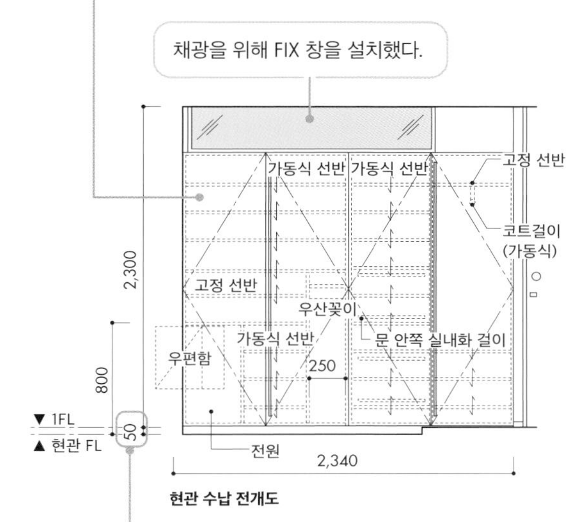

현관 수납 전개도

봉당 쪽 수납장 문 밑의 높이는 현관의 단차에 의해 결정되는데, 단차가 150㎜ 이하면 벗어 둔 신발에 문이 닿게 된다. 배리어프리 관점에서 단차를 낮게 만드는 경우에는 사전에 건축주에게 설명이 필요하다.

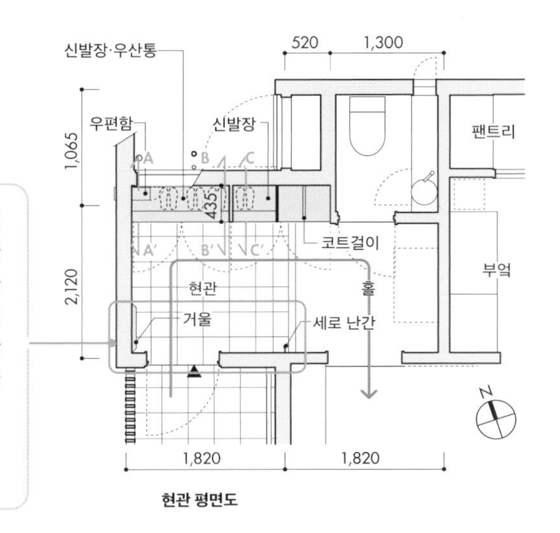

현관 평면도

걸레받이에서 천장 높이까지 거울을 달면 공간이 깔끔해 보인다. 또한 현관에 난간을 설치하면 앉고 설 때 편리. 심플한 장식봉처럼 보이게 만들면 디자인도 예쁘다.

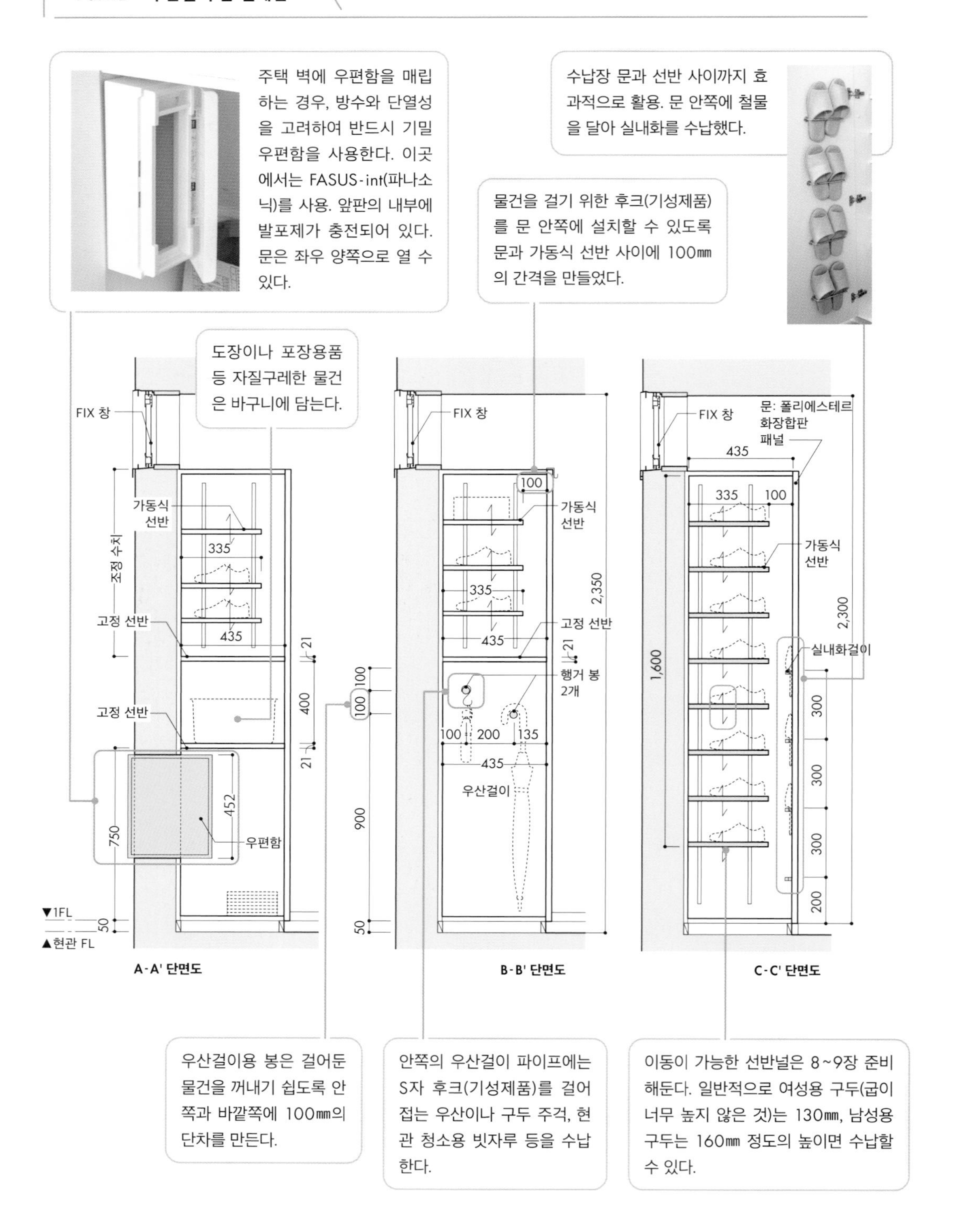

※1 밝고 편리한 현관이 되려면 자연광을 끌어들이는 창이 필수다. 벽면에 창을 설치하기 어렵거나 천장 끝까지 수납장을 설치해 수납량을 최대한 확보하고자 하는 경우에는 현관문을 폭이 다른 양문형으로 설치하고 작은 쪽의 문을 FIX 유리창으로 만들어 빛을 끌어들이는 방법도 있다. ※2 여기서는 '둥근 봉 실내화 걸이 CB-37-205'(시로쿠마)를 사용.

2 협소주택에는 워크인 신발장이 필수

부지에 여유가 없으면 현관을 좁게 만들기 쉬운데, 물건을 정리할 장소가 부족하면 결과적으로 어질러져서 오히려 더 좁게 느껴지는 경우도 많다. 좁은 집일수록 작게나마 워크인 신발장을 설치해 현관 주변에 늘어놓기 쉬운 코트나 스포츠용품을 한 곳에 모아 수납하고 넓게 지내는 것이 정답이다.

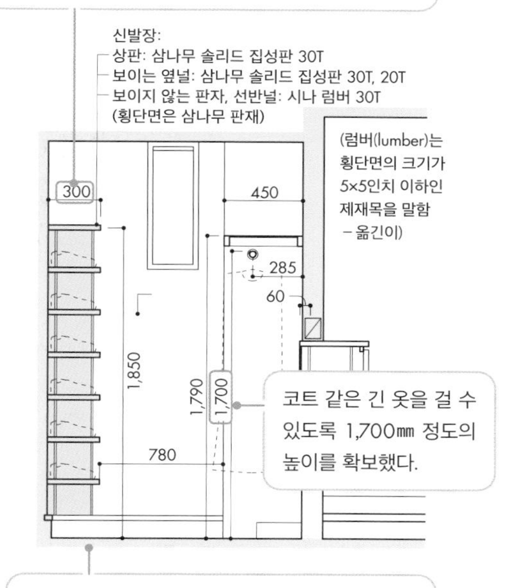

복도에서 현관을 본 모습. 짐을 들고 그대로 들어갈 수 있도록 오른편 안쪽의 수납공간에는 문을 달지 않고 천으로 느슨하게 칸막이를 했다.

선반은 천장 끝까지 설치해 4인 가족의 구두를 충분히 수납할 수 있다. 바닥을 봉당으로 마감하면 선반의 맨 아래에 무거운 물건이나 젖은 물건을 그대로 둘 수 있어 편리.

A-A' 신발장 단면도

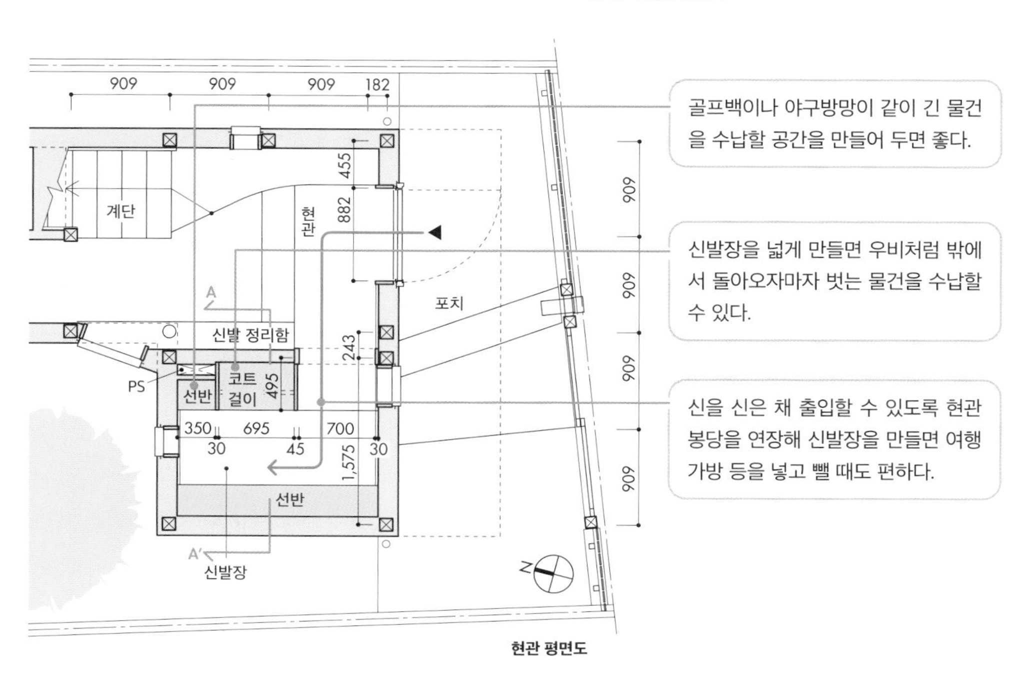

현관 평면도

3 밖에서 사용하는 큰 물건도 현관 수납공간에

유아차, 여행가방 등 주로 밖에서 사용하는 사이즈가 큰 물건은 현관 주위에 여유 있는 수납공간을 만들어 보관한다. 유아차와 같이 한정된 기간에만 사용하는 물건도 있으므로 나중에 수납할 물건에 맞춰 조절할 수 있도록 가동식 선반으로 만들면 좋다. 현관은 눈에 잘 띄는 장소이므로 문이 달린 수납장으로 만든다.

요즘 유아차는 접이식이 많고, 접으면 일반적으로 980×415×390㎜가 된다. 여기서는 접은 상태로 수납할 수 있는 너비로 만들었다.

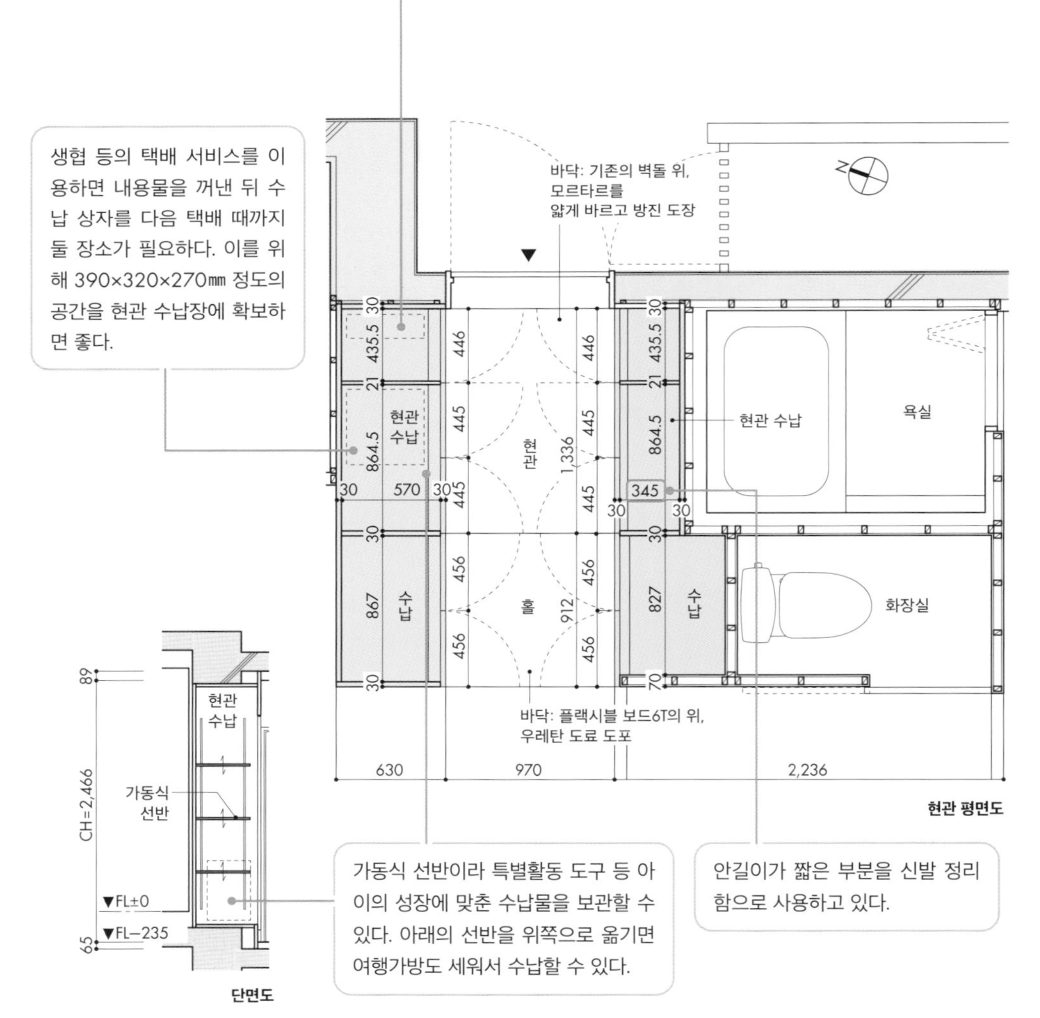

현관문의 너비와 수납장 문의
위치를 맞추면 구조체를 가려
깔끔하게 보인다. 손잡이도
감춰 더욱 미니멀한 공간으로
마감했다.

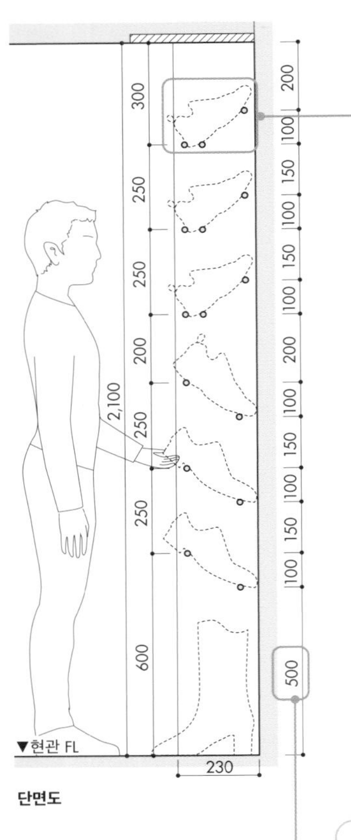

단면도

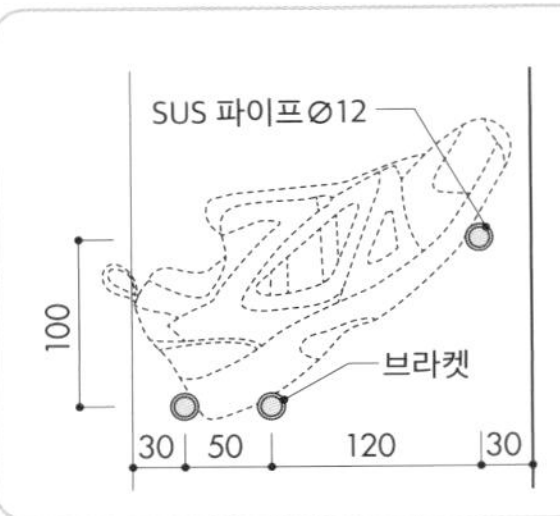

파이프가 2개인 경우에는 신발을 비스듬히 아래 방향으로 수납하게 되는데, 시선보다 높은 위치에서는 신발의 바닥이 눈에 띈다. 그것을 응용해 파이프를 3개 설치하면 신발을 위쪽으로 비스듬히 걸 수 있어 예쁘게 디스플레이 할 수 있다.

4 신발은 파이프에 걸어 콤팩트하게 수납한다

리노베이션을 하는 경우, 현관에 신발장을 설치하기 위한 공간이 충분하지 않을 때도 많다. 그럴 때는 선반을 설치하는 대신 스테인리스 파이프를 가로로 걸면 신을 비스듬히 걸어 수납할 수 있는 공간 절약형 신발장을 만들 수 있다. 포인트는 2개의 파이프를 엇갈리게 배치하는 것. 이렇게 하면 신발을 비스듬히 아래 방향으로 보관할 수 있다. 3개의 파이프를 사용하면 위쪽 방향으로 보관할 수도 있다.

아래쪽에는 부츠 등의 키 큰 구두를 보관하기 위해 높이를 확보해 두는 게 좋다.

구두를 비스듬히 걸면 230㎜ 정도 안길이로 신발장을 만들 수 있다. 리노베이션 등 사용할 수 있는 공간이 제한적일 때 특히 효과적인 방법이다.

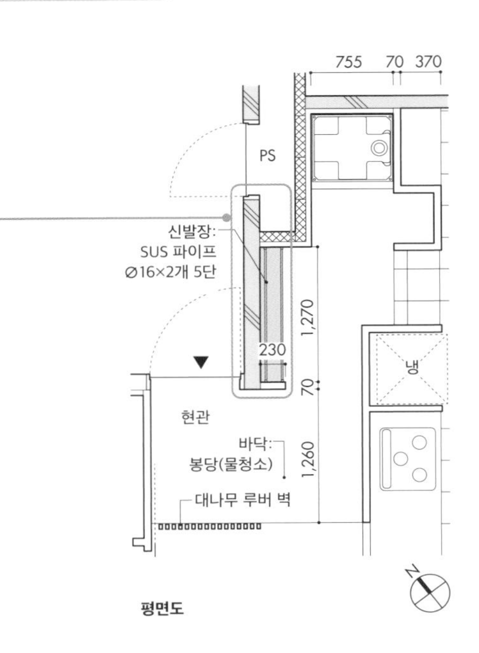

평면도

5 택배 박스도 현관 수납장에 넣어 깔끔해 보인다

택배 박스는 물건을 들고 집으로 옮기는 수고를 줄여주는 주요 아이템. 아직 단독주택에는 일반적이지 않지만 맞벌이 가정처럼 집에 있는 시간이 짧은 가정에 추천할 만한 설비다. 거치형과 외벽 설치형 등 종류가 다양하고 벽에 매립하는 형태는 주택 벽면과 하나로 디자인할 수 있다. 반면, 이 박스는 안길이가 깊기 때문에 단순히 매립만 하면 실내 쪽의 모양이 예쁘지 않다. 현관 주변의 수납장 안에 넣어 기능성과 디자인을 동시에 추구하는 게 좋다.

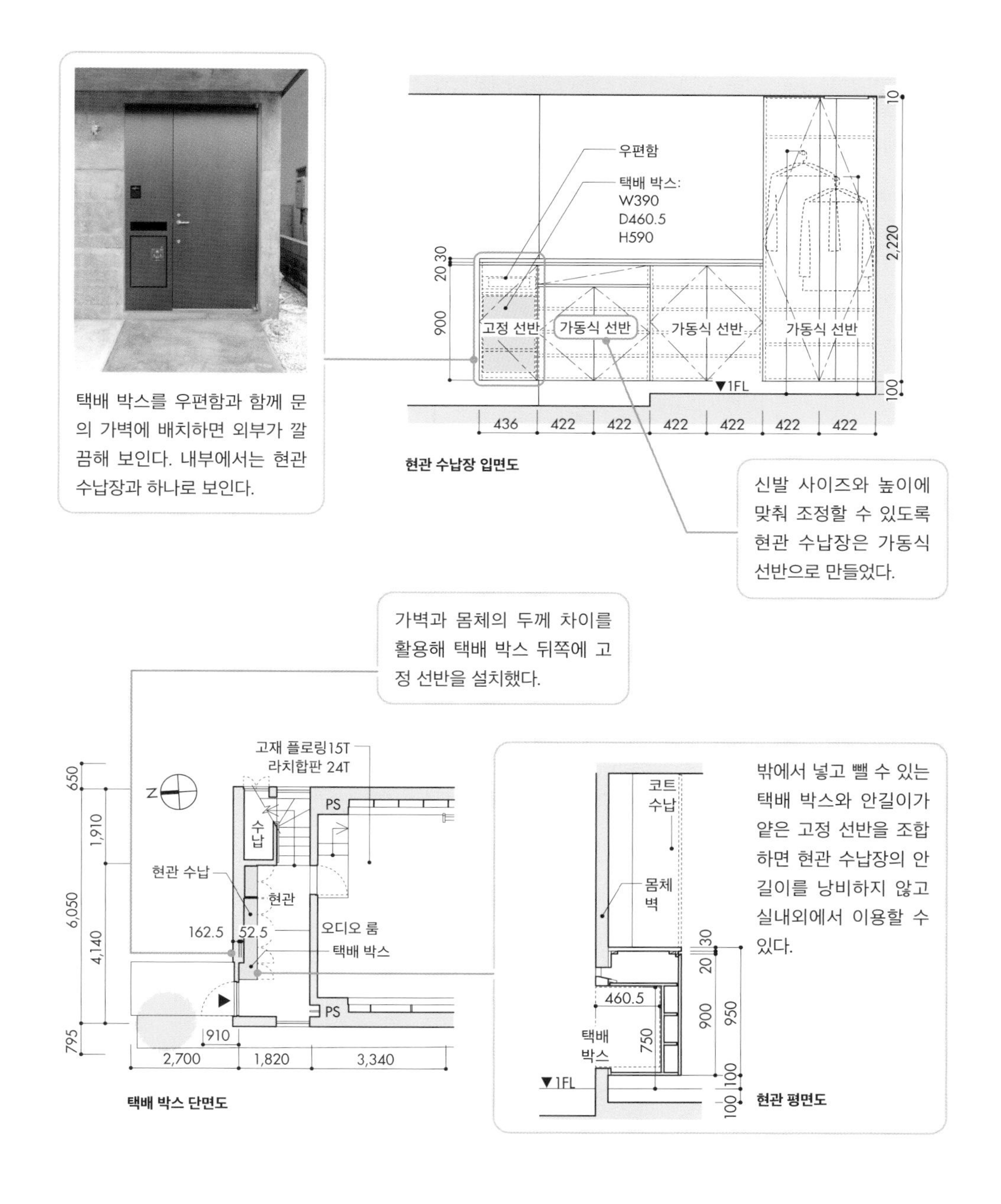

거실

둘 곳이 정해지지 않은 물건을 일시적으로 보관할 곳을 만든다

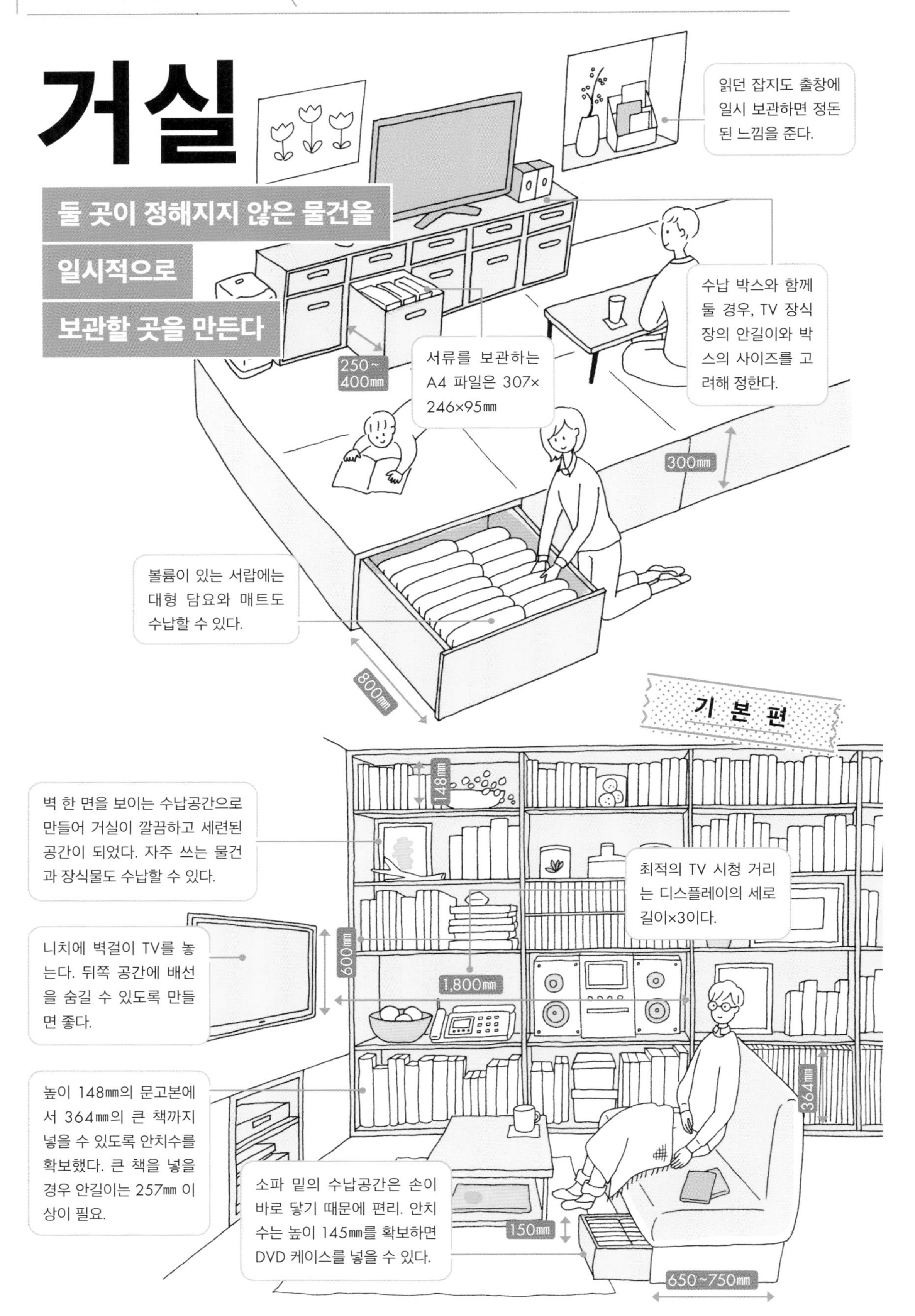

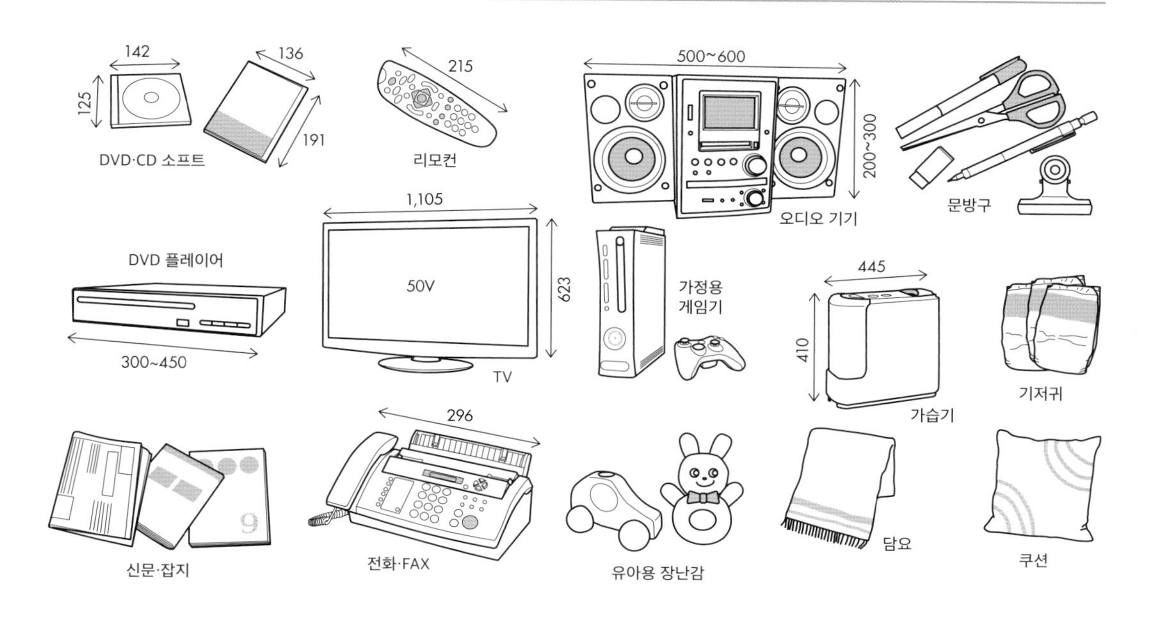

거실에 수납하는 주요 물품

거실은 보관할 곳이 일정하지 않은 생활용품들이 어질러져 있기 쉬운 장소. 잡다한 물건들을 정리해 두었다가 바로 꺼내 쓸 수 있는 만능 수납공간이 있으면 편리하다. 이를테면 폭이 넓은 TV 장식장에 칸막이 판으로 크고 작은 선반을 만들고 수납 박스를 넣어 사용하면 아이의 장난감 같은 자잘한 물건을 쉽게 정리할 수 있고 서류 파일과 사무용품 등도 필요할 때 빨리 꺼낼 수 있다.

벽면 가득 수납선반을 설치하면 공간이 넓게 느껴지고 물건의 위치가 쉽게 정해지며 사무용품에서 오디오 기기까지 깔끔하게 정리할 수 있다. 소파나 바닥 밑에 넓고 야트막한 서랍을 설치하면 TV를 보면서 휴식을 취할 때 쓰는 대형 담요나 아이의 기저귀 등 부피가 큰 물건들도 넣을 수 있다. DVD와 CD를 여기에 보관하면 TV 주변까지 정리할 수 있다.

벽을 파서 니치를 만들어 TV를 수납하고 코드와 플레이어를 디스플레이 뒷공간에 정리하면 정돈하기 쉽고 보기에도 좋다.

또한 거실에 출창이나 장식장을 달면 읽던 잡지 등 바닥이나 식탁에 펼쳐 놓기 십상인 물건들을 일시적으로 보관하는 장소로 쓸 수 있다.

2층 LDK의 TV 장식장과 중정의 수납장이 연결되도록 만들었다. 안팎의 연속성이 강조되고 시선이 길게 이어져 방이 넓어 보인다. 중정의 수납장에는 바비큐 도구와 청소용구, 원예용구 등을 수납한다.

1 가로로 긴 TV 장식장을 외부까지 연결시켜 공간이 넓어 보인다

가로로 긴 TV 장식장을 옥외로까지 길게 늘려 설치하면 공간이 넓게 느껴지는 장치가 된다. 여기서는 개구부를 통해 연결되는 거실의 TV 장식장과 중정 선반의 높이, 안길이, 색을 맞춰 실내외 공간에 통일감과 함께 시야가 트이는 효과를 주었다.

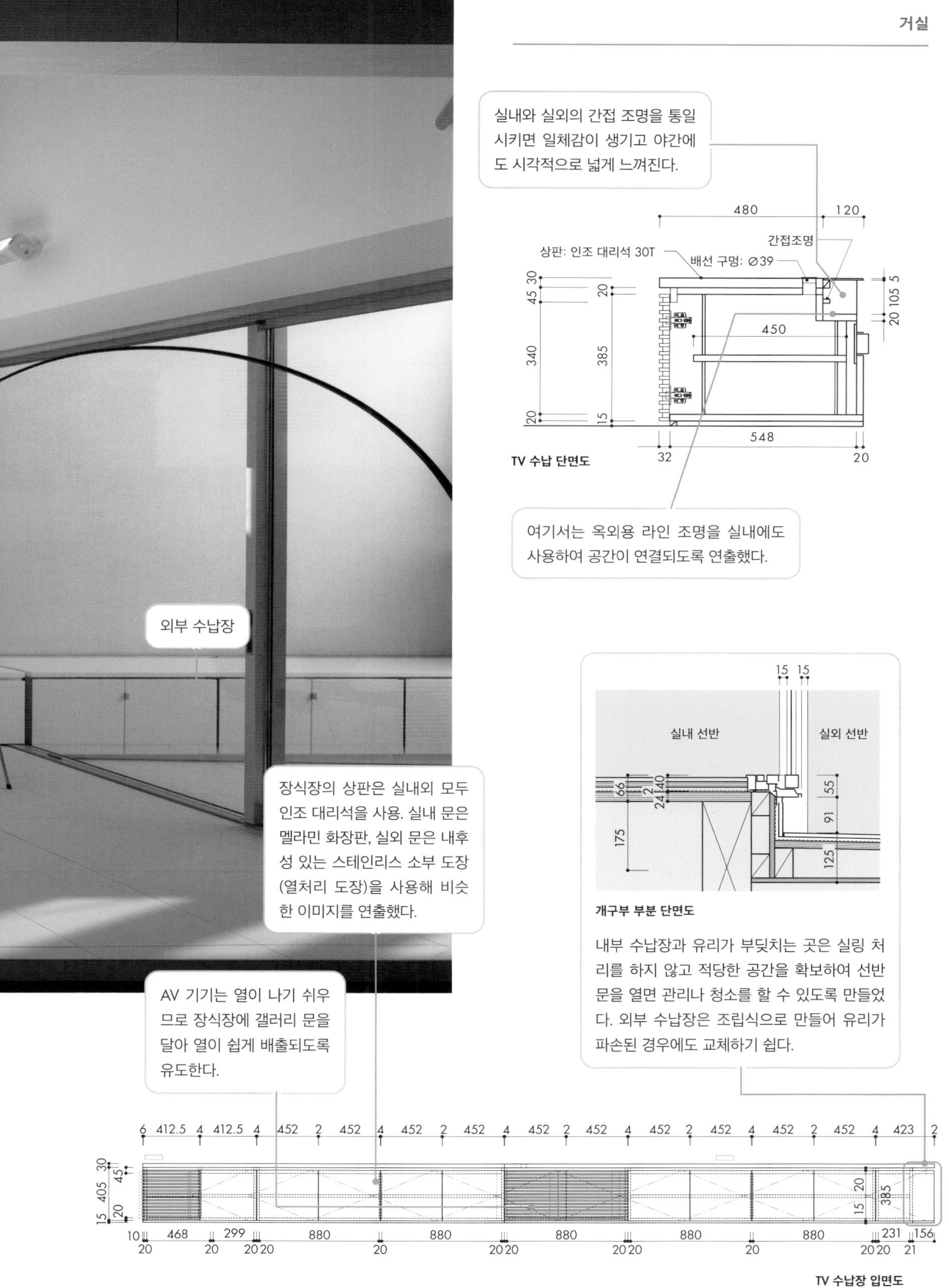
실내와 실외의 간접 조명을 통일 시키면 일체감이 생기고 야간에 도 시각적으로 넓게 느껴진다.
상판: 인조 대리석 30T
배선 구멍: Ø39
간접조명
TV 수납 단면도
여기서는 옥외용 라인 조명을 실내에도 사용하여 공간이 연결되도록 연출했다.
외부 수납장
실내 선반
실외 선반
개구부 부분 단면도
내부 수납장과 유리가 부딪치는 곳은 실링 처리를 하지 않고 적당한 공간을 확보하여 선반 문을 열면 관리나 청소를 할 수 있도록 만들었다. 외부 수납장은 조립식으로 만들어 유리가 파손된 경우에도 교체하기 쉽다.
장식장의 상판은 실내외 모두 인조 대리석을 사용. 실내 문은 멜라민 화장판, 실외 문은 내후성 있는 스테인리스 소부 도장(열처리 도장)을 사용해 비슷한 이미지를 연출했다.
AV 기기는 열이 나기 쉬우므로 장식장에 갤러리 문을 달아 열이 쉽게 배출되도록 유도한다.
TV 수납장 입면도

에어컨 수납의 방향을 엇갈리게 만들어 두 방의 벽을 알차게 사용했다.

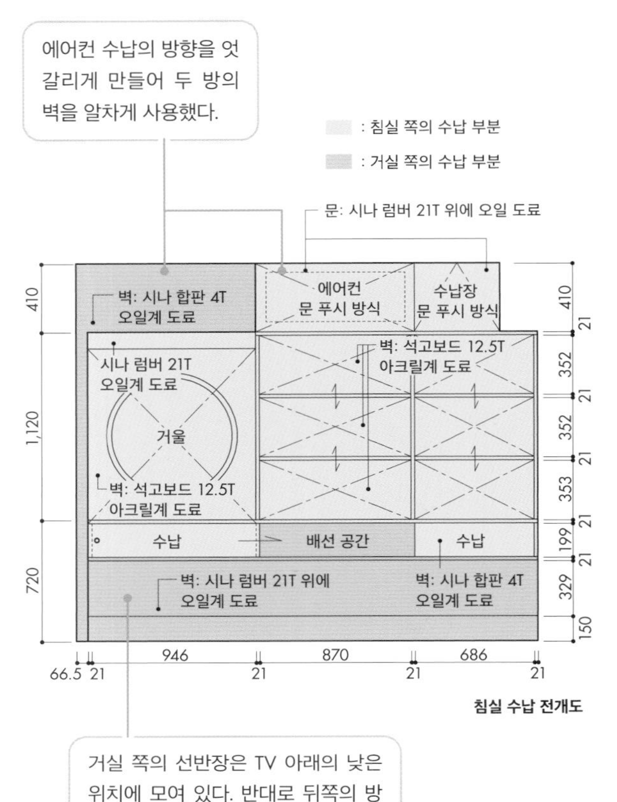

침실 수납 전개도

거실 쪽의 선반장은 TV 아래의 낮은 위치에 모여 있다. 반대로 뒤쪽의 방은 선반 높이를 손이 잘 닿는 위치로 조정할 수 있다.

식당에서 거실의 벽걸이 TV를 본 모습. AV 기기 등을 수납하는 선반도 벽에 매립했기 때문에 거실에 압박감이 없다. 배선도 전혀 노출되지 않으므로 보기에도 예쁘다.

거실과 붙어 있는 침실 쪽의 수납장은 벽걸이 TV의 수납장과 엇갈리게 설치되어 있다. 선반의 안길이는 A4 파일 박스 보관을 감안해 350~400㎜ 정도 확보해두면 좋다.

에어컨
거실
TV
배선 공간
2,250
1,750
410
21
352
21
352
21
353
21
199
21
329
150
350
150
200
274

수납 단면도

배선 공간은 침실 쪽에서 판을 빼 관리할 수 있다. 배선 변경도 쉽게 할 수 있어 편리.

2 TV 수납장과 뒤쪽 방의 수납장을 내장형으로 만들어 깔끔하게 보인다

벽걸이 TV를 사용하는 경우에는 AV 기기 등의 수납장과 배선을 벽면에 매립해 평평하게 보이도록 만들면 좋다. 그러나 단순히 벽을 돌출시켜 수납장을 매립하면 공간에 낭비가 생긴다. 그럴 경우에는 TV가 걸려 있는 벽을 다른 방의 칸막이벽으로 삼아 양쪽에 수납공간을 설치하면 된다. 수납공간을 양쪽 방에서 함께 쓸 수 있고 매립 수납장과 배선을 효율적으로 감출 수 있다.

3 TV 장식장을 수평으로 늘려 공간과 조화를 이룬다

거실에서 식당까지 연결된 벽에 길이 7m가 넘는 큰 TV 장식장을 설치했다. TV 전용 선반이 아니라 TV를 포함한 공간 전체의 장식장으로 보이기 때문에 거실과 조화를 이룬다.

TV와 TV 수납장이 거실에서 지나치게 튄다고 고민하는 설계자가 많다. TV가 공간과 조화를 이루도록 하려면 과감하게 TV 장식장을 수평 방향으로 연장시켜 수납을 겸하는 커다란 가구로 만드는 방법이 있다. TV 장식장을 LDK에 있는 잡다한 물건까지 수납할 수 있는 선반으로 사용하면 존재감이 약해지고 인테리어로서도 한 몫을 한다.

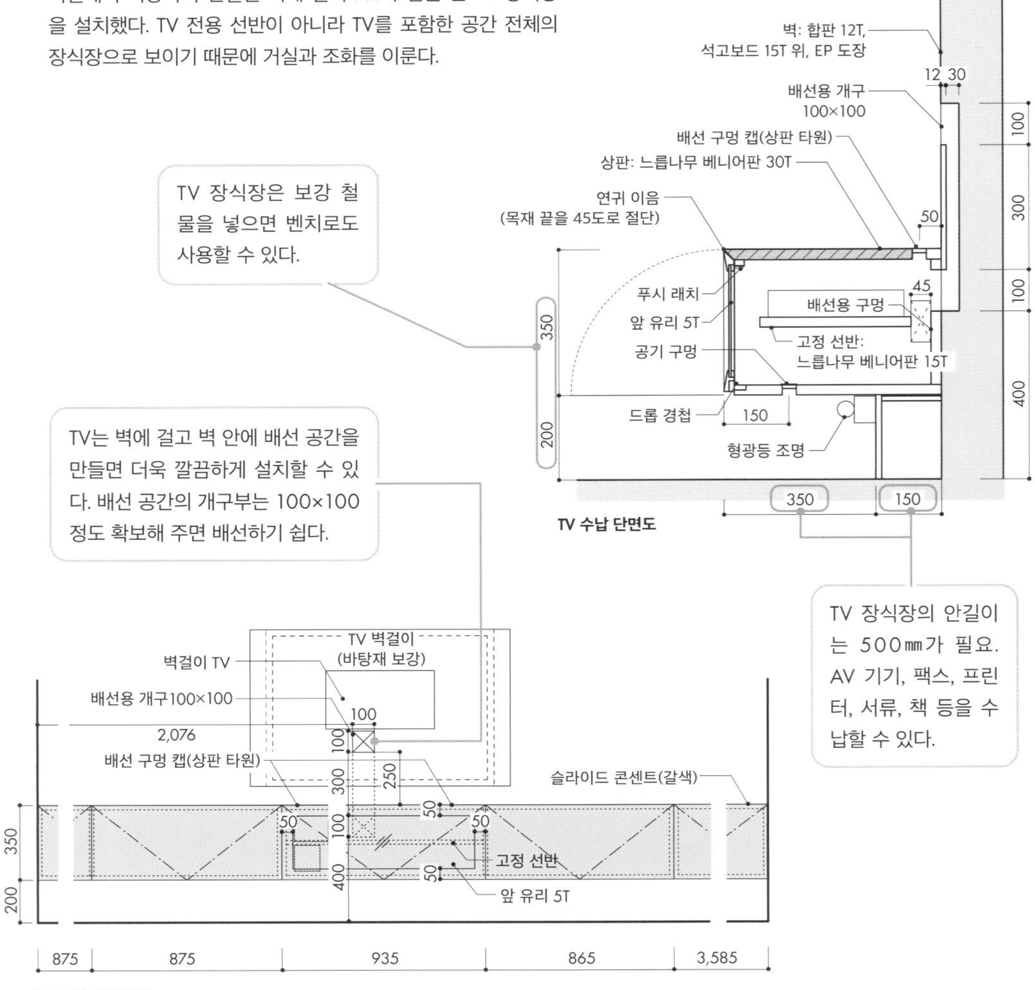

TV 수납 단면도

TV 수납장 입면도

4 TV 장식장 뒤쪽을 가족들의 스터디 코너로

아이의 스터디 코너를 LDK와 가까운 곳에 만들고 싶다는 요청이 많다. 부모의 눈에 잘 보이고 아이도 부모와 이야기하기 쉽기 때문이다. 하지만 가족들이 편히 쉬는 공간이기도 한 LDK는 아이의 집중을 방해할 가능성도 있으므로 스터디 코너는 어느 정도 구분된 상태로 만드는 것이 좋다. TV 장식장을 칸막이벽처럼 설치하고 뒤쪽을 책상으로 만들어 작은 스터디 코너를 확보하면 LDK와의 사이에 적당한 거리감이 생긴다.

TV 장식장의 높이는 1600㎜ 정도. 앉았을 때 거실 쪽으로 시야가 트여 있지 않아 스터디 코너에 둘러싸인 느낌이 난다.

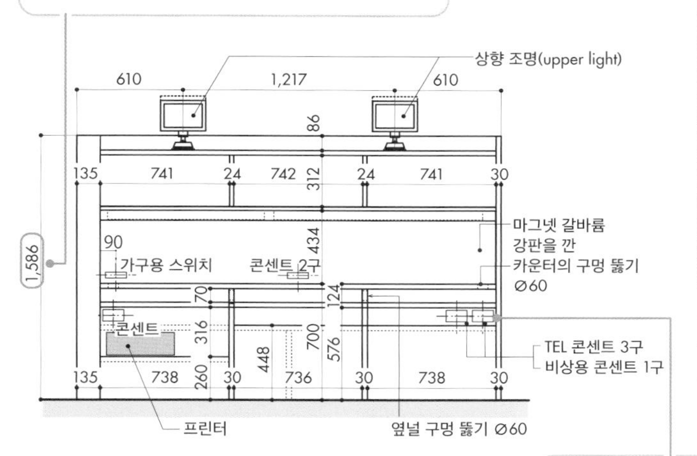

스터디 코너 전개도

직선상의 스터디 코너가 부엌과 인접해 있기 때문에 커뮤니케이션 하기도 쉽다. 스터디 코너 맞은편은 거실이다.

스터디 코너의 선반에 여러 개의 콘센트를 배치하면 더욱 편리해진다.

거실 쪽 하단에 캐리어 박스를 보관하는 공간만큼 스터디 코너 쪽으로 튀어나온 단차는 프린터 등을 두는 선반으로 이용. 배선용 구멍을 뚫어 두면 좋다.

TV 밑의 수납은 일부를 2단으로 구성한다. 상단에는 블루레이 레코더를 놓을 수 있는 작은 선반을, 하단에는 DVD 보관을 위해 〈폴리프로필렌 캐리박스(무인양품)〉가 들어가는 공간을 각각 확보.

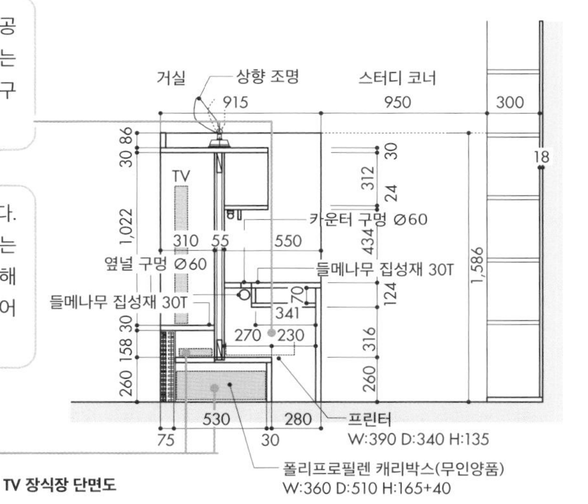

TV 장식장 단면도

5 벽면 수납은 보이는 곳과 감추는 곳을 만든다

생활의 중심이 되는 거실은 벽 전체를 수납공간으로 만들어 보여주는 수납과 감추는 수납으로 나누면 좋다. 항상 쓰는 휴지 같은 것은 안길이가 얕은 선반에 두면 눈에 잘 띄어 매우 편리하다. 사용하지 않을 때는 감춰두고 싶은 장난감 같은 것은 붙박이 소파 밑에 서랍을 달아 넣어두면 된다.

상 거실에서 소파와 벽면 수납공간을 본 모습. 안쪽에 보이는 것이 책장.
하 붙박이 소파의 하부. 안길이를 활용해 아이의 장난감이나 담요 같은 부피가 큰 물건을 보관한다. 서랍 부분은 창호 공사로 시공의 정밀도를 높여 움직임이 매끄럽다.

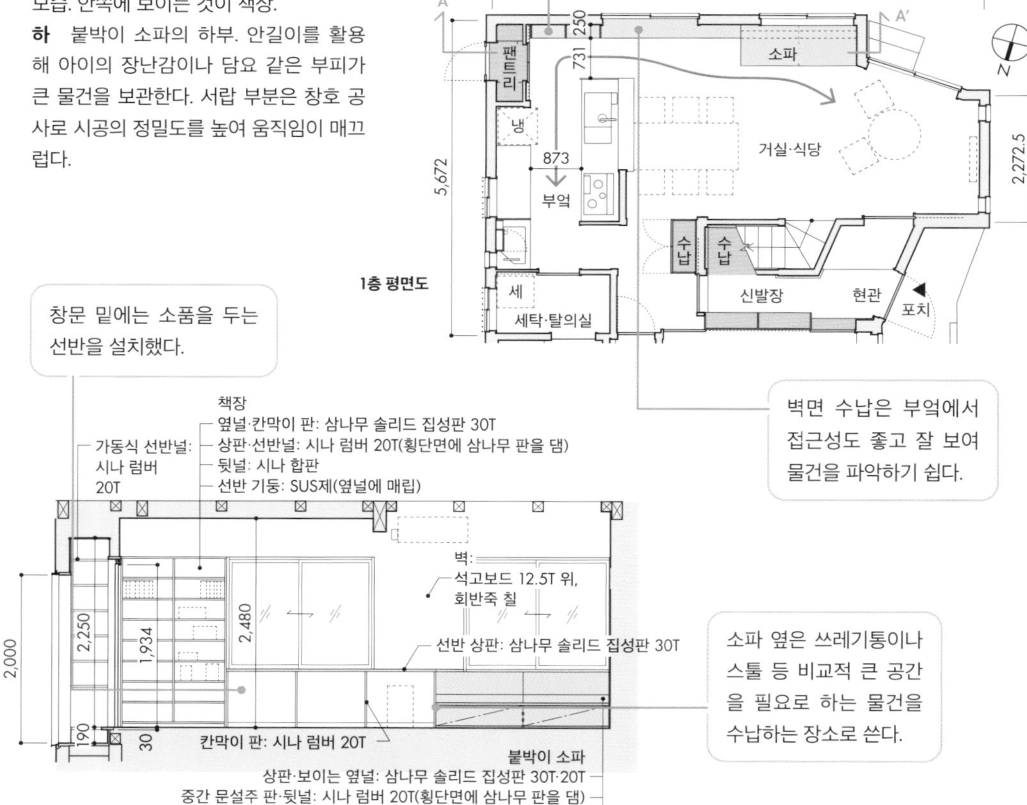

벽면 수납을 통해 골조를 숨기고 선반과 수납물만으로 구성된 것처럼 보이면 깔끔해진다. 선반은 거실과 침실 등의 공간을 분리하는 칸막이벽 역할도 한다.

목제 문틀에 유리를 끼운 문. 창으로 들어온 빛을 투과시켜 거실이 밝아지도록 배려했다.

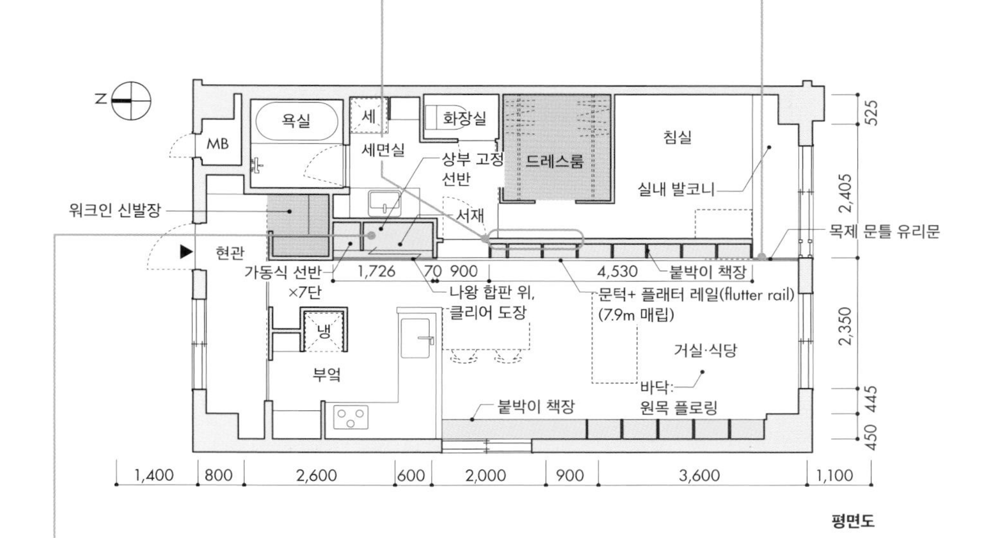

평면도

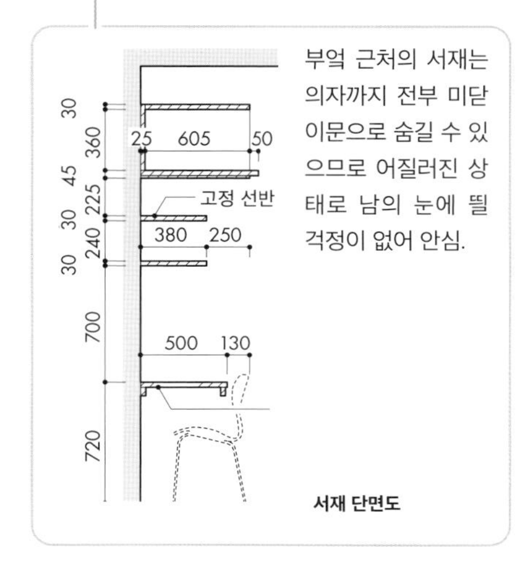

부엌 근처의 서재는 의자까지 전부 미닫이문으로 숨길 수 있으므로 어질러진 상태로 남의 눈에 띌 걱정이 없어 안심.

서재 단면도

6 벽면 수납으로 건물 골조를 감춰 깔끔하게 마감한다

책이나 잡화 같은 소지품이 많으면 차라리 거실 벽면 전체에 '보이는 수납'을 하는 것도 방법이다. 특히 아파트를 리노베이션 하는 경우에는 RC 골조의 보·기둥도 숨길 수 있으므로 추천한다. 선반과 수납물만 보여주면 거실이 오히려 깔끔해진다.

식당

기본편

식기까지 넣을 수 있는 L자 수납장이 핵심

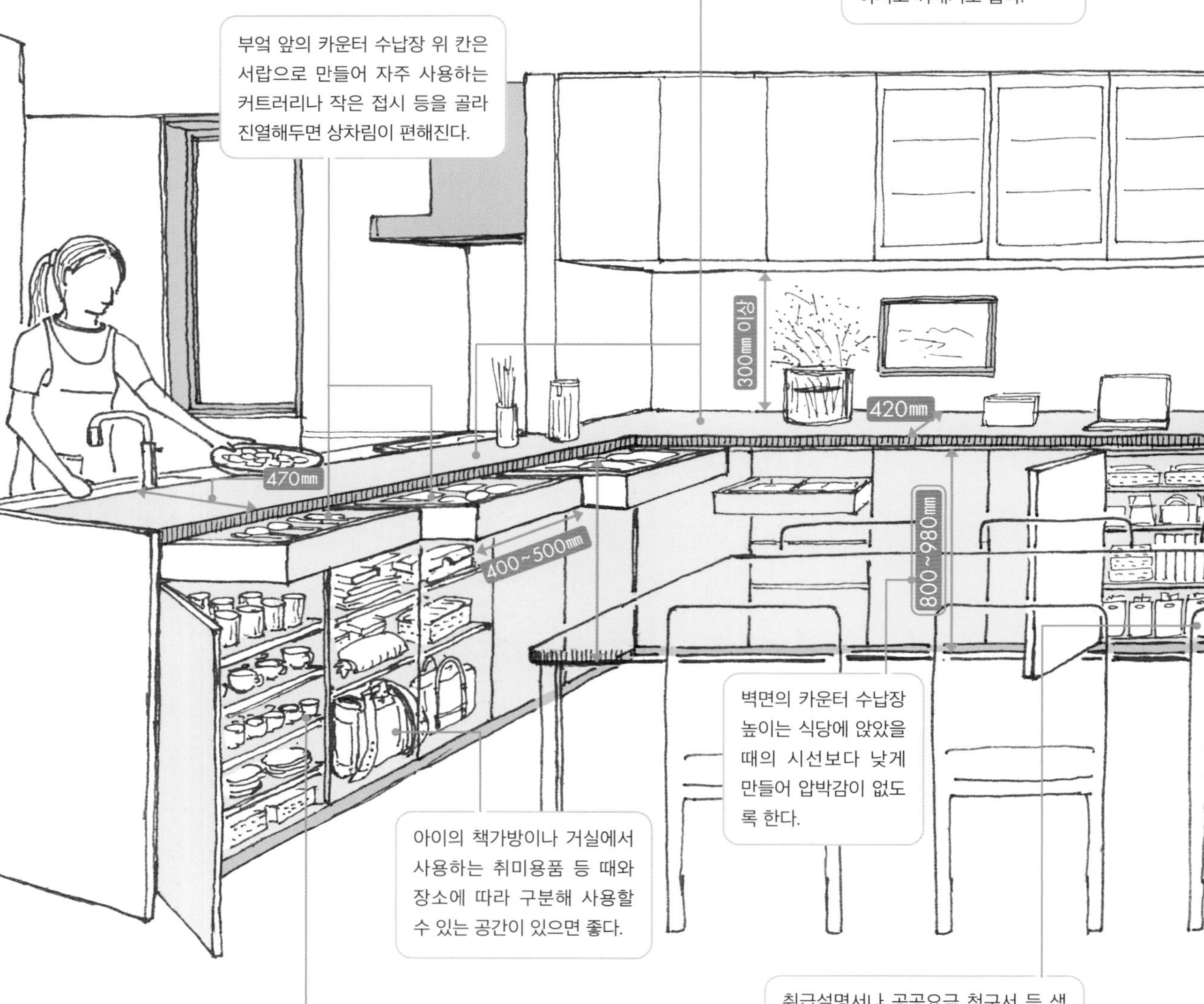

식당에 수납하는 주요 물품

부엌 앞쪽과 식당 벽면에 카운터 수납장을 설치하여 식기와 필기용구, 집안 서류, 재봉 도구 등을 넣어두면 편리하다. 일반적으로 식기는 부엌에 보관하지만 앞접시나 커트러리는 부엌보다 식당에 있는 게 더 편리하다. 앉는 자리 근처에 수납하면 상을 차릴 때 가족에게 도움을 받기 쉽고 식사 도중에 부엌까지 가지러 가지 않아도 된다.

또한 식당에서 글을 쓰거나 컴퓨터 작업을 하는 경우도 흔하므로 그것들을 보관할 공간도 식당에 만들어 두자. 식당에서 공부하는 나이대의 아이가 있을 때에는 책가방과 교과서를 둘 공간을 만들면 요긴하게 쓰인다. 식당에서 하는 여러 행동을 생각해보고 그것에 필요한 물건을 보관할 수 있는지, 사용하는 장소와 보관하는 장소가 가까운지를 잘 검토하는 것이 중요하다.

벽면 카운터의 수납장 높이는 압박감을 주지 않도록 식탁 앞에 앉았을 때의 시선보다 낮게 만든다. 부엌 쪽과 벽면 쪽의 선반 높이가 다를 경우, 두 선반의 접합 부분은 부엌 쪽 선반이 위로 가도록 만들면 데드 스페이스를 없애고 청소하기도 쉽다.

1 보이는 수납·보이지 않는 수납을 효과적으로 활용

식당의 식기장은 식기를 '보여주는 것·보여주지 않는 것'으로 나눈다. 장식장을 겸하는 식기장은 보관된 식기가 돋보이도록 위로 들어 올리는 방식의 문을 다는 것이 좋다. 또한 효율적으로 상을 차릴 수 있도록 동선을 고려하여 앞 접시와 컵, 젓가락·테이블매트 등은 식당에 수납하는 것이 좋다. 필기구와 노트북 등의 수납공간도 확보해 둘 것.

식당 수납장에는 젓가락이나 숟가락 등의 식기류 외에 필기구 등의 소품을 담는 공간이 필요하다.

보여주는 수납을 하는 경우 문은 위로 들어 올리는 방식의 경첩을 추천. 정면에서 유리 너머로 경첩이 보이지 않으므로 깔끔한 인상을 준다.

내부를 보여주는 수납장의 선반널은 레이아웃을 균등하게 하면 보기 좋다.

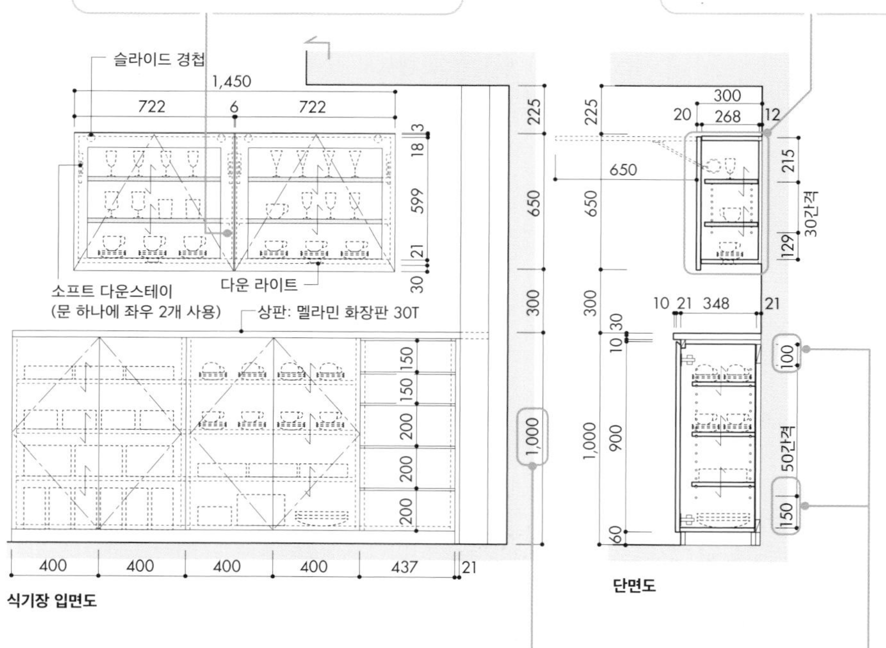

식당 수납장의 높이는 앉았을 때의 시선을 고려해 보통 850㎜로 만들지만 수납을 더 많이 하고 싶다면 1,000㎜까지 높인다. 1,000㎜보다 높아지면 압박감이 생기므로 주의할 것.

최대한 수납량을 늘리기 위해 다보(dowel) 구멍의 위쪽 끝은 100㎜로, 아래쪽 끝은 150㎜로 한다.

하부의 '감추는 수납장'은 사진 오른편의 부엌 쪽 수납장과 마감을 통일. 상부의 '보여주는 수납장'은 벽과 동일한 흰색으로 만들어 존재감을 줄이고 내부의 물건이 한층 돋보이도록 만들었다.

2 작은 집에서는 공간을 빈틈없이 사용해 수납한다

깔끔한 공간을 유지하기 위해서는 세세한 부분까지 수납 계획을 짜야 한다. 작은 집이라면 더욱 그렇다. 여기서는 부엌과 식당 사이에 부엌 카운터를 설치하여 부엌과 식당에서 각각 사용할 수 있는 수납공간을 만들었다. 수납할 물건을 확인하고 치수를 세밀하게 조정하여 최대한 낭비를 줄이고 공간을 알뜰하게 사용해 수납공간을 만들었다.

부엌 카운터는 주변의 벽과 마감을 맞추어 눈에 띄지 않으면서도 깔끔한 인상. 부엌 카운터 상부에는 에어컨을 수납하고 아래쪽이 뚫린 문으로 가렸다.

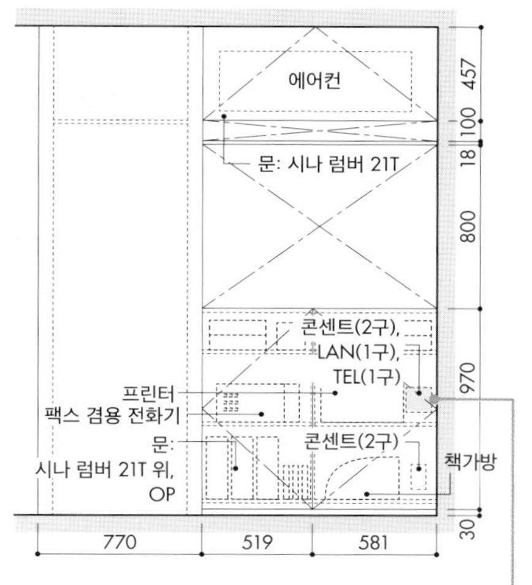

식당 쪽 입면도

콘센트와 전화 콘센트 외에 LAN 케이블을 꺼낼 입구가 필요한 경우도 있으므로 주의.

라우터와 모뎀 등은 일상적으로는 조작하지 않으므로 냉장고 위에 설치한다.

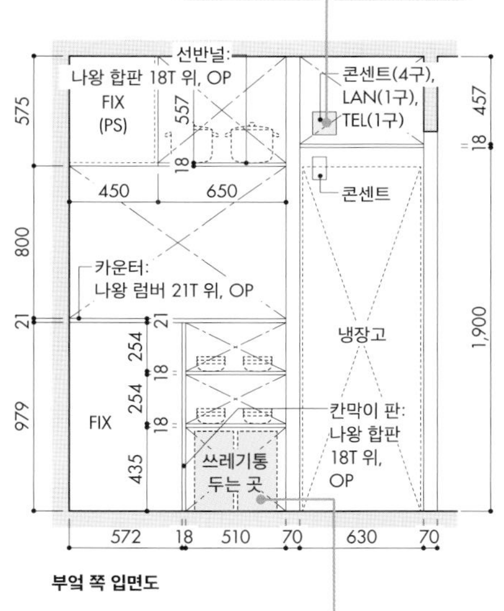

부엌 쪽 입면도

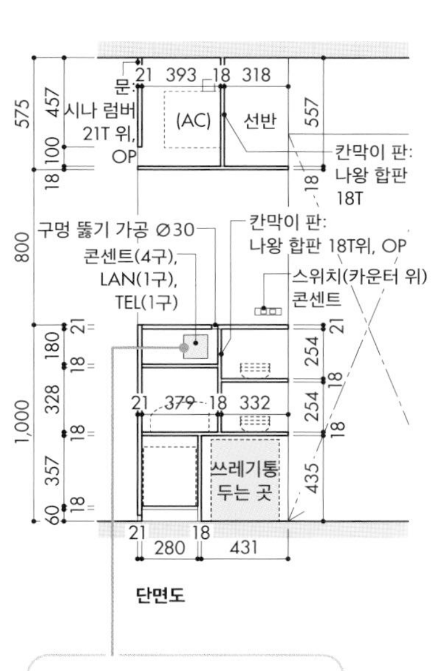

단면도

부엌에는 반드시 쓰레기통 둘 곳을 마련한다. 쓰레기통의 크기는 반드시 건축주에게 확인하여 결정한다.

카운터에 PC나 TV 등을 설치할 계획인 경우, 상판에 구멍을 뚫어 콘센트를 아래쪽에 보관하면 배선이 깔끔해진다.

부엌

손만 뻗으면 닿고 정리되도록 배치

기본편

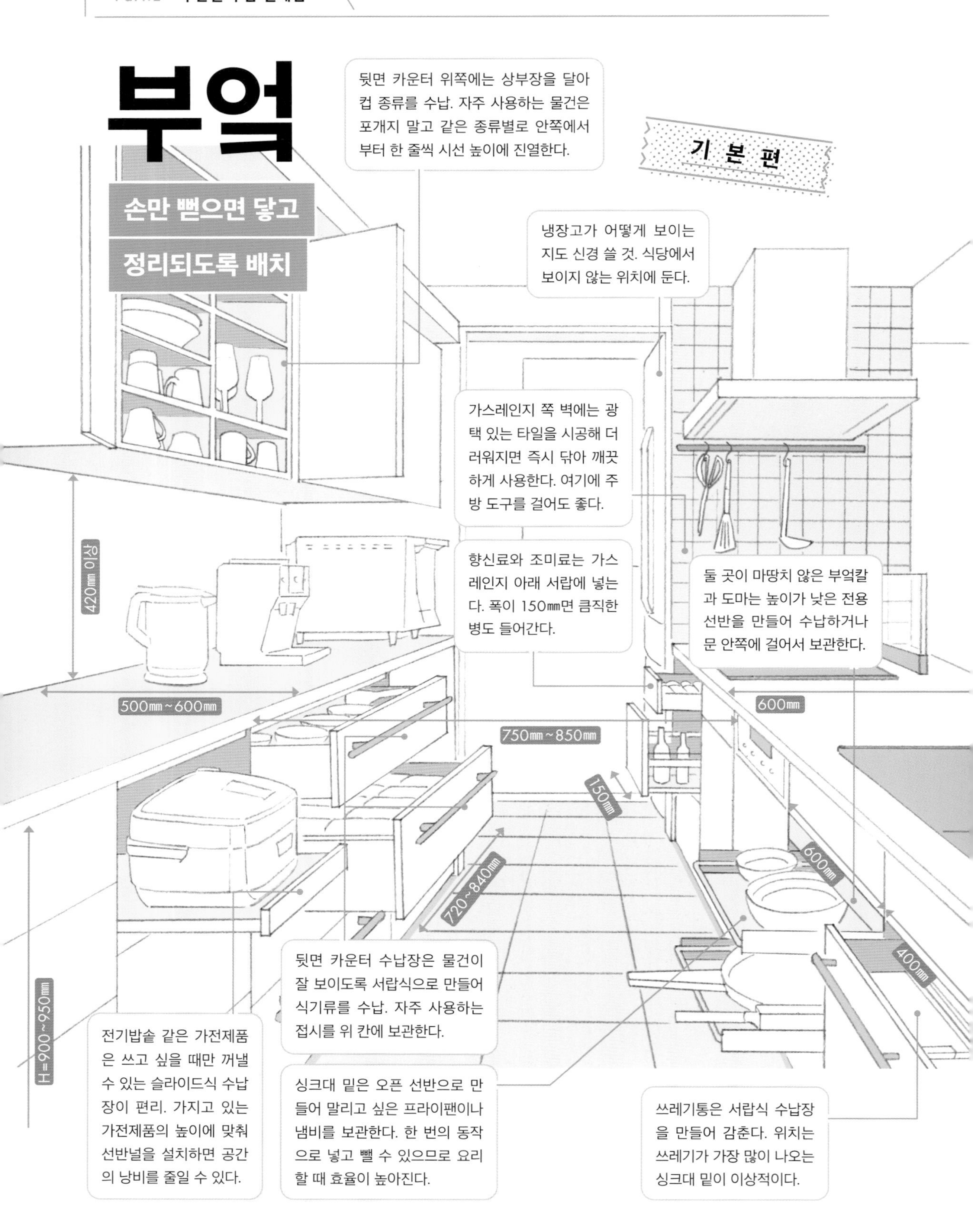

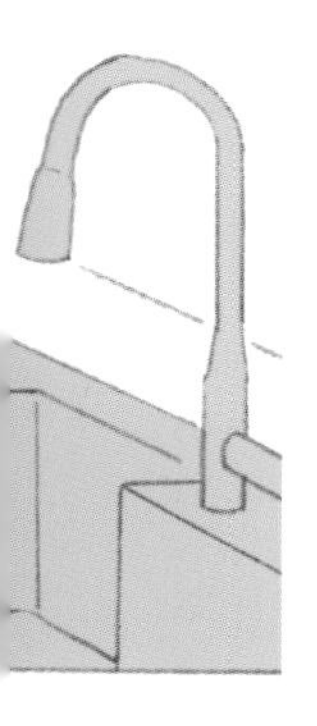

부엌에 수납하는 주요 물품

물건을 쓰는 장소와 보관하는 장소를 가까이 두어 같은 상황에서 쓰는 물건은 최대한 가까이 모으는 것이 부엌 수납의 기본이다. 조리대에서 전자레인지까지의 거리 등 부엌의 각 작업 동선은 0~2보 이내로 제한하는 것이 가장 좋다. 그러기 위해서는 부엌을 대면형으로 만들고 뒷면에 카운터 수납장을 설치하는 게 좋다.

부엌 카운터와 뒷면 카운터의 거리는 좁아야 효율적이므로 혼자서 일하는 경우가 많다면 다른 사람이 부딪치지 않고 뒤를 지나갈 수 있는 최소한의 거리인 750~800mm로 잡는다. 부엌에서 두 사람이 일하는 경우가 많을 때에도 뒤돌아서서 한 발자국만 가면 반대편에 손이 닿는 거리인 850mm까지로 한다.

싱크대 밑은 볼(bowl)이나 프라이팬을 넣고 빼기 쉽도록 오픈 선반으로 만들어 작업 효율을 높인다. 뒷면 카운터의 안길이를 600mm 정도로 깊게 만들면 요리나 상차림도 할 수 있다. 식기 수납장은 위에서 한 눈에 보고 쉽게 꺼낼 수 있으며 수납량도 훨씬 많은 서랍식을 추천한다. 뒷면 카운터에는 요리 가전을 놓고 그 가전제품이 닿기 직전의 높이까지 상부장을 설치해 수납량을 늘린다.

1 부엌 수납장은 비행기 조종석처럼 만든다

비행기 조종석은 팔을 뻗거나 상체를 비틀면 앉은 자리에서 모든 조종이 가능하다. 부엌 수납도 그처럼 거의 움직이지 않아도 물건이 손에 닿을 수 있도록 기능적으로 배치하면 좋다. 뒷면 수납장은 요리를 담을 접시와 그릇을 바로 꺼낼 수 있는 서랍식이 좋다. 물 끓이는 포트와 찻잔처럼 함께 사용하는 물건들을 가까운 곳에 수납하면 작업 동선의 효율이 높아진다.

상 미닫이문은 바닥에서 천장 끝까지 닿아 있어 문을 닫아도 깔끔하게 보인다.
좌 부엌 앞의 미닫이문을 냉장고 옆쪽으로 밀어 넣은 상태.

가계부 등을 적는 PC 코너는 편리하도록 부엌 옆에 설치. 거실 쪽에서 보이지 않도록 가벽을 설치했다.

오픈 부엌이지만 가전제품이나 냉장고를 방문객에게 보이고 싶지 않을 때가 있다. 여기서는 냉장고 앞에 미닫이문을 설치. 평상시에는 문을 팬트리 쪽으로 밀어 넣어 방해가 되지 않는다. 미닫이문 한 장을 열면 냉장고를 여닫을 수 있도록 미닫이문의 폭을 조정하면 좋다.

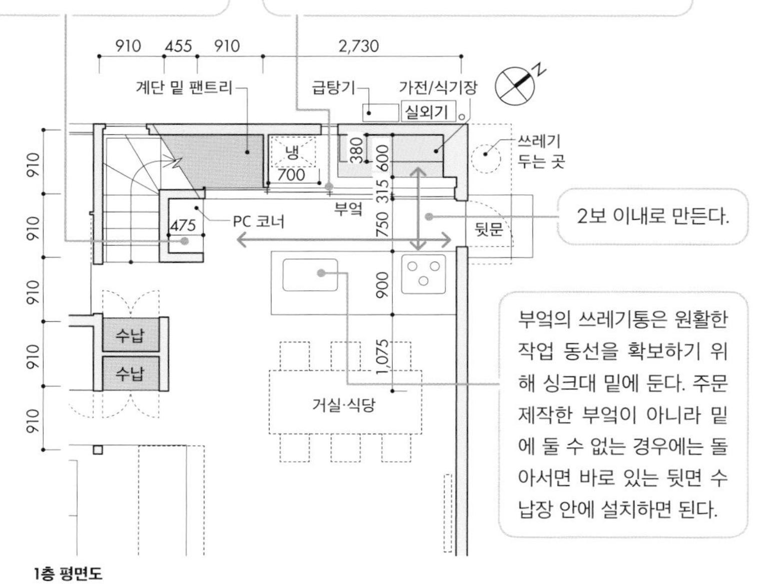

1층 평면도

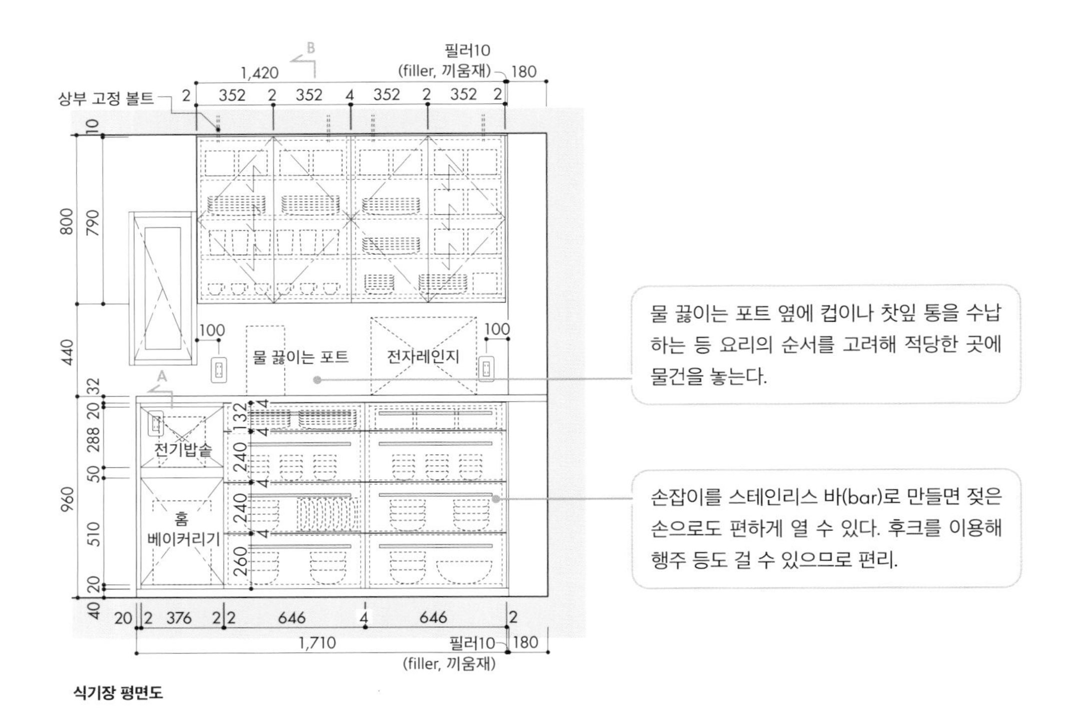

식기장 평면도

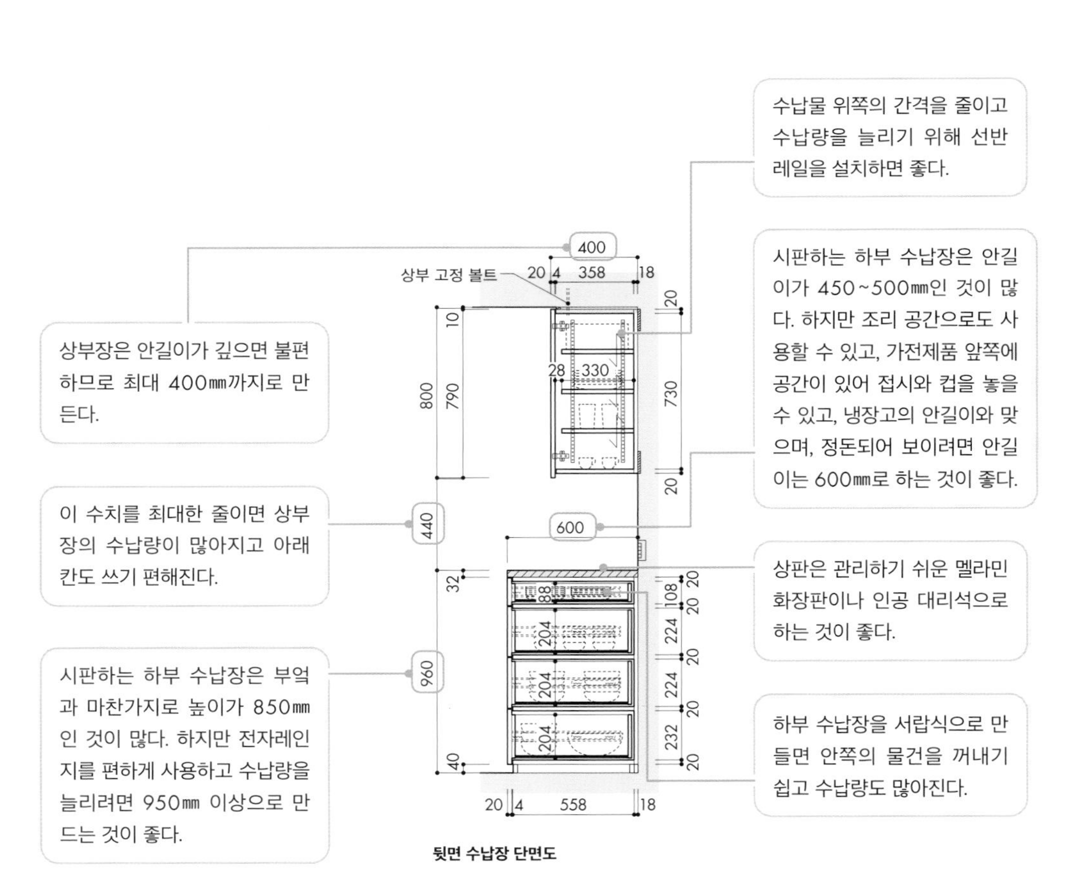

뒷면 수납장 단면도

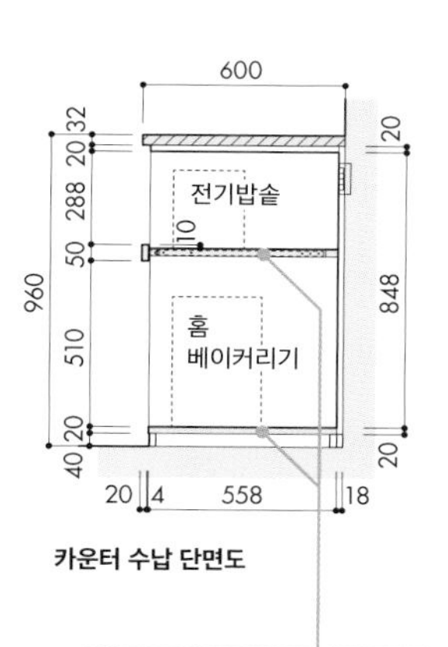

카운터 수납 단면도

가전제품을 얹은 선반널은 사용할 때만 끄집어내고 평소에는 수납해 둔다.

부엌에서 가사 공간을 본 모습. 시중에 판매하는 박스를 상부장으로 활용하여 심플하게 정리했다.

2 IKEA 제품을 활용해 작은 수납공간을 여러 개 만든다

서랍을 연 모습. 여기서는 폭 400㎜와 600㎜ 제품을 사용. 제일 밑 칸은 135㎜ 높이로 깊게 만들었고 위의 3칸은 높이가 80㎜. 최대 내하중은 모두 25kg.

부엌에는 자질구레한 물건이 많기 때문에 큰 수납장 하나를 만드는 것 보다 작은 수납장을 여러 개 만드는 것이 편리하다. RATIONELL 풀 오픈 서랍(IKEA)은 창호 공사보다 비용이 적게 들고 스틸제품이라 공간이 절약되므로 부엌이 작아도 많은 수납을 할 수 있다.

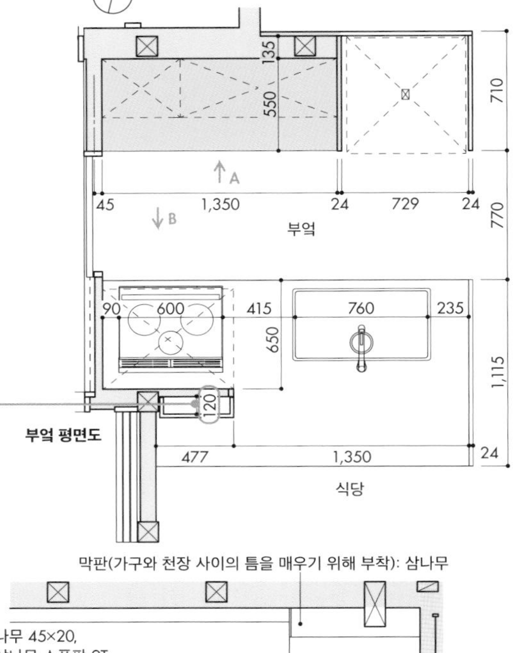

조미료 공간의 안길이는 웬만한 조미료를 다 수납할 수 있고 식당 쪽에 압박감을 주지 않는 최소 수치(120㎜)로 했다.

외팔보 하단에 스포트 조명을 설치. 방향을 조절하면 싱크대 쪽과 가스레인지 쪽 주변이 밝아진다.

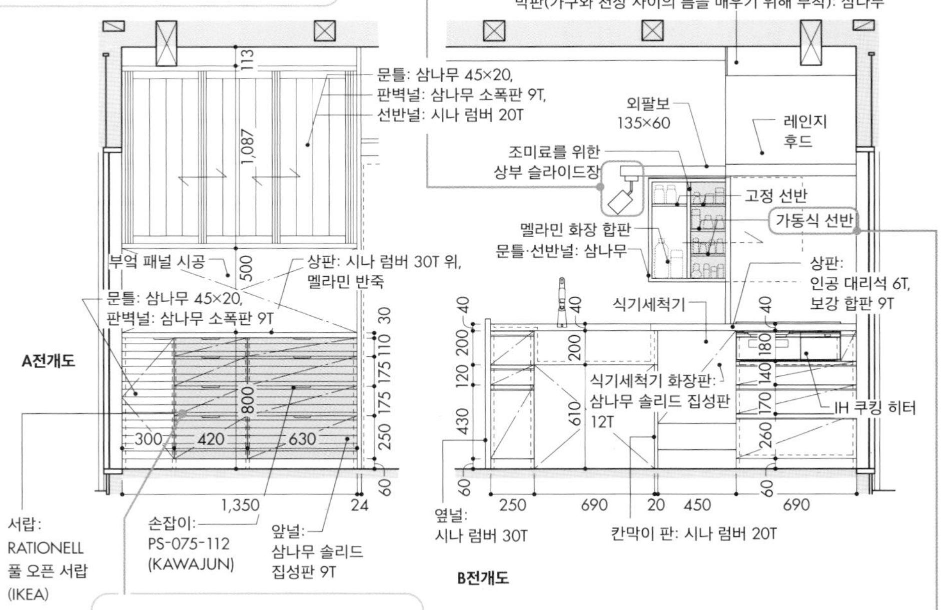

밑널, 옆널, 레일은 IKEA 제품. 거기에 앞널과 손잡이를 달았다. 창호 공사로 만든 목재 서랍보다 서랍 하나당 20㎜ 정도 유효 폭이 넓어진다.

슬라이드식 상부장은 조미료통의 높이에 맞춰 조절할 수 있도록 일부를 가동식 선반으로 만들었다.

식당에서 부엌을 본 모습. 부엌 쪽은 보이드가 아니라 오히려 막혀 있는 느낌을 주는 공간이므로 냉장고와 뒷면 수납장의 튀어나온 부분을 맞춰 깔끔하게 보이도록 했다.

3 부엌 뒤쪽을 잘 활용해 냉장고를 깔끔하게 수납한다

냉장고와 수납장을 부엌 뒤쪽에 설치하는 경우, 수납장의 안길이는 450㎜ 정도가 알맞은데 반해 냉장고의 안길이는 650㎜ 이상인 경우가 대부분이라 수납장과 냉장고의 면을 맞추기 어렵다. 여기서는 부엌 뒤에 팬트리 선반을 만들고, 냉장고 뒤쪽 부분만 수납 선반의 안길이를 조절하여 부엌 뒷면의 돌출 부분을 깔끔하게 맞췄다.

냉장고 뒤쪽의 안길이가 얕은(155㎜) 선반에는 보관용 식재료 병이나 캔을 수납. 눈에 잘 보이므로 수납물이 안으로 숨어서 잊어버릴 염려가 없다.

냉장고는 폭 700㎜, 안길이 700㎜인 제품을 가정하고, 열이 축적되는 것을 방지하기 위해 냉장고 양옆에 각각 40㎜의 공간이 생기도록 설치, 공간의 폭을 785㎜로 했다.

①조리대 안길이, ②뒷면 수납장의 안길이, ③그 사이의 작업 공간의 각 폭은 작업의 편리성과 예상되는 수납물의 크기를 고려하여 순서대로 ①650㎜, ②450㎜, ③850㎜를 표준으로 했다.

부엌 평면도

냉장고의 높이가 1,800㎜이므로 설치 후에 콘센트를 끼우기 쉽고 정면에서 배선이 보이지 않도록 신경 써서 콘센트의 위치를 정했다.

A-A'전개도

4 부엌 수납장은 서랍과 미닫이문을 조합하여 다용도로 사용

부엌에 수납하는 물건은 크기와 모양이 각양각색이다. 서랍도 각 단의 깊이(높이)를 조금씩 다르게 만들면 수납물을 분류·정리하기 쉬워진다. 또한 수납의 위치에 따라 미닫이문과 서랍을 구분해 사용하면 부엌의 제한된 공간을 효과적으로 활용할 수 있고 작업의 편리성, 안전성을 확보하는 한편 물건을 찾기도 쉽다.

거실에서 부엌을 본 모습. 카운터는 스테인리스 바이브레이션 마감으로 통일. 거실 쪽에는 여닫이문으로, 부엌 쪽에는 서랍으로, 양면에 수납장을 설치하여 카운터 위에 물건을 어지르지 않도록 만들었다.

거실·식당, 부엌, 팬트리, 현관을 오가는 회유동선을 만들어 가사의 작업 효율을 높였다.

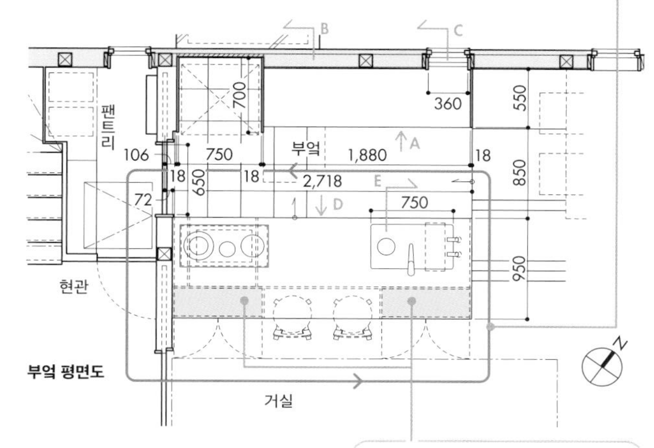

부엌 평면도

부엌 카운터의 거실 쪽에는 여닫이문 수납장을 좌우에 설치. 중앙은 오픈식으로 만들어 사람이 앉을 수 있도록 했다.

미닫이문은 2장으로 구성. 4장으로 만드는 것보다 비용을 줄일 수 있고 한 번의 동작으로 물건을 찾기 쉬워진다. 폭 90cm 정도까지는 한 장으로 문제없다.

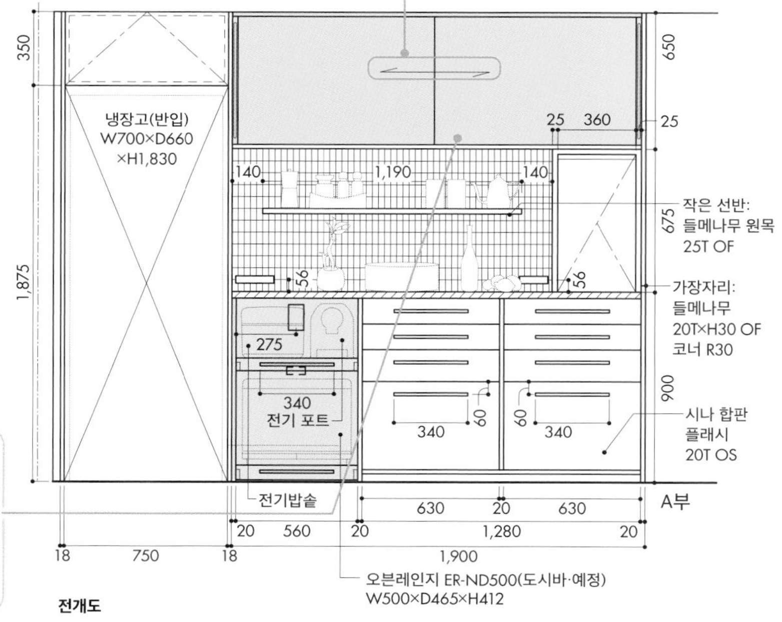

전개도

상부 수납장에는 미닫이문을 사용. 여닫이문으로 만들면 열고 닫을 때 머리가 부딪히거나 지진 시에 문이 열릴(내진 래치가 없는 경우) 우려가 있다.

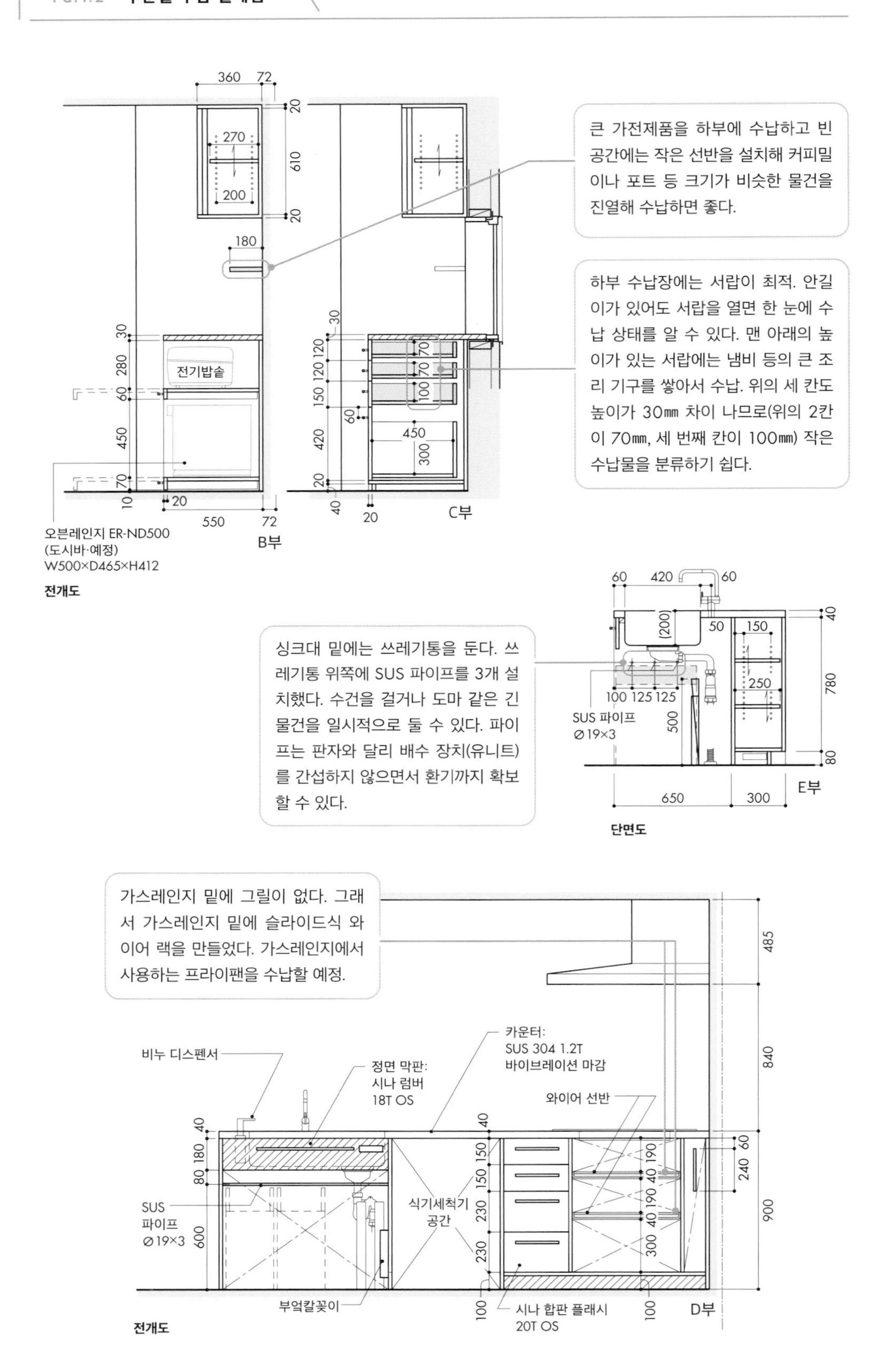
큰 가전제품을 하부에 수납하고 빈 공간에는 작은 선반을 설치해 커피밀이나 포트 등 크기가 비슷한 물건을 진열해 수납하면 좋다.
하부 수납장에는 서랍이 최적. 안길이가 있어도 서랍을 열면 한 눈에 수납 상태를 알 수 있다. 맨 아래의 높이가 있는 서랍에는 냄비 등의 큰 조리 기구를 쌓아서 수납. 위의 세 칸도 높이가 30㎜ 차이 나므로(위의 2칸이 70㎜, 세 번째 칸이 100㎜) 작은 수납물을 분류하기 쉽다.
전기밥솥
오븐레인지 ER-ND500
(도시바·예정)
W500×D465×H412
B부
C부
전개도
싱크대 밑에는 쓰레기통을 둔다. 쓰레기통 위쪽에 SUS 파이프를 3개 설치했다. 수건을 걸거나 도마 같은 긴 물건을 일시적으로 둘 수 있다. 파이프는 판자와 달리 배수 장치(유니트)를 간섭하지 않으면서 환기까지 확보할 수 있다.
SUS 파이프
⌀19×3
E부
단면도
가스레인지 밑에 그릴이 없다. 그래서 가스레인지 밑에 슬라이드식 와이어 랙을 만들었다. 가스레인지에서 사용하는 프라이팬을 수납할 예정.
비누 디스펜서
정면 막판:
시나 럼버
18T OS
카운터:
SUS 304 1.2T
바이브레이션 마감
와이어 선반
SUS
파이프
⌀19×3
식기세척기
공간
부엌칼꽂이
시나 합판 플래시
20T OS
D부
전개도

부엌에서 식당을 본 모습. 오픈된 '보이는 수납장'과는 별개로 부엌에는 작은 서랍식 수납장을 설치하면 카운터의 안길이를 효과적으로 사용할 수 있다. 대면식 부엌인 경우, 마주보는 방향에 식탁을 두는 경우도 많지만, 본 사례와 같이 부엌 바로 옆에 테이블을 놓으면 상차리기가 수월해진다. 부엌에서 일하는 사람과 가족이 보다 더 친밀하게 이어질 수 있는 레이아웃.

팬트리

부엌과 외부 양측에서 접근 가능

팬트리에 수납하는 주요 물품

팬트리는 물건의 반입이 잦은 부엌을 돕는 든든한 지원군이다. 부엌에서도 갈 수 있고 외부 공간에서도 갈 수 있는 루트를 확보하면 활용의 폭이 훨씬 넓어진다.

팬트리에 뒷문을 설치하면 물건의 출입구로 매우 요긴하게 쓰인다. 생협 택배 상품을 바로 반입할 수 있고, 정원에서 가까운 경우에는 가드닝 제품을 수납하는 등 부엌에서 쓰지 않는 물건을 넣고 빼는 데에도 큰 도움이 된다. 바닥 일부를 봉당으로 만들면 물기나 더러움을 신경 쓰지 않아도 되고, 흙이 묻은 야채나 쓰레기를 임시 보관하는 장소로도 사용할 수 있다.

안길이가 얕은 선반과 깊은 선반을 함께 만들면 여분의 식재료와 일상 용품 등을 쉽게 꺼낼 수 있고 부엌에서 쓰는 부피가 큰 물건도 보관할 수 있다.

안길이가 깊은 선반은 큰 접시와 큰 냄비, 핫플레이트, 초밥통 등 크기가 큰 물건이나 가끔씩만 사용하는 부엌용품을 수납하기에도 편리하다.

2층 부엌에 팬트리를 만들 때에는 작더라도 서비스 발코니를 만들어 두면 쓰레기를 일시적으로 보관하는 공간으로 이용하거나 행주·걸레 등도 말릴 수 있어 편리하다.

1 팬트리 넓이는 0.5평이면 충분

수납공간은 많을수록 좋다고 생각하기 쉽지만 팬트리는 그렇게 넓을 필요가 없다. 0.5평 정도면 냉장고와 전자레인지 등을 수납하면서 어느 정도의 수납량도 확보할 수 있다. 이 사례에서는 0.5평 정도의 팬트리에 냉장고, 워터서버, 가동식 선반을 수납했다. 팬트리에 냉장고를 둔다면 전원과 냉장고의 반입 경로를 확보하는 것이 포인트다.

위치가 조금 높으면 물건을 넣고 빼기에는 불편하지만, 그곳에 수납 선반을 설치하면 수납량이 늘어나 편하다. 방재용 비상식 등을 비축하는 공간으로 활용한다.

냉장고 반입 경로는 설치할 기기의 크기를 고려하여 필요한 공간을 확보한다. 특히 계단의 꺾어지는 부분이나 팬트리 입구에서 걸리는 경우가 많으므로 주의. 여기서는 팬트리 입구에 미닫이문을 사용. 창호를 빼면 원활하게 반입할 수 있다.

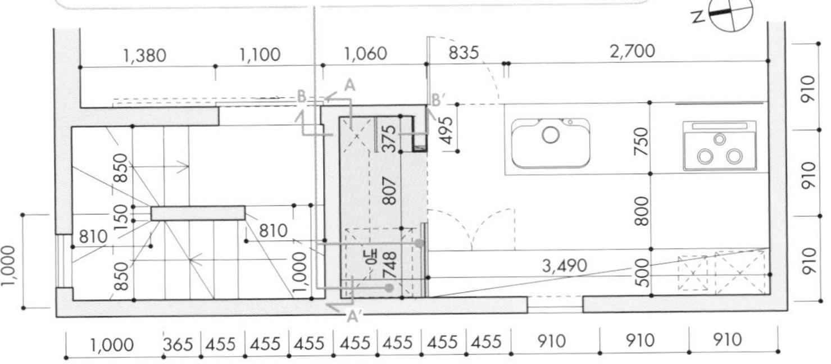

부엌 평면도

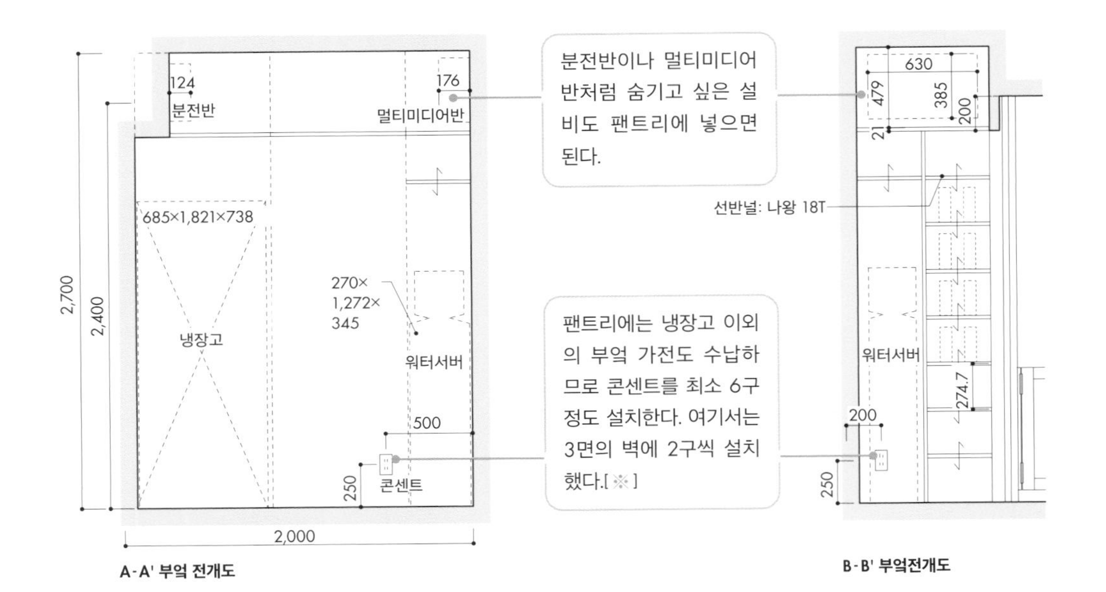

A-A' 부엌 전개도

B-B' 부엌전개도

※ 그림 안에 없는 나머지 2구의 콘센트는 냉장고 뒷면 벽에 설치했다.

2 1평짜리 팬트리는 분할하여 편리성을 높인다

팬트리가 1평이면 수납량이 늘어날 뿐만 아니라 냉장고로 접근하기도 쉬워진다. 냉장고가 들어 있는 팬트리는 창호로 막더라도 가족들이 물건을 가지러 자주 드나들기 때문에 결국은 항상 개방된 상태로 있을 가능성이 높다. 1평이라면 본 사례처럼 팬트리를 바깥쪽과 안쪽으로 분할하고, 문이 없어 접근이 쉬운 바깥쪽에 냉장고를 설치한다.

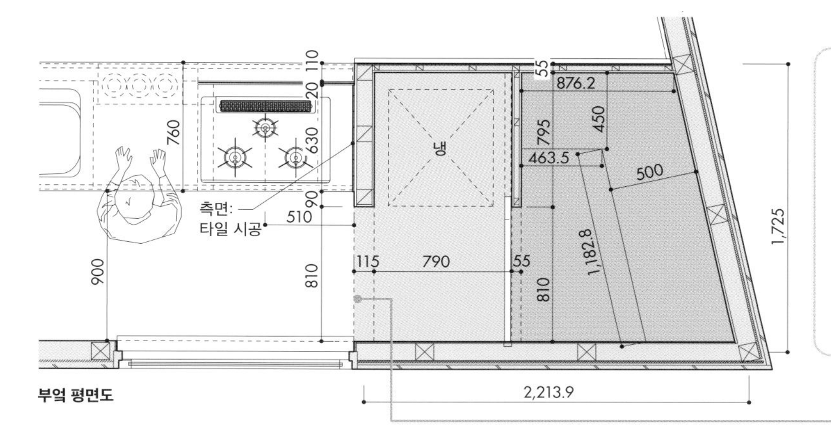

부엌 평면도

바깥쪽과 안쪽으로 분할한 1평 정도의 팬트리. 냉장고를 바깥쪽에 수납하고 부엌과의 사이를 창호로 막지 않으면 훨씬 편리하다. 식료품 등 다른 물건은 창호로 막은 안쪽에 수납하면 보기에 흉하지 않다.

식당에서 팬트리를 본 모습. 바깥쪽이 개방된 상태지만 안쪽 선반이 창호로 막혀 있어 팬트리 내부의 지저분한 모습이 보이지 않는다.

선반 밑의 공간은 쓰레기통 등 큰 물건이나 무거운 물건을 두면 좋다.

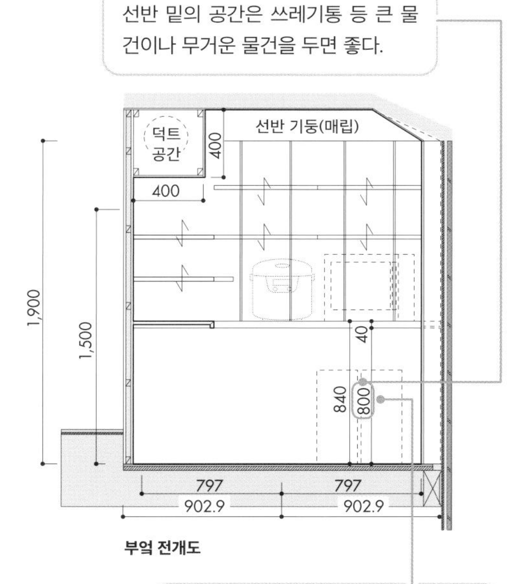

부엌 전개도

선반을 허리보다 높은 위치에 설치하면 허리를 굽히지 않고 편하게 물건을 넣고 뺄 수 있다. 여기서는 800㎜보다 높은 곳에 가동식 선반을 설치했다.

가사실

자유롭게 움직일 수 있는 가사 사무실을 목표로

기본편

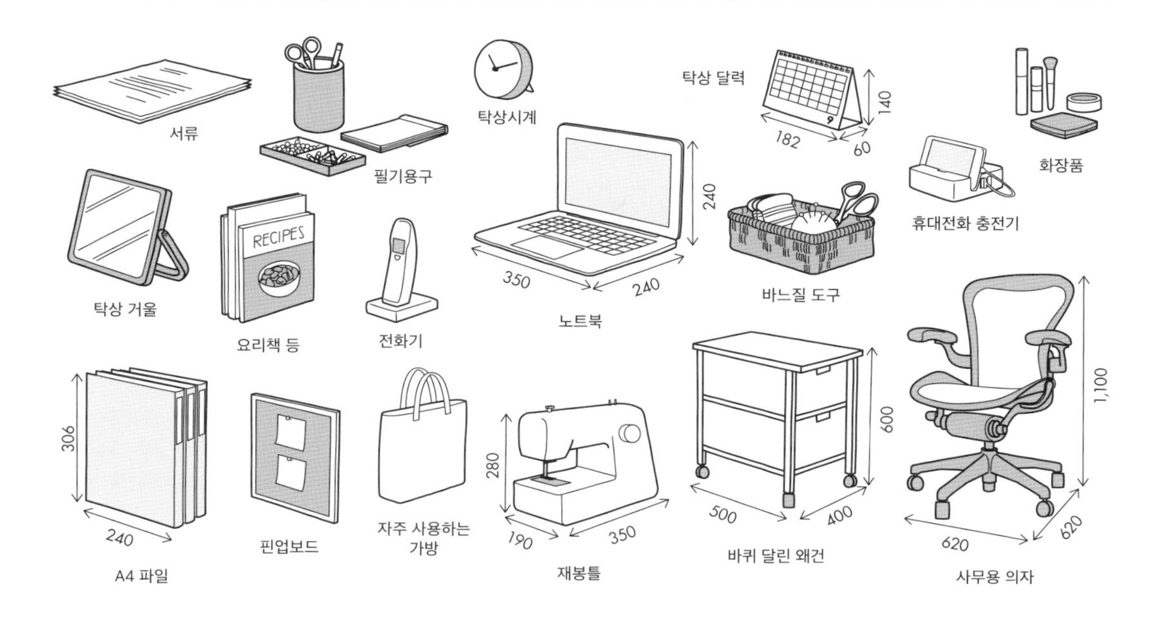

가사실에 수납하는 주요 물품

면적에 여유가 없는 플랜에서는 가사실이 우선순위에서 밀리기 쉽지만, 가사실을 만들면 집이 놀라울 정도로 잘 정리되고 집안일의 효율도 높아진다. 이른바 가사 사무실은 식단 검토나 가계부 기록, 아이가 가지고 온 프린트 정리 등 다양한 작업을 하고 그에 필요한 물건을 보관하는 장소가 된다.

가사실의 넓이는 기본적으로 0.7~1.5평이며 책상과 의자, 작은 책장, 핀업보드를 설치한다. 처리 대기 중인 서류를 보관하기 위해 핀업보드는 중요한 아이템. 의자는 스툴처럼 간단한 것이 아니라 일하기 편한 사무용 의자가 좋다.

거실·식당의 한쪽 구석에 가사실을 만드는 경우에는 공간의 분위기를 해치지 않도록 튀지 않게 만든다. 어수선한 물건이 잘 보이지 않도록 대면식으로 책상을 설치하고 낮은 가림막으로 앞쪽을 가리거나 낮은 책장으로 분리한다. 공간 문제로 대면식이 어려운 경우에는 책장이나 책상 밑에 문을 달아서 사용하지 않을 때 닫아두면 깔끔하게 보인다.

1 가사실은 허리벽을 둘러 세미오픈으로

가계부를 쓰거나 서류를 훑어보는 등 요긴하게 쓰이는 가사실. 하지만 거실이나 식당 등의 비어 있는 공간에 벽걸이 책상 하나만 설치한다면 책상 위의 어질러진 모습이 눈에 띄게 된다. 가사의 효율을 높이고 공간의 분위기를 해치지 않는 가사실을 만들려면 부엌과 세탁기를 잇는 동선상에 허리벽을 두른 장소를 만드는 것이 좋다.

낮은 가림막의 벽면은 핀업보드로 이용할 수 있도록 마감하면 편리.

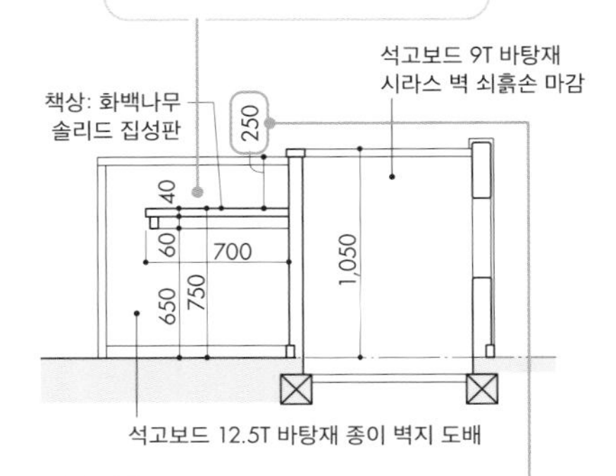

가사실 전개도

책상 위의 소품이 훤히 보이지 않도록 책상 상판에서 200~250㎜ 정도의 낮은 가림막을 설치하면 좋다.

가사실은 사무 작업이 중심이 되므로 0.7~1평 정도(사방 1,820㎜)의 넓이가 좋다.

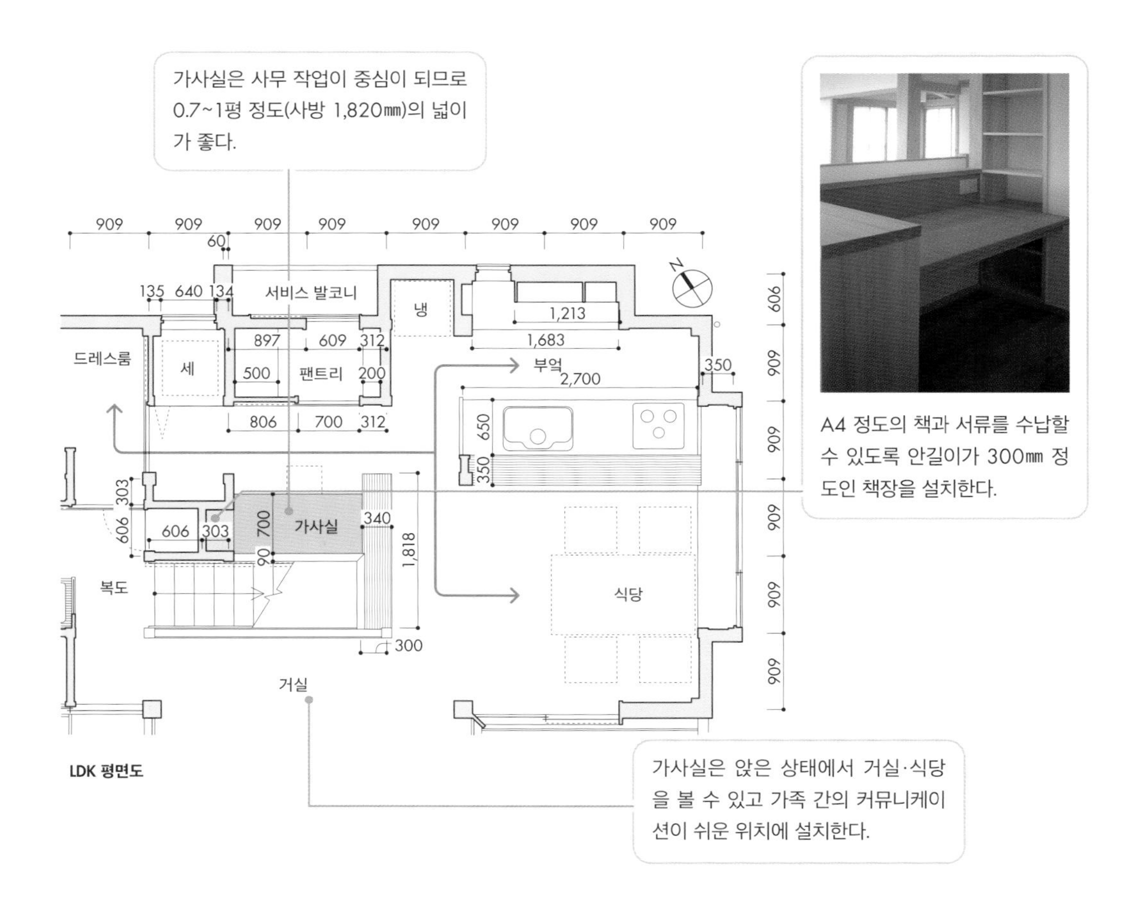

A4 정도의 책과 서류를 수납할 수 있도록 안길이가 300㎜ 정도인 책장을 설치한다.

LDK 평면도

가사실은 앉은 상태에서 거실·식당을 볼 수 있고 가족 간의 커뮤니케이션이 쉬운 위치에 설치한다.

2 가사실을 회유동선으로 조합하여 가사효율을 높인다

세탁·조리 등의 가사 공간을 회유동선으로 연결하면 효율이 훨씬 높아진다. 이 회유동선상에 가사실을 만들고 그 곳에서 가계부를 기록하거나 아이의 학교 관련 서류를 확인하는 등의 집안 사무를 처리할 수 있도록 만들면 보다 편리하다. 세탁실 등 각각의 장소에 필요한 선반을 설치하고 창고와 옷장도 회유동선의 연장선상에 배치하면 더욱 좋다.

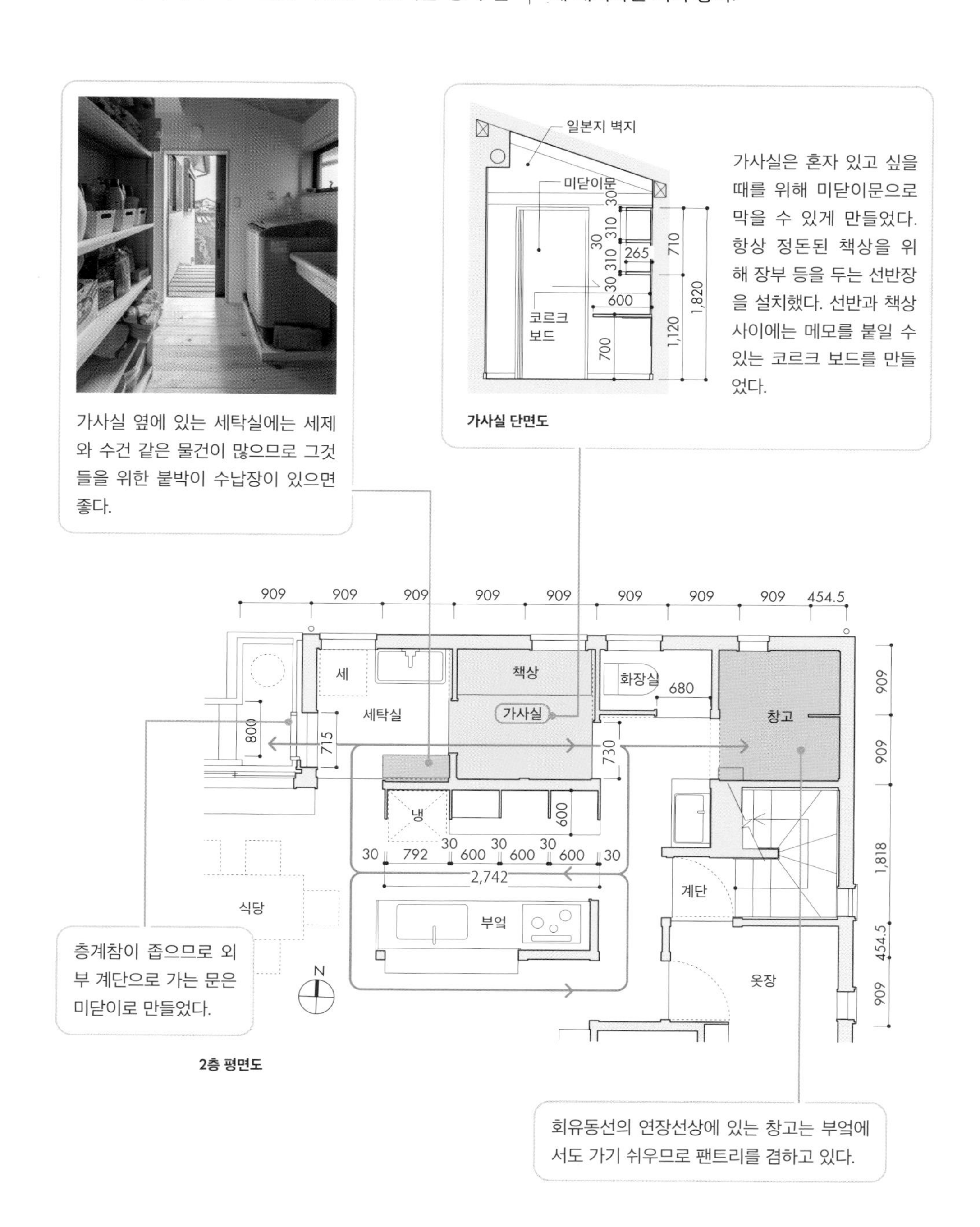

가사실 옆에 있는 세탁실에는 세제와 수건 같은 물건이 많으므로 그것들을 위한 붙박이 수납장이 있으면 좋다.

가사실은 혼자 있고 싶을 때를 위해 미닫이문으로 막을 수 있게 만들었다. 항상 정돈된 책상을 위해 장부 등을 두는 선반장을 설치했다. 선반과 책상 사이에는 메모를 붙일 수 있는 코르크 보드를 만들었다.

가사실 단면도

층계참이 좁으므로 외부 계단으로 가는 문은 미닫이로 만들었다.

2층 평면도

회유동선의 연장선상에 있는 창고는 부엌에서도 가기 쉬우므로 팬트리를 겸하고 있다.

건조 공간

옥외뿐 아니라 실내 건조 공간도 필수

기본편

천장에 건조대를 설치할 때는 긴 횡목 등의 바탕재를 보강한다.

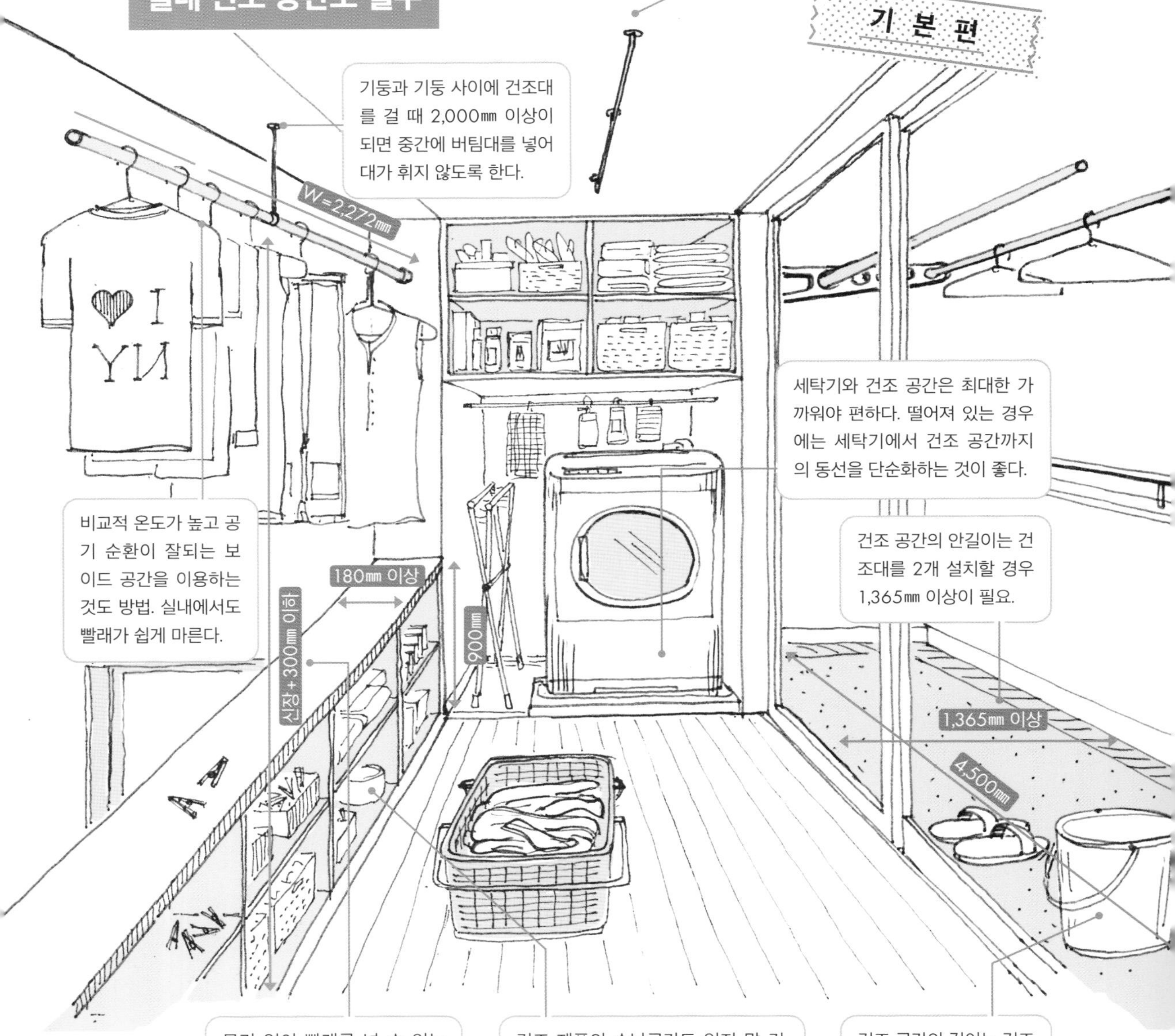

기둥과 기둥 사이에 건조대를 걸 때 2,000㎜ 이상이 되면 중간에 버팀대를 넣어 대가 휘지 않도록 한다.

W=2,272㎜

세탁기와 건조 공간은 최대한 가까워야 편하다. 떨어져 있는 경우에는 세탁기에서 건조 공간까지의 동선을 단순화하는 것이 좋다.

비교적 온도가 높고 공기 순환이 잘되는 보이드 공간을 이용하는 것도 방법. 실내에서도 빨래가 쉽게 마른다.

180㎜ 이상

신장+300㎜ 이하

900㎜

건조 공간의 안길이는 건조대를 2개 설치할 경우 1,365㎜ 이상이 필요.

1,365㎜ 이상

4,500㎜

무리 없이 빨래를 널 수 있는 높이는 신장+300㎜ 이하.

건조 제품의 수납공간도 잊지 말 것. 세면실이 아닌 곳에 설치한다면 복도 벽을 이용하는 것이 좋다.

건조 공간의 길이는 건조대가 하나일 경우 최저 4,500㎜가 기준.

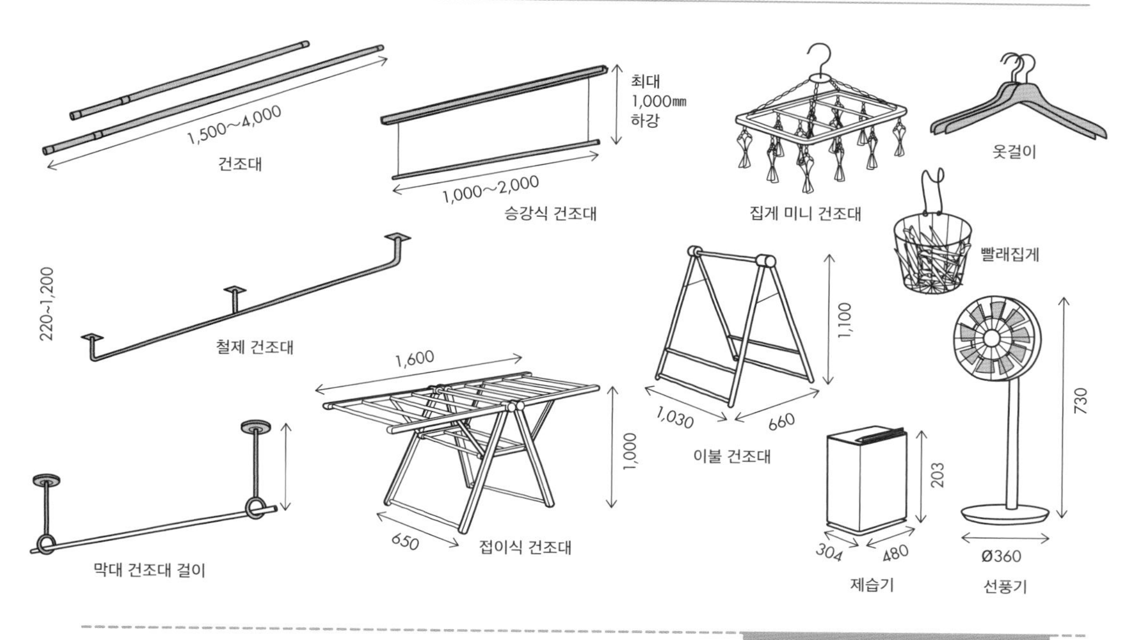

건조 공간에 수납하는 주요 물품

최근 실내 건조 공간의 인기가 부쩍 높아지면서 대부분의 건축주가 설치를 희망하고 있다. 밤에 세탁하여 실내에서 말리다가 아침이 되면 밖으로 내놓는 방식이다. 야외에 건조하면 빨래가 마르지 않는 비오는 날에는 실내에 널면 되고, 꽃가루가 날릴 때도 효과적이다. 이렇듯 현대적인 생활을 도와주는 기능성 높은 공간인 데다 빨래를 둘 곳이 없어 방이 지저분해지는 것도 막아준다.

보이드의 상부 공간은 볕이 잘 들지 않는 장소라도 비교적 온도가 높고 공기 순환이 잘되므로 빨래가 잘 마른다. 실내에 설치하는 건조대의 높이는 신장 플러스 300mm까지면 무리 없이 빨래를 널 수 있다. 승강식 건조대를 사용하면 건조대 밑 공간도 효과적으로 사용할 수 있다. 건조를 위한 보조 장치로 선풍기나 제습기를 이용하는 사람도 많으므로 통행에 방해가 되지 않도록 그것을 위한 공간도 확보해 두자.

실내 건조 공간은 발코니(외부 건조)와 세트로 생각하면 더욱 효과적이다. 세탁기·실내 건조 공간·야외 건조 공간의 동선을 매끄럽게 정돈하면 세탁을 보다 효율적으로 할 수 있다.

① '세탁·건조·개기·보관'하는 곳을 하나로 모은다

맞벌이 가정에서는 집안일에 할애하는 시간을 최대한 단축하고 싶어 한다. 그런 요구에 부응하려면 세탁에 필요한 가사 동선을 한 곳으로 모아 작업 효율을 높이는 플랜이 효과적이다. 즉 '세탁·건조·개기·보관'을 위한 공간을 가까운 곳에 하나로 연결해 배치함으로써 동작의 낭비를 줄이는 것이 집안일이 편해지는 핵심. 외출 중이거나 취침 중일 때도 실내에서 계속 건조할 수 있으므로 통풍이 잘되는 실내 건조 공간은 반드시 만들도록 한다.

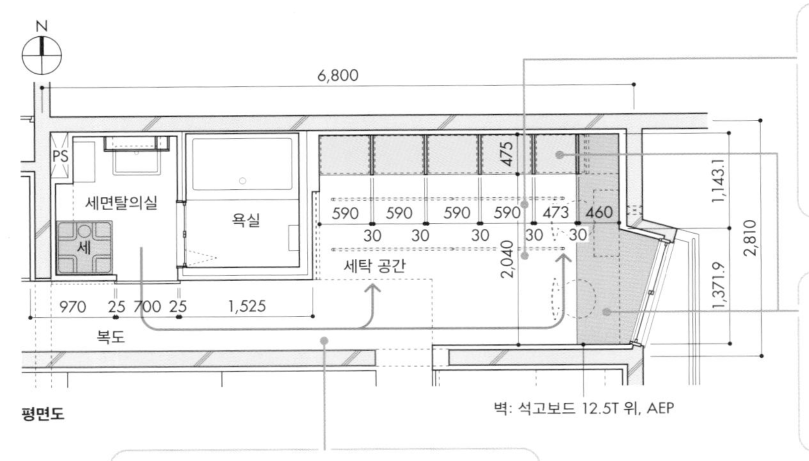

평면도

실내 건조를 전제로 행거파이프를 실내에 미리 설치했다. 개지 않는 의류는 그대로 파이프에 걸 수 있도록 폭 2,700㎜로 약간 길게 만들었다.

파이프 근처에 작업대를 설치하면 말린 세탁물을 다림질하여 갠 후 바로 벽면 선반에 넣을 수 있으므로 편리.

세탁실, 행거파이프(실내 건조 겸 일시 수납), 작업대, 선반을 한 곳에 모아 배치하여 동작의 낭비를 없애고 가사 효율을 높였다.

개구부 근처라서 통풍이 확보되어 있지만, 에어컨을 설치해 외출 중에 문을 닫아두어도 건조될 수 있도록 만들었다.

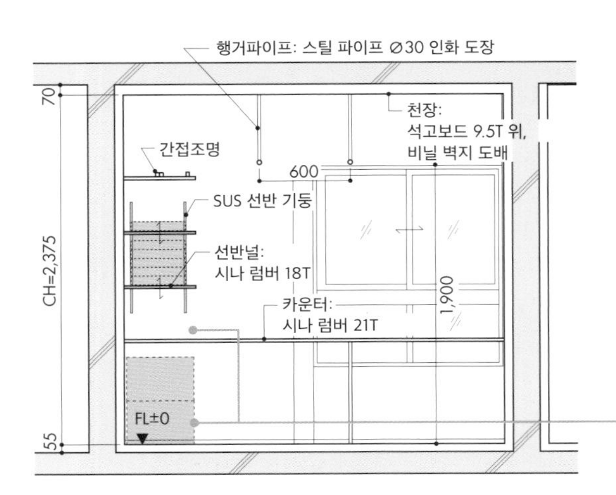

단면도

벽 상부에는 옷을 개어 두는 선반을 설치하고 하부에는 모포 등 부피가 큰 물건을 넣을 수 있는 수납 케이스를 둘 공간으로 만들었다.

2 톱 라이트를 설치한 실내 건조 공간은 맞벌이 부부의 지원군

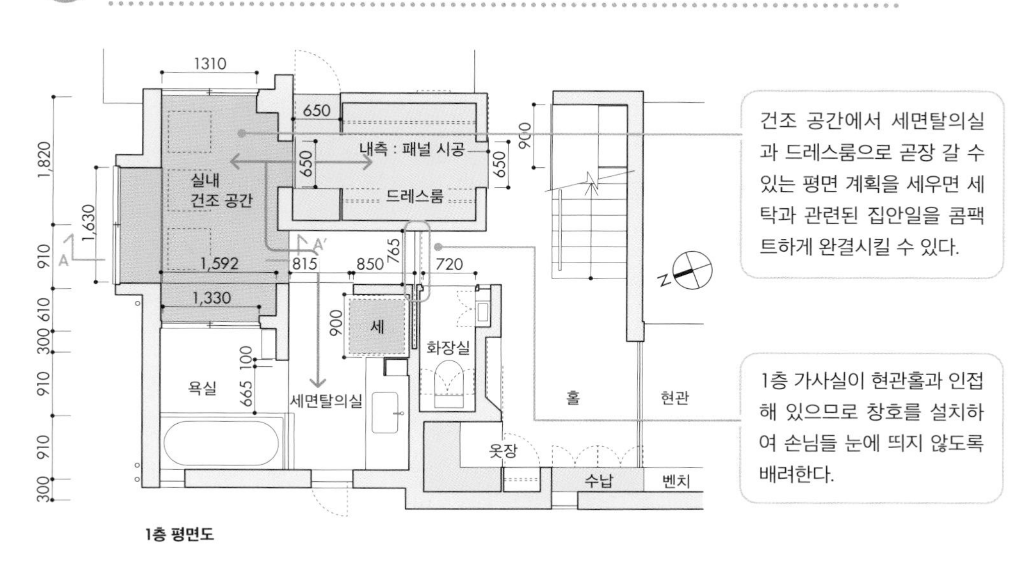

1층 평면도

맞벌이 가정에서는 부재중일 때에도 비 올 걱정 없이 안심하고 세탁물을 말릴 수 있는 실내 건조 공간이 매우 요긴하다. 실내 건조 공간에는 충분한 통풍과 채광을 확보하고 조습 효과가 있는 소재로 내장 마감을 해야 한다. 여기서는 건조 공간의 3방향에 개구부를 설치하여 공기를 통하게 하고 천장에는 3개의 톱 라이트를 배치함으로써 북쪽으로도 충분한 채광을 확보하여 세탁물 건조의 효율을 높였다.

건조 공간 안에는 충분한 자연광이 들어오도록 만든다. 본 사례와 같이 북쪽에 배치된 경우에는 톱 라이트를 설치하면 효과적.[※]

욕실과 이어진 개구부와 출창의 밑틀(膳板:현장 용어로 '젠다이'라고 통용됨 – 옮긴이)은 안길이를 만들어 세탁물 등을 임시로 놓을 수 있는 작업대로 사용할 수 있다.

건조장의 벽면 마감은 조습성 있는 소재를 사용한다. 여기서는 에코카라트(eco-carat)(LIXIL)를 사용했다.

발코니

천장 : 석고보드 9.5T 비닐 벽지 도배

건조 공간

벽: 석고보드 12.5T 에코카라트 시공

벽: 타일 (600×600)

A-A' 건조 공간 단면도

※ 겨울에는 건조기를 1대 가동시켜야 한다.

세면실

기본편

대용량 타워 수납장에 '개인 바구니'를

선반 안에 드라이어와 전동칫솔용 콘센트를 설치하면 세면실이 깔끔해 보인다.

화장은 전체적으로 밝고 그림자가 잘 생기지 않는 자연광 밑에서 할 것. 그러기 위해 상부에 FIX 채광용 하이사이드 라이트를 설치.

세면실에는 대용량 타워 수납장이 효율적. 내용물이 잘 보이도록 안길이는 300㎜ 정도로 얇게 만드는 것이 좋다. 선반의 높이는 200㎜를 기본으로 칸 수를 많이 설정한다.

세탁기 위에도 상부장과 선반널을 설치하여 수납량을 늘린다.

상부장 밑에 행거파이프를 설치하면 옷걸이나 수건을 걸기에 편리.

개인별 바구니를 놓을 수 있도록 세면대는 1,800㎜ 이상 길게 만든다(세면볼 2개분).

가족 각자가 개인 바구니에 물건을 정리한다.

아이가 성장하고 물건이 늘어날 것을 예상해 공간에 여유를 둔다.

오픈한 세면대 밑에는 통풍용 지창(地窓)을 설치.

세면대와 타워 수납장을 나란히 배치하면 너비가 있어야 하지만 세면대와 직각을 이루도록 설치하면 공간이 절약.

세면대 밑은 오픈형으로 만들어 선반을 한 칸 설치한다. 선반 위에는 자주 사용하는 드라이어 등을 바구니에 넣어두고, 아래에는 빨래 바구니와 쓰레기통, 반려동물의 화장실 등을 둔다.

세면실에 수납하는 주요 물품

세면실의 수납공간은 대부분의 경우 세면대 밑이나 3면 거울 뒤쪽에 설치된다. 세면실은 가족 모두가 하루에도 몇 번씩 사용하며 여러 행동을 하는 장소. 모든 행위에 필요한 도구가 제각각인데다가 여분의 물건까지 보관해야 하는데, 가족 모두가 물건을 다 꺼내놓으면 세면대 위는 금방 어질러진다. 그 모든 물건을 정리하기 위해서는 대용량의 타워 수납장이 필수라고 할 수 있다.

세면실이 좁아서 타워 수납장을 만들 수 없다면 세면대 밑에 선반널이나 서랍이 많이 달린 고밀도 수납장을 설치하거나 가까운 복도 등에 만드는 것도 한 방법이다.

세면실의 물건은 '개인 바구니'(가족 각자의 개인용 바구니)에 정리할 것. 사용할 때는 바구니 통째로 세면대 위에 꺼내 놓고 다 쓰면 제자리에 돌려놓는다. 비록 바구니 안이 복잡하더라도 바구니에서 꺼내지만 않으면 어질러질 염려가 없다. 깨끗한 느낌의 흰 바구니에 라벨시트를 붙여 내용물을 파악하기 쉽도록 만들면 좋을 것이다.

어린아이가 있는 가정에서는 아이가 성장하면서 필요한 도구가 늘어나게 되므로 공간에 여유를 두기 바란다.

1 다양한 물건이 넘치는 세면실은 타워 수납장과 바구니로 깔끔하게 만든다

세면실에 두는 물건은 칫솔과 치약, 화장 도구, 세탁 세제, 드라이어, 목욕 수건 등 다방면에 걸친 자잘한 물건들이 많다. 그것들을 수납하려면 바닥에서 천장까지의 공간을 타워 수납장으로 만들어 빈틈없이 이용해야 한다. 자잘한 물건은 사용하는 사람이나 종류별로 시판하는 '개인 바구니'에 넣어 수납하면 쉽게 꺼내 쓸 수 있고 수납했을 때에도 깔끔하고 가지런하게 보인다.

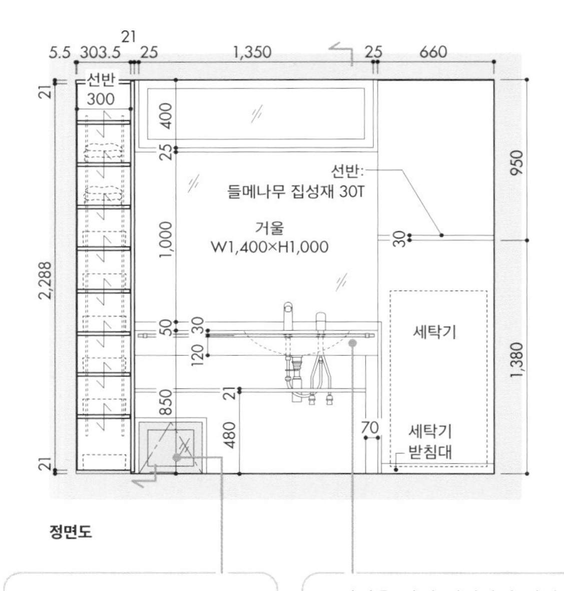

정면도

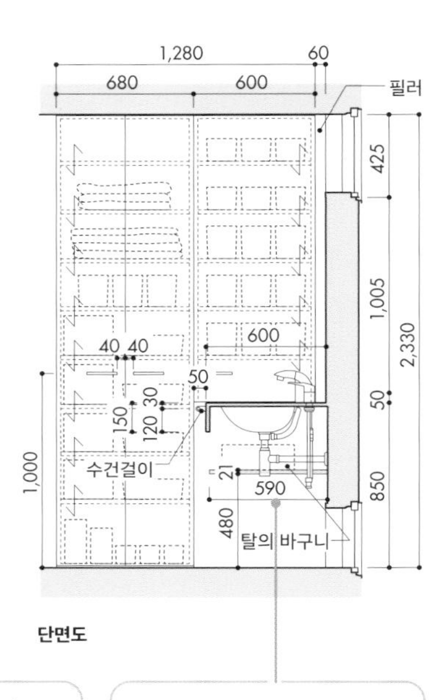

단면도

카운터 하부에 환기용 창을 설치하면 냄새가 밖으로 빠져나가기 때문에 이곳에 반려동물의 화장실을 놓으면 된다.

수납장을 많이 설치하면 벽이 없어지므로 수건걸이는 카운터의 앞막이 부분에 설치하면 된다. 수건걸이는 스테인리스 등 오염을 방지할 수 있는 소재가 좋다.

선반널의 적절한 높이와 안길이는 두는 물건에 따라 달라진다. 무엇을 둘 것인지 계획 시에 미리 정해둔다.

좌 벽의 하부에 봉을 설치하여 세탁용 옷걸이를 걸었다. 잡다한 건조 관련용품을 보관할 장소를 만들면 벽 안의 공간을 효과적으로 활용할 수 있다.
우 거울의 면적을 크게 하고 하이사이드 라이트를 설치하면 확산광에 의해 실내와 수납장 내부가 밝아진다.

세면실 한쪽 벽면에 설치된 타워 수납장. 바구니와 내용물의 크기에 따라 높이를 바꿀 수 있도록 가동식 선반으로 만들었다. 디자인이 통일된 기성제품 바구니를 사용하면 다양한 물건이 들어가 있어도 정리된 것처럼 보이고 꺼내기도 쉽다. 항상 깔끔한 공간을 유지하기 위해 기성제품 바구니를 미리 준비하여 건축주에게 제공하는 것도 방법.

바닥에서 천장까지 높이의 타워 수납장 문은 벽과
색을 맞췄기 때문에 닫으면 벽의 일부처럼 보여 공
간이 깔끔하게 정리된다.

바닥·벽·천장의 모노톤 공간에 부드러운 나뭇결이 우아한 느낌을 준다. 나무틀 안의 수납장 옆은 소품을 장식하는 공간으로.

2 나무틀을 이용해 기성제품 수납장을 주문 가구 느낌으로

거울이 달린 수납장은 비용을 줄이기 위해 기성제품을 사용하는 경우가 많은데 벽면과 어울리지 않는 어색한 느낌은 지울 수 없다. 여기서는 거울 수납장 주위에 나무틀을 설치하여 주문품처럼 보이게 했다. 카운터 상판과 나무틀을 같은 수종으로 똑같이 마감하면 통일감이 생겨 공간도 더 정돈된다. 나무틀 안의 빈 공간에 사진이나 소품 등을 두면 삭막해지기 쉬운 세면실이 아늑한 공간으로 바뀐다.

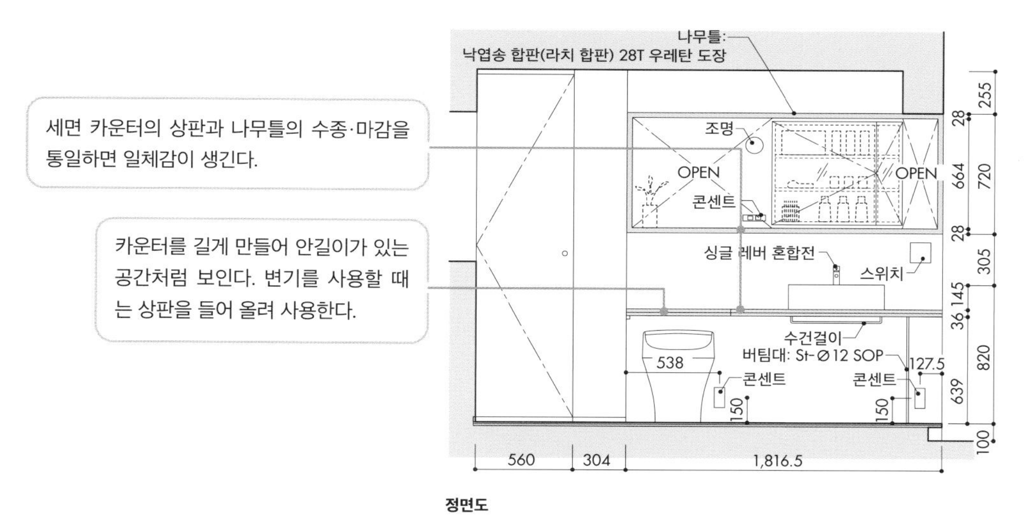

정면도

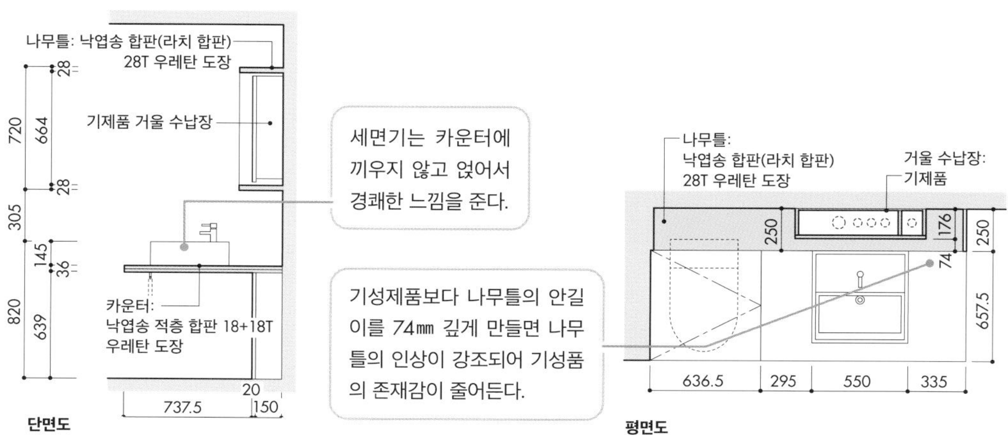

단면도

평면도

③ 붙박이 가구는 '면'을 맞춰 벽처럼 보이도록

세면실처럼 좁은 장소는 공간에 통일감을 주어 마감하는 게 좋다. 붙박이 가구를 설치할 때는 벽의 일부처럼 보이도록 '면'을 맞추면 된다. 수납장 문의 손잡이를 최대한 면 안쪽에 설치하면 공간이 깔끔해 보인다. 편리한 수납을 위해서는 열고 닫기 쉬운 높이에 문을 달고, 내용물에 맞춰 세심하게 선반 등의 치수를 고려하는 것도 중요하다.

선반의 내용물을 쉽게 볼 수 있도록 선반의 안길이는 기본적으로 얕게. 넣는 물건에 맞춰 칸막이를 작게 만들면 좀 더 쓰기 편해진다. 아래쪽 선반은 아이의 통학용 가방 등을 수납하는 공간으로 활용.

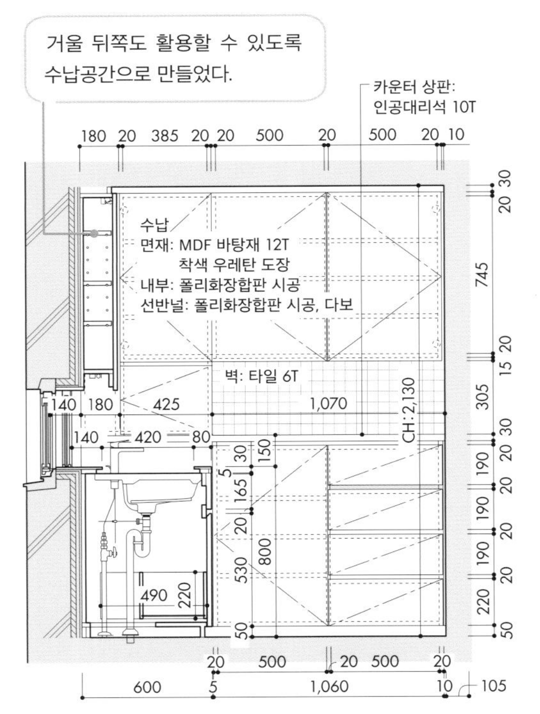

세면실 전개도 A

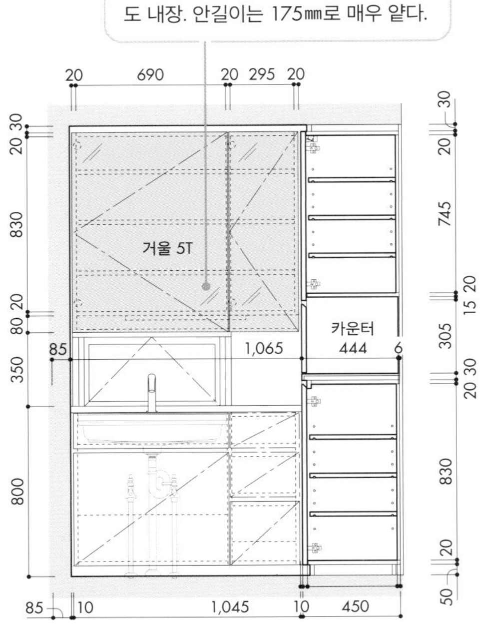

세면실 전개도 B

문과 서랍을 닫은 상태. 모든 면을 평평하게 만들어 보기에도 깔끔. 흰색 면재로 깨끗한 느낌이 들도록 마감했다.

화장실

보여주는 부분과 보여주지 않는 부분을 디자인하다

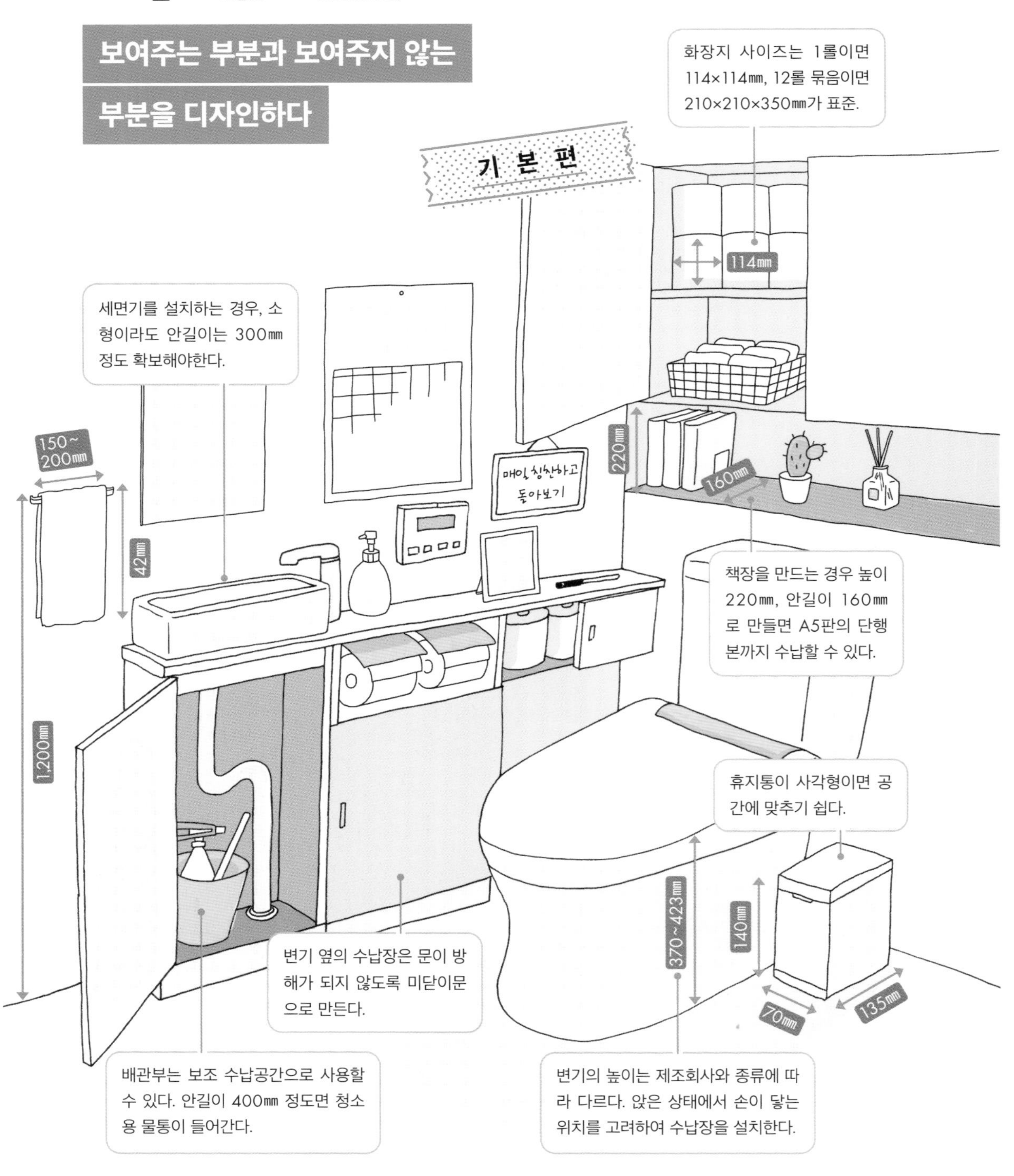

화장실에 수납하는 주요 물품

화장실은 용도가 명확하므로 쉽게 어질러지는 곳은 아니지만 두고 싶은 물건과 필요한 물건이 의외로 많다. 작지만 수납장을 설치하면 훨씬 편리해진다.

카운터 밑의 수납장은 앉은 자세에서 손이 닿고 휴지 등을 꺼낼 수 있어 추천. 카운터에 세면기를 설치하는 경우에는 세면볼의 모양도 고려해야 한다. 수건이나 비누를 둘 수 있는 안길이를 확보하자.

수납장 하부에 배관이 있어 수납공간이 충분하지 않다면 별도의 상부장을 설치한다. 변기 뒤쪽 공간을 이용해 상부장을 설치하는 경우에는 안길이를 얇게 만들면 쓰기 편하다. 250mm 정도면 휴지 2줄을 수납할 수 있다.

감추고 싶은 물건을 넣는 문 달린 수납장과는 별도로, 오픈된 선반이 있으면 꽃을 장식하거나 책장으로 이용할 수 있다. 손님이 이용하는 층에 있는 화장실은 가리개에 신경을 쓰고, 침실 층에 있는 화장실에는 가족을 위한 아이디어를 낸다. 앉았을 때의 눈높이에 알림 메모판이나 달력을 걸어두면 가족 간의 커뮤니케이션에 도움이 된다.

1 등 뒤쪽의 수납장을 한 면으로 모아 연속감을 연출한다

2층·북향의 화장실(새니터리)에 빛이 들도록 톱 라이트를 설치하고 빛을 확산시키는 흰색으로 벽을 칠했다. 벽에 맞춰 붙박이 수납장도 흰색을 기조로 하고 있지만, 선반 부분에는 목질감을 남겨 대비를 즐길 수 있도록 디자인했다. 세면대 정면의 거울 뒤 수납장과 변기 뒤 수납장은 면을 맞춰 공간 전체에 연속감을 연출했다.

세면실에 설치하는 톱 라이트는 욕실의 습기로 인해 결로되기 쉬우므로 특히 주의한다. 결로받이 설치는 필수.

선반은 변기 뚜껑을 올려도 부딪치지 않는 위치에 설치한다. 변기에 앉아서도 물건을 꺼낼 수 있는 위치이다.

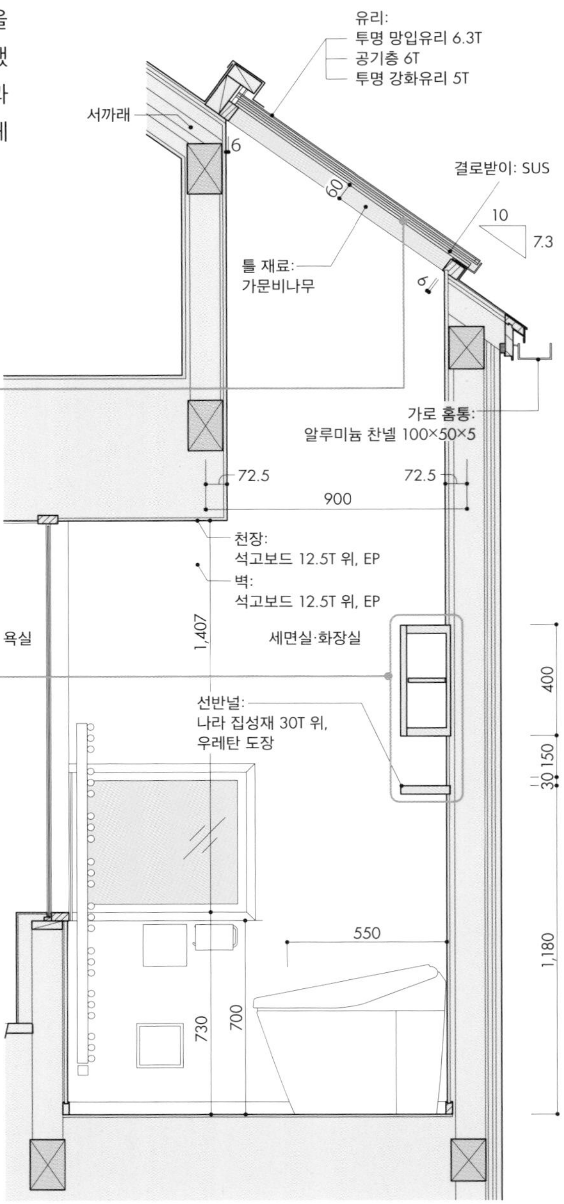

유리:
투명 망입유리 6.3T
공기층 6T
투명 강화유리 5T
서까래
6
60
결로받이: SUS
10
7.3
틀 재료:
가문비나무
6
가로 홈통:
알루미늄 찬넬 100×50×5
72.5
72.5
900
천장:
석고보드 12.5T 위, EP
벽:
석고보드 12.5T 위, EP
욕실
1,407
세면실·화장실
선반널:
나라 집성재 30T 위,
우레탄 도장
400
150
30
1,180
550
730
700

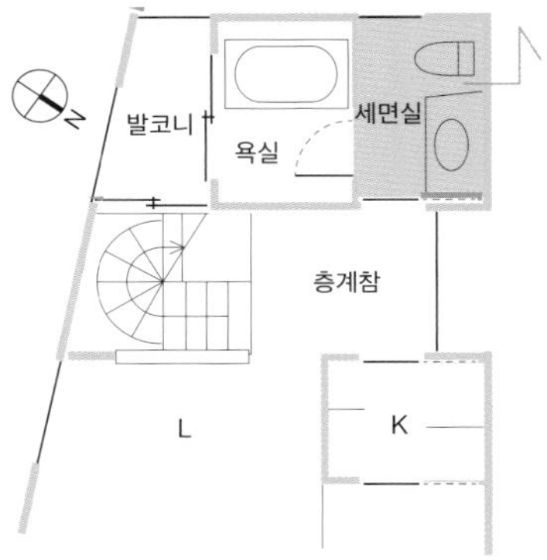

N
발코니
욕실
세면실
층계참
L
K

평면도

단면 상세도

북쪽에서 부드러운 빛이 비
쳐드는 새니터리 공간. 깨끗
한 느낌을 주는 흰색 벽에 반
사된 간접광이 공간 전체에
부드러운 빛을 가져다준다.

아이방

성장에 맞춰 가변성을 갖춘다

기본편

아이방에 수납하는 주요 물품

아이들은 언젠가는 독립해 둥지를 떠난다. 그러므로 아이방의 레이아웃은 완전히 고정시키지 말고 가변성을 두도록 한다. 각각의 방을 만들지 않고 공유 공간을 활용하는 등 한정된 공간을 어떻게 활용하고 성장에 맞춰 유연하게 사용할 수 있는지가 아이방 수납의 열쇠가 된다.

어릴 때는 독방이 필요하지 않으므로 거실 한쪽에 그림책 등의 수납을 겸하는 넓은 스터디 코너를 만들면 좋다. 그림책을 읽어주거나 단란한 가족 공간으로 이용할 수 있고 크레용 등으로 식탁을 더럽힐 걱정도 없어진다.

아이방은 2평 정도면 기제품 가구도 놓을 수 있는데, 공간이 없는 경우에는 안길이가 얕은 붙박이 책상을 설치하는 것이 좋다. 바퀴 달린 캐비닛을 쓰면 생활 스타일의 변화에 따라 방의 인테리어를 바꿀 수 있다.

형제가 방을 나누어 쓸 경우, 큼지막한 책장과 옷장으로 공간을 구분하면 아이가 독립한 후에 하나의 방으로 되돌리기 쉽다. 벽과 칸막이를 설치하지 않는 경우, 벽면에 얕고 넓은 붙박이 수납장을 만들면 게임 소프트웨어나 만화책을 깔끔하게 정리할 수 있다.

1 박스형 가동식 선반장을 이용해 자유자재로 레이아웃

아이방의 레이아웃을 성장에 맞춰 유연하게 바꿀 수 있으면 아이가 독립한 후에도 편리하다. 본 사례와 같이 대형 수납 박스에 바퀴를 달아 가동식 칸막이벽으로 사용하면 나이와 개성에 어울리는 자유로운 아이방을 간단하게 만들 수 있다.

6평 정도의 세로로 긴 아이 방. 세 아이의 성장에 맞춰 레이아웃을 자유롭게 바꿀 수 있도록 4개의 가동식 수납 박스를 칸막이벽처럼 이용해 방을 3개로 나누었다.

방향을 다르게 한 2개의 박스로 하나의 칸막이를 구성하면 양쪽에서 균등하게 수납공간을 확보할 수 있다.

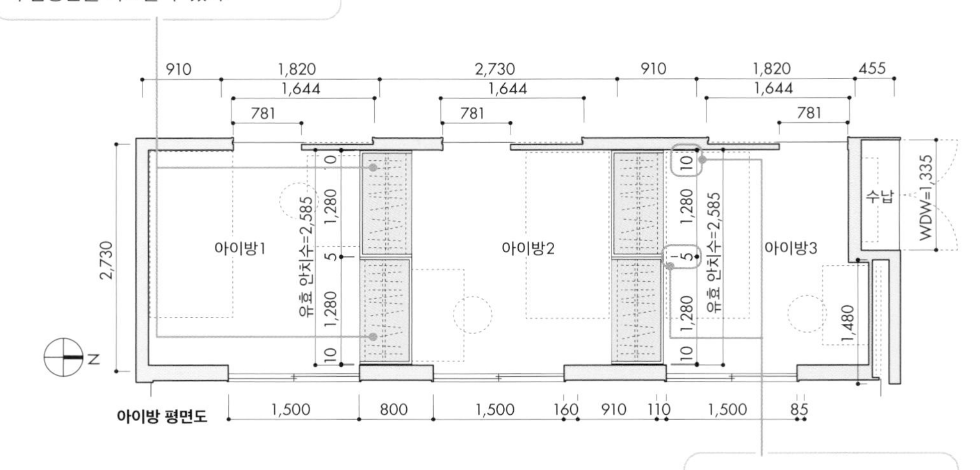

아이방 평면도

박스끼리나 박스와 벽 사이에 5~10㎜ 정도의 여유 공간을 잡을 수 있도록 박스의 폭을 설정한다. 딱 맞게 만들면 박스와 콘센트가 간섭을 받거나 벽에 부딪힐 우려가 있다.

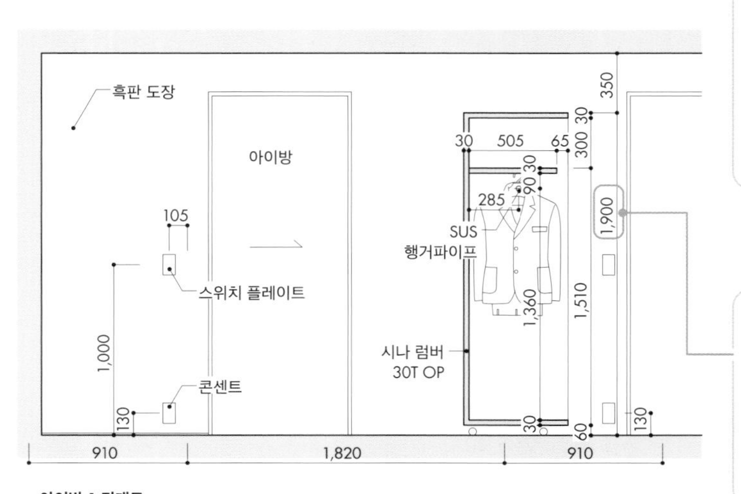

아이방 1 전개도

수납 박스의 높이는 바닥에서 1,900㎜. 프라이버시를 확보하면서 상부는 트여 있는 구조다. 완전히 칸을 막고 싶을 때에는 그 위에 천장 높이의 선반을 추가로 설치하면 된다.

② 아이방에서 옷장과 책상을 빼내다

'책상', '침대', '너비 1,800㎜ 이상의 옷장'이 아이에게 필요한 요소. 이것들을 수납하기 위해서는 최소한 1.5평 정도가 필요하다. 그러나 이 모든 것을 '아이방 안'에 넣을 필요는 없다. 옷장과 책상을 방 밖에 두면 방을 넓게 쓸 수 있고 아이방을 만드는 비용도 줄일 수 있다.

아이방에 로프트를 설치하면 수납공간이 늘어나 공간을 더욱 효과적으로 활용할 수 있다.

보이드와 접하여 학습 공간을 만드는 경우에는 물건의 낙하를 방지하기 위한 낮은 벽을 설치할 것.

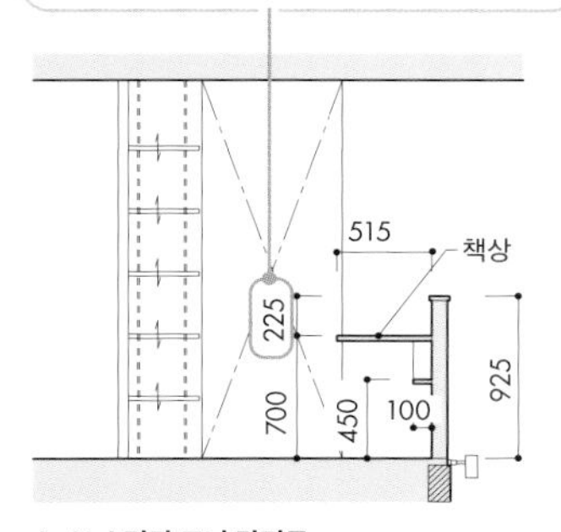

A-A' 스터디 코너 단면도

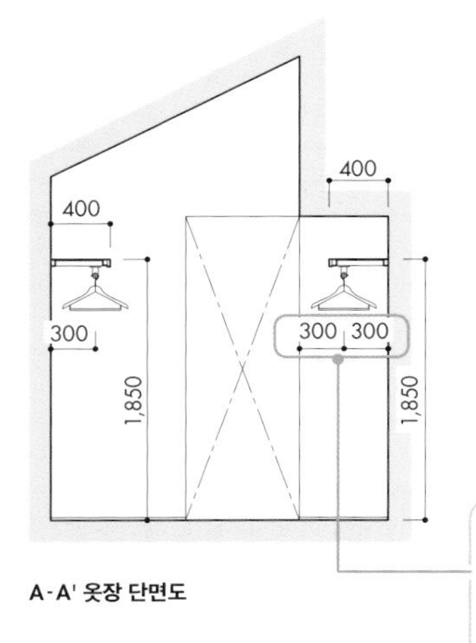

A-A' 옷장 단면도

옷장의 안길이가 600㎜면 옷걸이에 걸린 옷이 깔끔하게 들어간다.

옷장과 학습 공간을 복도로 빼내면 아이방에는 침대만 필요하게 되므로 방이 넓어진다. 각 방의 옷장이 공유 공간에 집약되므로 가사의 효율도 높아진다.

옷장
아이방1
스터디 코너
아이방2

2층 평면도

세 아이가 사용하게 될 아이방. 아이방1을 두 개의 방으로 분할하면 한 방당 1.5평 정도의 넓이가 된다.

취미방

0.5평의 선반과 벽을 가득 장식한다

기본편

혼자 소외되지 않도록 작은 창을 설치해 가족과 커뮤니케이션을 할 수 있도록 만든다.

시나 합판 등 저렴한 벽재로 비용을 줄이고 러프한 분위기를 연출.

취미방에는 진열장이 필수. 실외에서도 컬렉션을 즐길 수 있도록 창가에 설치하면 좋다.

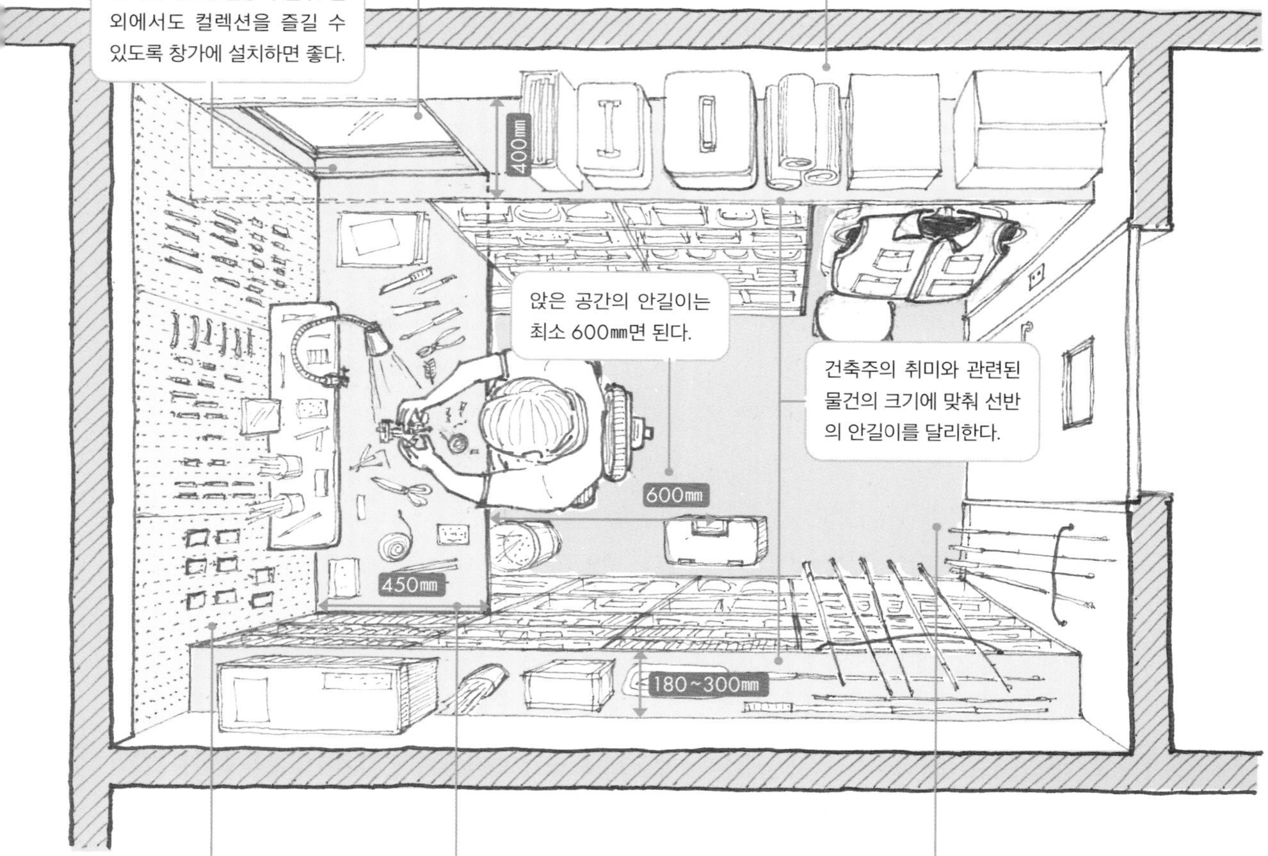

400㎜

앉은 공간의 안길이는 최소 600㎜면 된다.

건축주의 취미와 관련된 물건의 크기에 맞춰 선반의 안길이를 달리한다.

600㎜

450㎜

180~300㎜

유공보드에 후크를 달면 장식 공간이 생긴다. 자주 사용하는 작은 도구를 정리하기에도 편리.

책상의 안길이는 최소 450㎜면 소품을 조립하거나 책과 노트를 펴서 읽을 수 있다.

필요한 넓이는 취미의 내용에 따라 다르지만 특별히 큰 물건이나 공간이 필요하지 않다면 0.5평으로 충분.

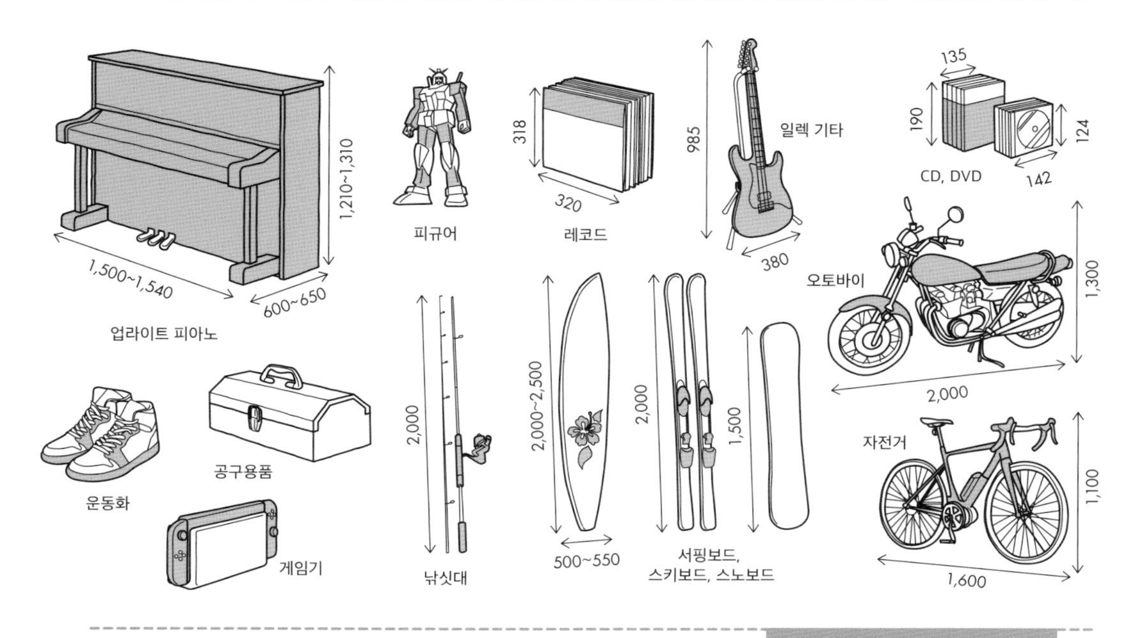

취미방에 수납하는 주요 물품

취미방에는 건축주가 아끼는 물건을 수납하는 선반과 컬렉션의 일부를 장식하는 진열장이 필요하다. 수납 선반의 크기는 '안길이가 깊은지 얕은지'가 중요. 물건에 맞추어 밀리 단위까지 조정할 필요는 없다. 400mm 정도의 안길이면 큰 물건이 조금 튀어나오기는 해도 대부분의 물건은 들어간다. 얕아도 되면 180~300mm 정도로 만든다.

진열장은 복도 면에 작은 창을 설치하여 그 창틀을 이용하는 것이 좋다. 그 곳에 장식하고 싶은 물건을 두면 실외에서도 디스플레이를 즐길 수 있다. 벽은 유공보드로 만들고 후크를 달아 마음껏 물건을 걸 수 있도록 하면 편리하다.

자기가 좋아하는 물건에 둘러싸여 있는 고립감도 포인트이므로 넓은 공간은 그다지 필요치 않다. 합판으로 마감하여 러프한 분위기를 내는 것도 좋고 창고나 드레스룸 속 등 다른 장소와 겸용하는 것도 좋다.

특별히 설치한 취미방은 주택의 양념 역할을 하며 건축주의 만족도를 높여준다. 다만 건축주의 취미에 지나치게 귀를 기울이면 요구사항이 너무 늘어나 긁어부스럼이 될 수 있으니 적정선을 유지한다.

사진 왼쪽 벽면에는 루어와 릴을, 오른쪽 벽면에는 낚시 도구함을 수납.

1 현관 옆의 창고를 비밀방으로

취미를 위한 도구가 많을 경우에는 창고를 통째 취미실로 사용하면 된다. 여기서는 현관 옆의 약 1평짜리 창고에 낚시를 위한 취미실을 만들었다. 사람들이 드나드는 공간과 접해 있기 때문에 외부와 적당히 연결된다. 최소한의 취미실인 동시에 혼자만의 시간을 갖고 싶을 때도 최적인 사이즈다.

가동식 선반의 안길이는 낚시 도구함의 치수를 물어본 후 결정.

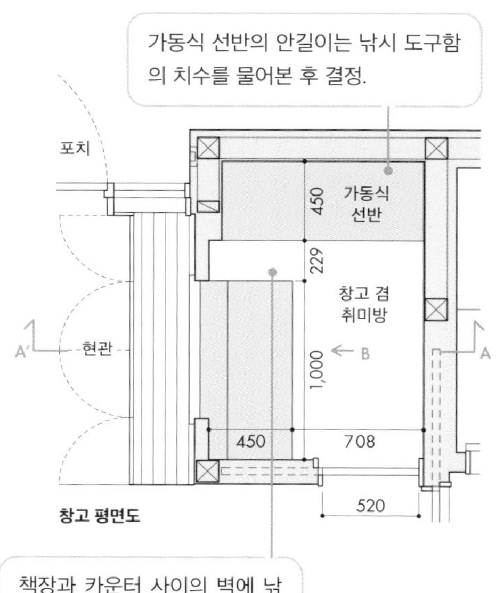

창고 평면도

책장과 카운터 사이의 벽에 낚싯대를 세워 놓았다.

현관
250
상부 선반
363
24
362
24
100
120
88
350
450
창고 겸 취미방
78
818
2,311
상판
1,400
720

A-A' 단면도

FIX 창의 창고 쪽은 릴을 두는 곳. 작은 창을 통해 출입하는 사람을 볼 수 있으므로 가족과 적당히 연결되고 자랑거리인 낚시 도구를 손님에게 보여줄 수도 있다.

개구부 상부의 선반은 낚시 도구보다 작은 아이템을 수납하기 위한 고정 선반으로 만들었다. A4 크기의 잡지도 수납할 수 있는 크기.

루어는 문으로 가리지 않고 벽면의 유공보드에 걸어서 수납. 보여주는 수납을 함으로써 좋아하는 물건에 둘러싸여 있는 느낌을 주어 건축주의 만족도가 높다.

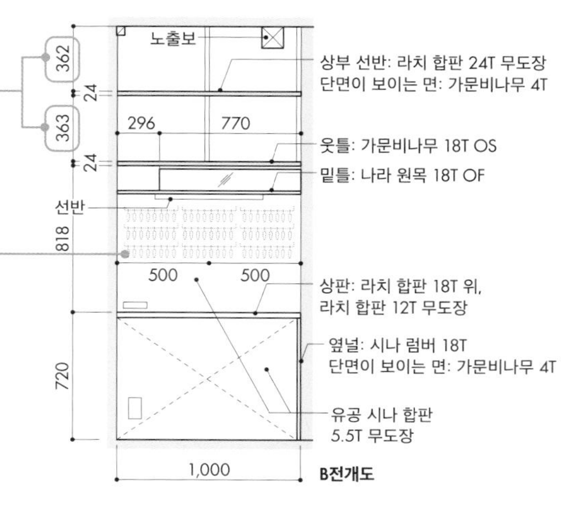

B전개도

2 게임기 10대를 수납하는 배선법

TV 게임 같은 전기제품을 사용하는 취미를 가진 경우, 수납 장소는 물론이고 배선 공간의 확보까지 고려해 수납장을 만들어야 한다. 여기서는 게임기의 수납공간을 앞뒤로 슬라이드 되는 선반으로 만들고 선반 뒷면으로 배선을 내려 TV와 연결시켰다. 에어컨과 장식선반도 일체화 하여 방의 기능을 벽 한 면에 모두 모았다.

고정 선반
AC
85
470
85
500
카운터
400
30
20
배선
배선용
슬릿
430
450

A-A' 단면도

게임기 수납 선반은 앞쪽으로 꺼낼 수 있는 슬라이드식. 벽걸이 TV에서 벽면 수납장까지의 배관은 감추면서 수리와 HDMI 케이블 등의 연결은 자유롭게 변경할 수 있다.

수납 선반 안에 개구부를 2곳 설치. 벽 한 면에 수납을 집약시키고 채광을 확보했다.

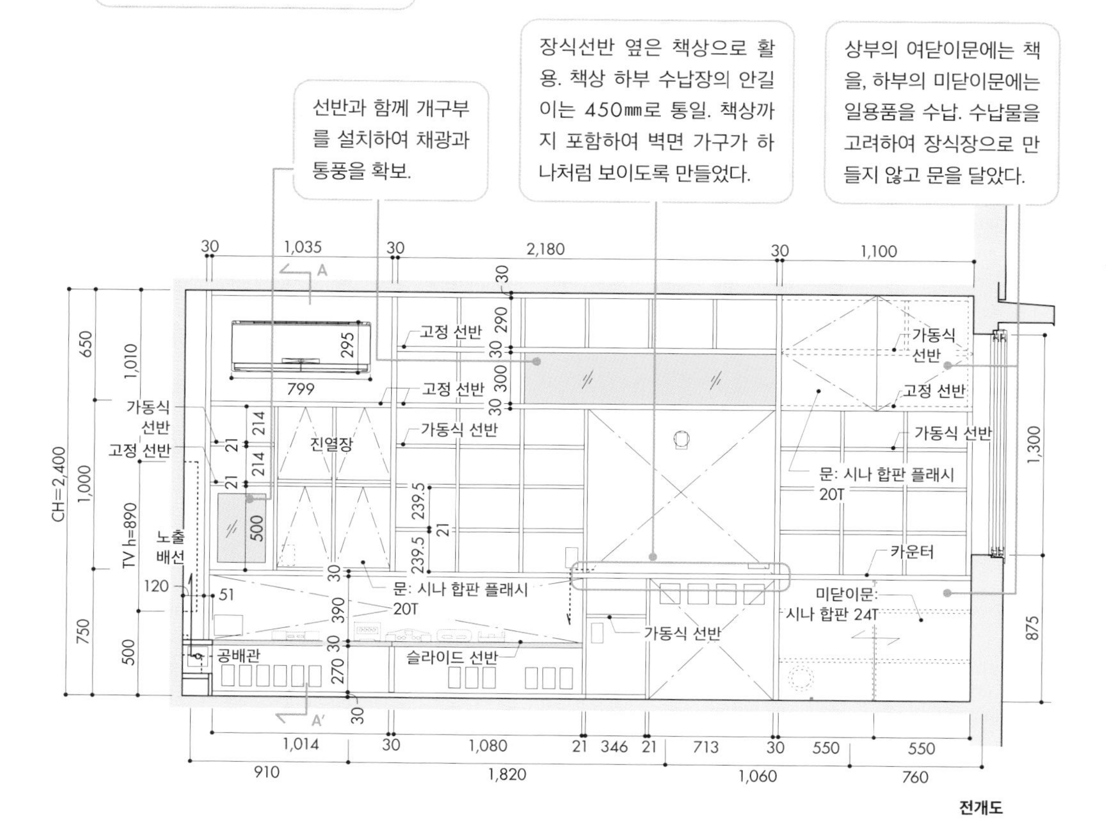

전개도

복도

기본편

벽을 파서 타워 수납장을 만든다

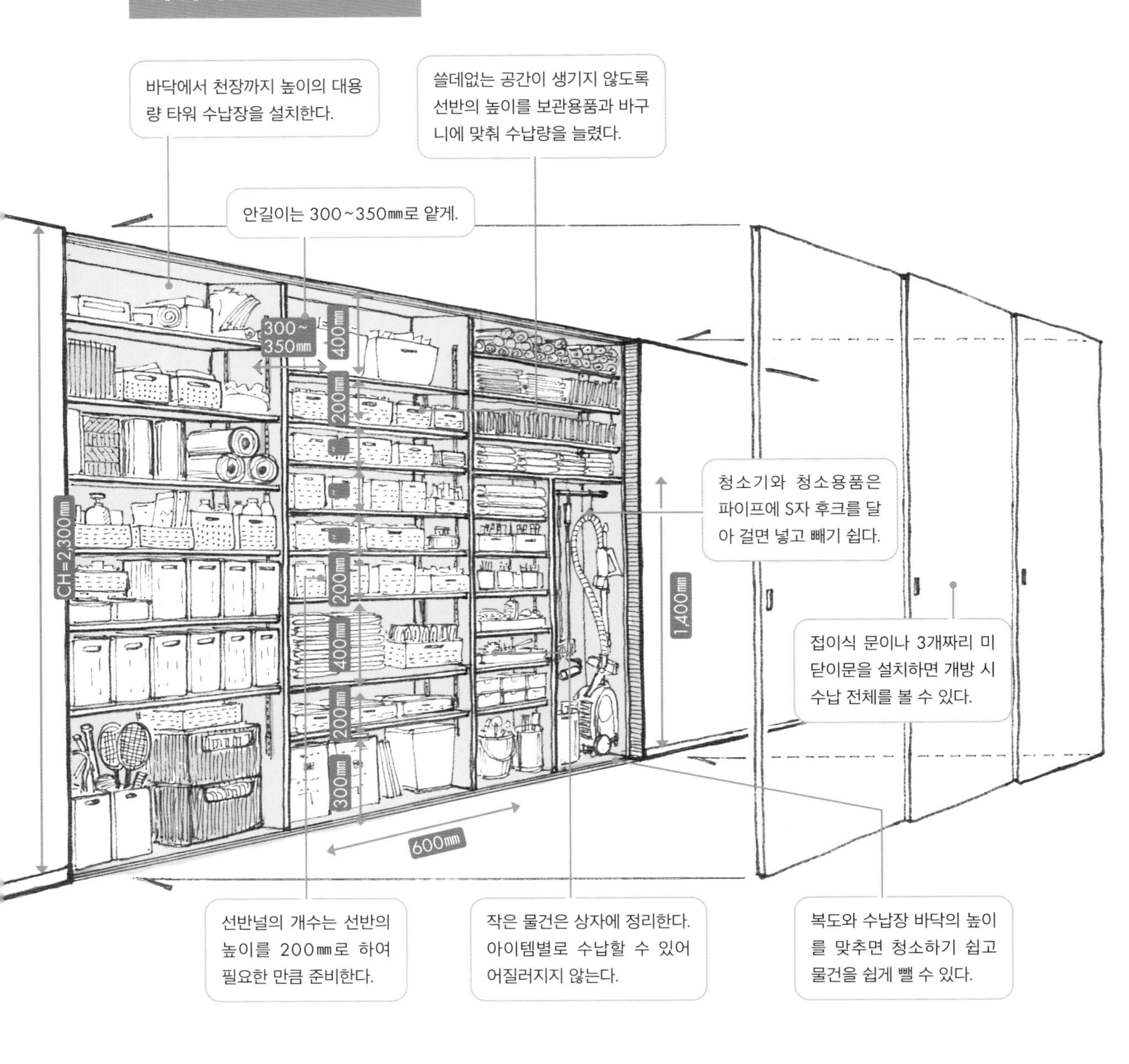

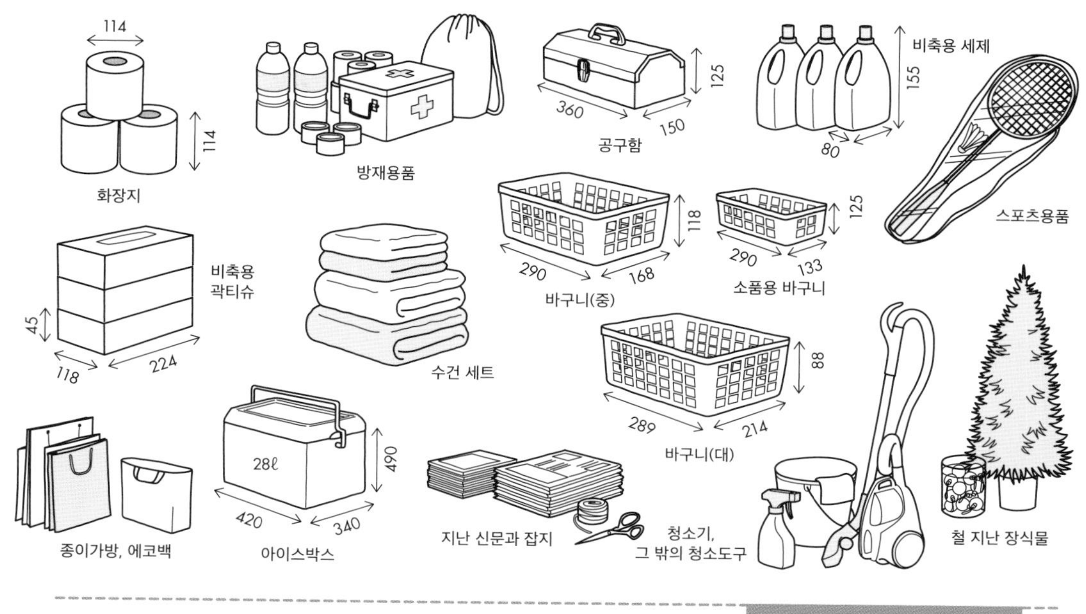

복도에 수납하는 주요 물품

집 안의 요소요소에 밀도가 높고 용량이 큰 수납공간을 만들면 생활공간이 자연스럽게 정리되고 생활 동선도 원활해진다. 현관과 세면실의 타워 수납장과 함께 꼭 활용하고 싶은 것이 이동 공간인 복도. 바닥에서 천장까지 벽면을 파면 대용량의 타워 수납장을 설치할 수 있다.

복도의 수납장은 여분의 일용품과 공구류, 방재용품, 레저용품, 계절별 장식물 등 가족 모두가 사용하는 물건을 정리하기에 알맞다. 현관이나 세면실에 넘쳐나는 물건도 수납할 수 있도록 물건이 많은 집이나 좁은 집에서는 특히 복도를 활용하기 바란다.

물건을 안쪽에 보관하면 넣고 빼기 어렵고 정리하기 귀찮아지므로 수납장의 안길이는 얕게 만들고 그만큼 폭을 최대한 넓게 잡는다. 바구니와 파일 박스를 이용해 분류하고 쓸데없는 빈틈이 생기지 않도록 가동식 선반의 높이를 조절한다. 선반과 문의 안쪽에 S자 후크를 이용해 물건을 걸면 공간을 더욱 효율적으로 이용할 수 있다. 또한 수납장 문을 천장까지 높여 벽과 같은 색으로 칠하면 문을 닫았을 때 존재감을 없앨 수 있다.

1 벽면을 450㎜ 파내 대형 타워 수납장으로

작은 집에서는 특히 복도 수납장이 큰 도움이 된다. 이 집은 세면실의 면적이 제한되어 있었기 때문에 가까이 위치한 복도에 대용량 수납장을 설치했다. 이곳에 세제와 수건 등 세면실에서 쓰는 물건을 모두 넣었다. 음각형 손잡이를 달거나 푸시형 문을 쓰면 공간이 깔끔해 보인다.

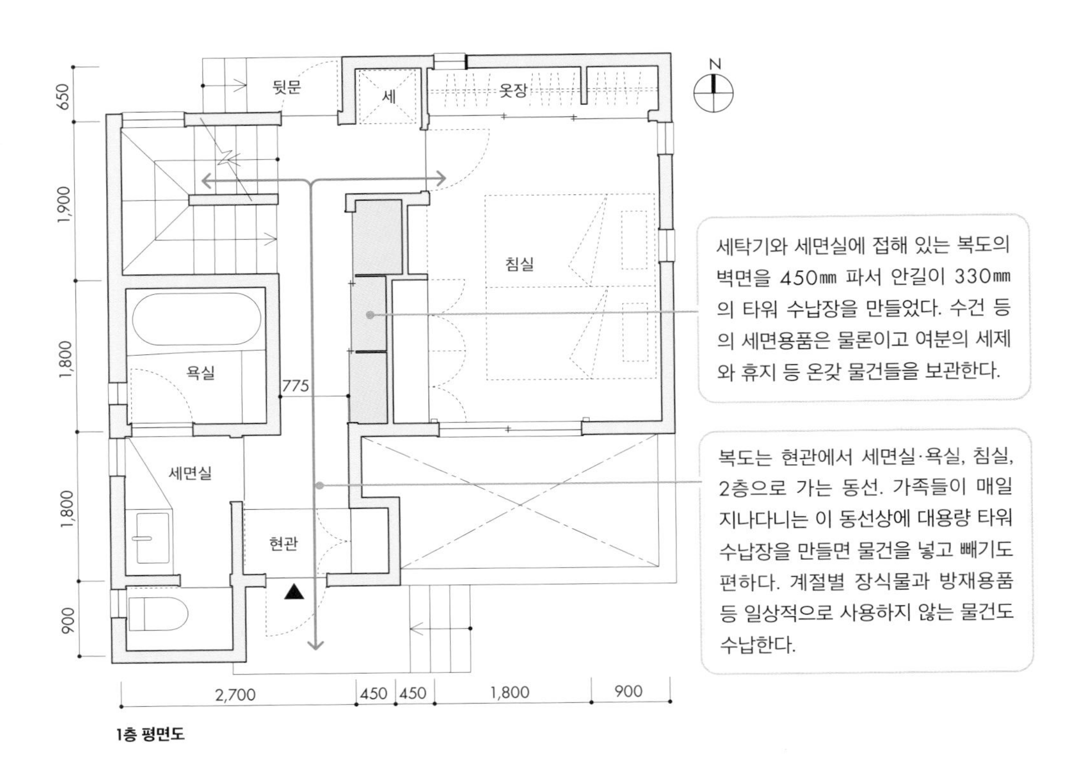

1층 평면도

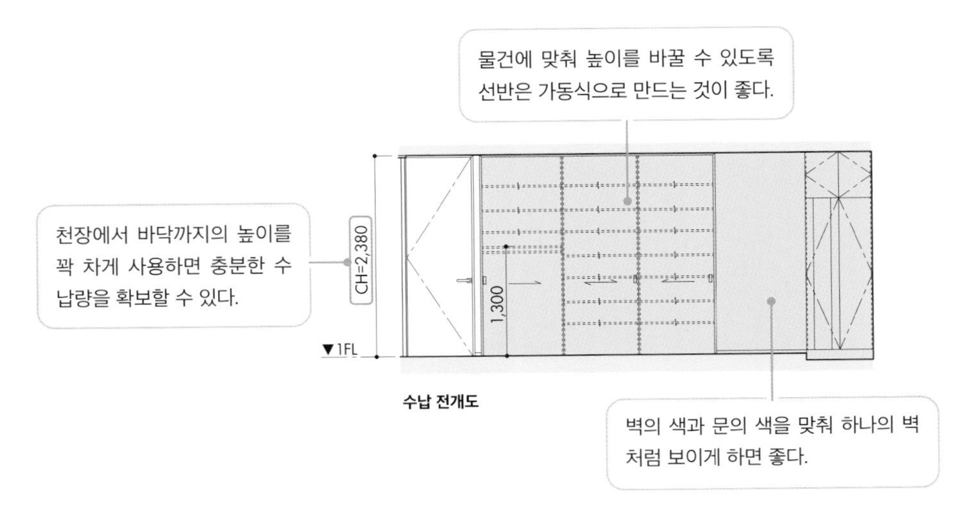

수납 전개도

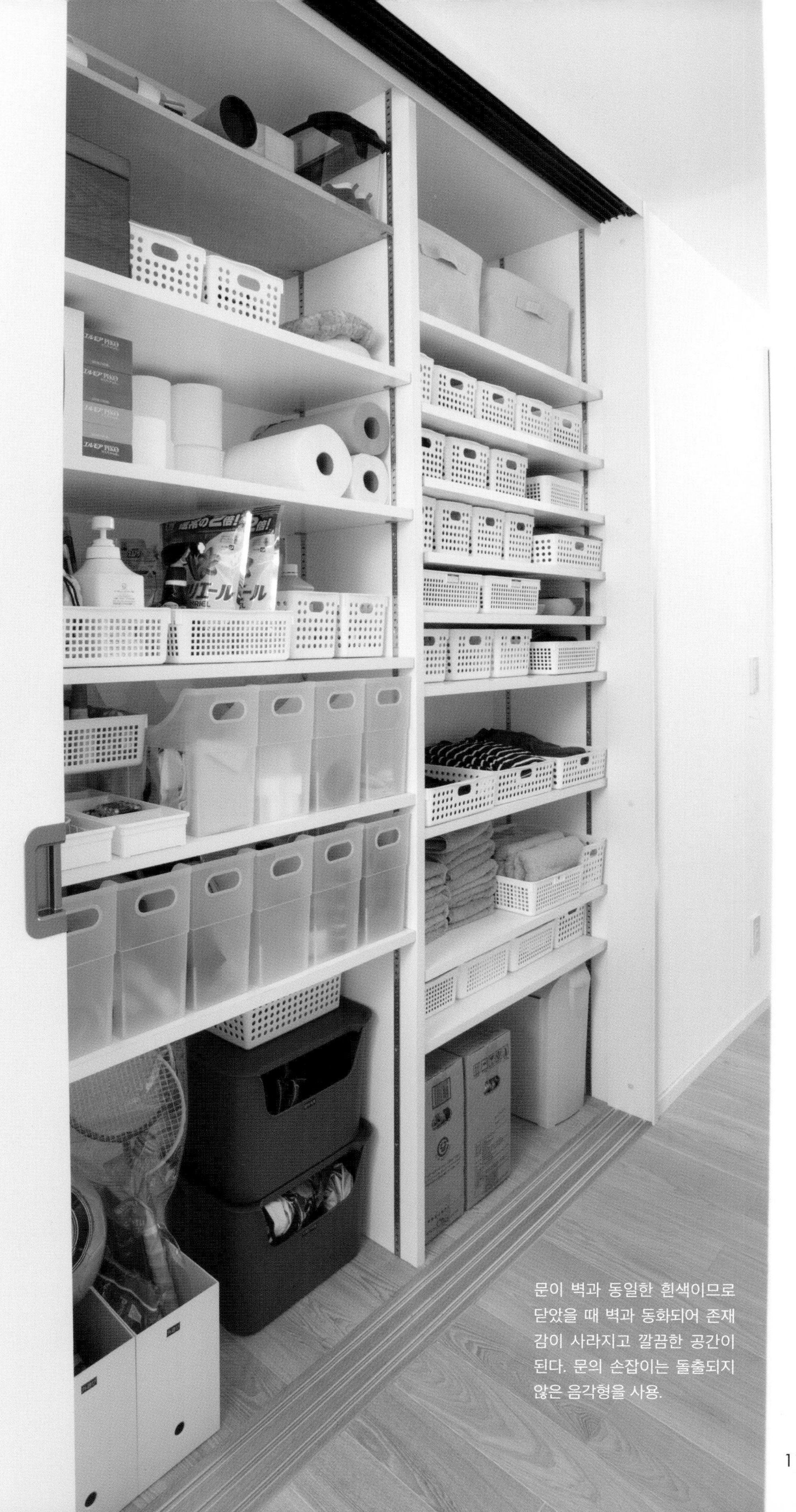

문이 벽과 동일한 흰색이므로 닫았을 때 벽과 동화되어 존재감이 사라지고 깔끔한 공간이 된다. 문의 손잡이는 돌출되지 않은 음각형을 사용.

2 복도의 벽을 의류 수납장으로 만든다

플래닝 등의 이유로 복도를 길게 잡을 수밖에 없는 경우, 복도를 단순한 이동 공간으로만 쓰기에는 아깝다. 이 때 벽면을 수납공간으로 만들면 긴 복도를 효율적으로 활용할 수 있다. 본 사례와 같이 아이방의 의류 수납장을 복도로 꺼내면 방을 작게 만들어도 되고 옷을 운반하기도 편해져 가사 효율성이 높아진다.

복도를 끼고 있는 아이방의 맞은편 벽에 의류 수납장을 설치. 방에서 수납장까지 바로 갈 수 있으므로 실내에 수납장이 있을 때와 비교해도 편리성이 떨어지지 않는다.

수납장이 복도에 있으므로 세탁한 옷을 각 방으로 운반하는 수고를 덜 수 있다.

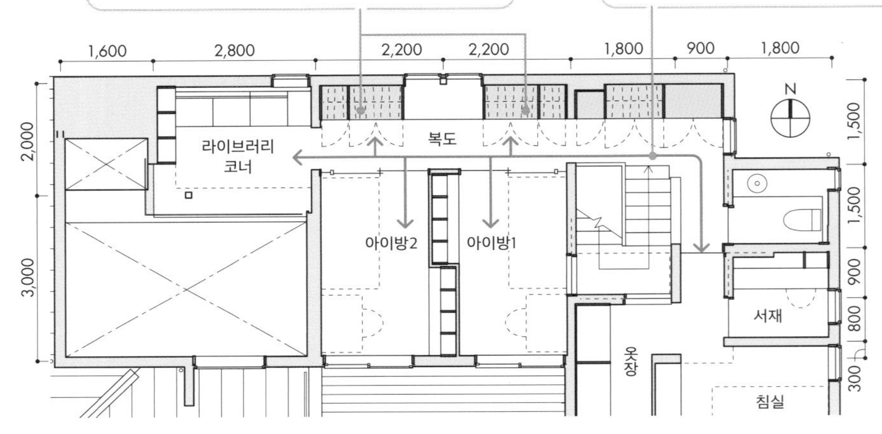

2층 평면도

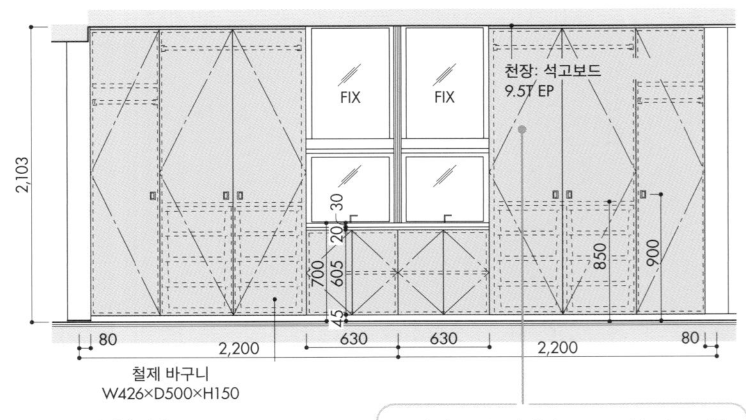

복도 수납장 전개도

수납장 문은 여닫이문으로. 복도는 이동 공간이므로 문 앞에 물건이 없기 때문에 수납장 문을 열고 닫는 데 방해물이 없다. 문을 닫으면 평평한 벽처럼 보인다.

라이브러리 코너로 통하는 아이방(사진 왼쪽) 앞의 복도. 수납장(사진 오른쪽)의 문을 닫으면 복도의 인상이 깔끔해진다.

3 LDK로 이어지는 복도를 스터디 코너로

복도를 아이를 위한 스터디 코너로 겸용하는 것도 방법. 여기서는 부모와 아이의 커뮤니케이션이 잘 되도록 방에서 LDK로 이어지는 복도에 스터디 코너를 만들었다. 복도가 지저분해지지 않도록 교과서·프린트물·필기용구 등을 수납할 수 있는 선반을 책상 주변에 설치하면 정리가 쉬워진다.

스터디 코너가 있는 복도는 중정과 접해 있다. 창을 통해 정원으로 시야가 트이기 때문에 압박감이 전혀 없고 널찍한 인상을 준다.

복도와 LDK를 창호로 막으면 LDK에서 들리는 소음이 줄어들기 때문에 공부에 집중하기 쉽다.

정원
복도
아이방
1,885
45
1,885
620
수납
580
스터디코너
900
818
745
762
부엌
드레스룸
화장실
세면탈의실
욕실

1층 평면도

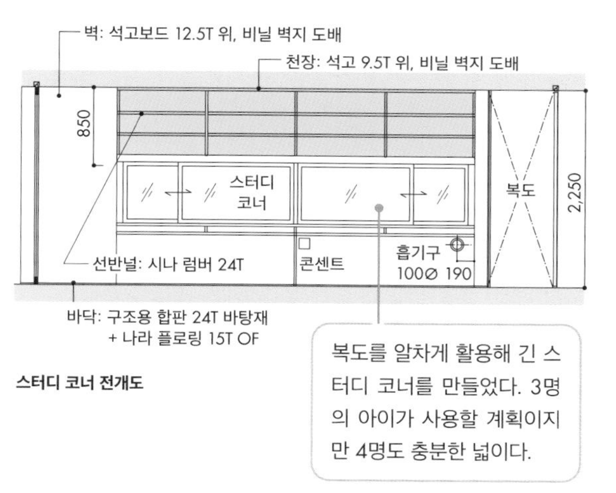

스터디 코너 전개도

복도를 알차게 활용해 긴 스터디 코너를 만들었다. 3명의 아이가 사용할 계획이지만 4명도 충분한 넓이다.

책상 위에는 가동식 선반을 설치. 여기에 교과서 등을 수납하면 복도에 물건이 많아지지 않는다. 안길이는 A4 크기의 책을 수납하기 위해 300㎜로 만들었다. 상부장이 너무 튀어나오면 머리를 부딪치므로 주의.

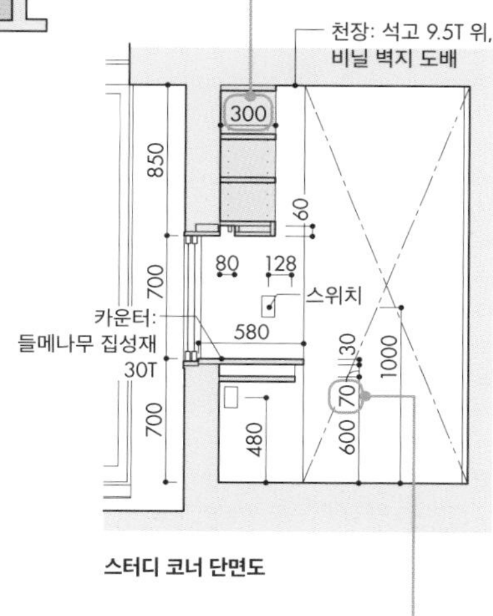

스터디 코너 단면도

책상 카운터 아래에 높이 70㎜의 얕은 선반을 설치. 학교 책상 같은 느낌으로 약간의 물건을 가볍게 넣고 뺄 수 있어 편리.

계단 주변

인접한 공간의 수납을 고려한다

기본편

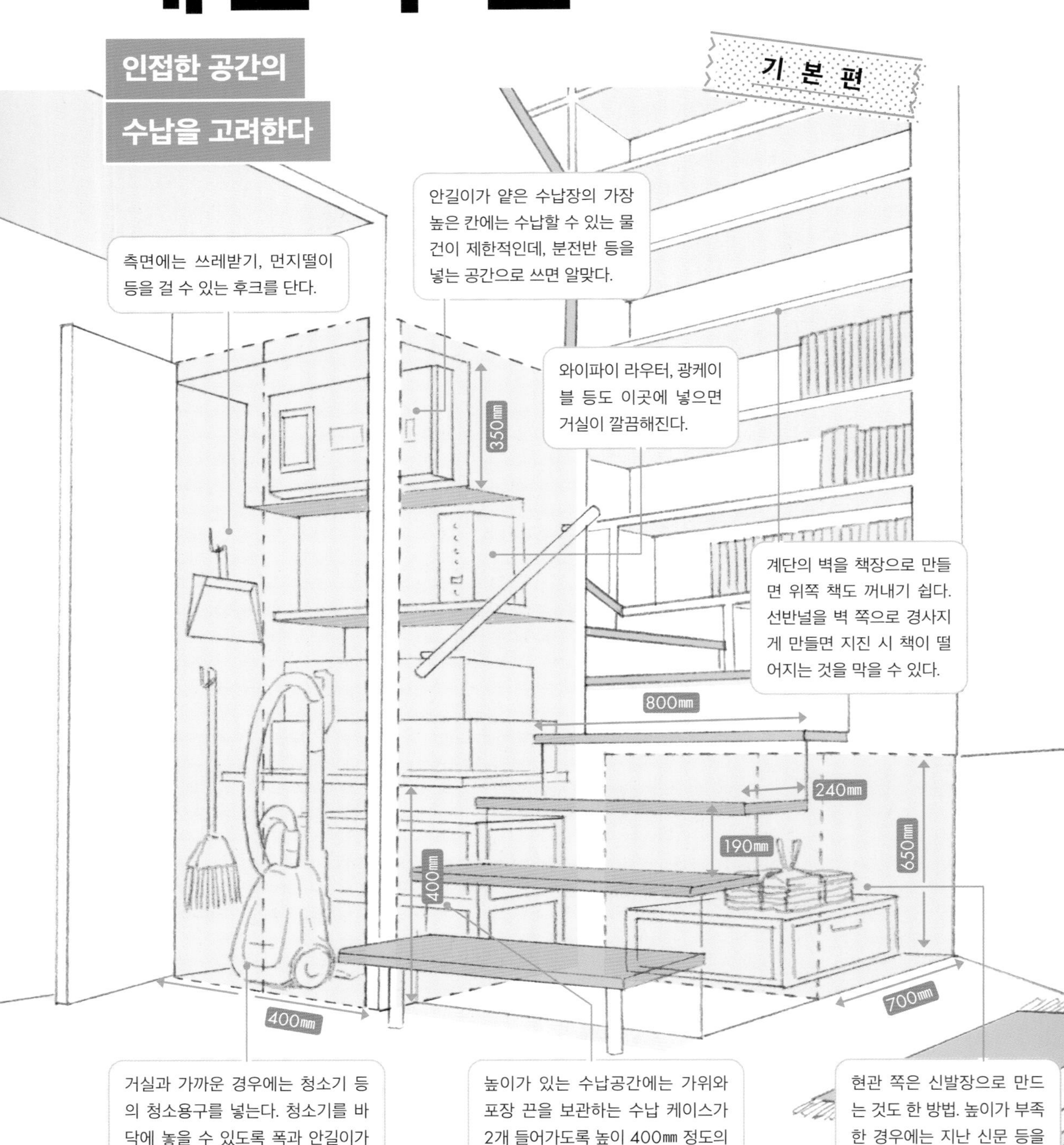

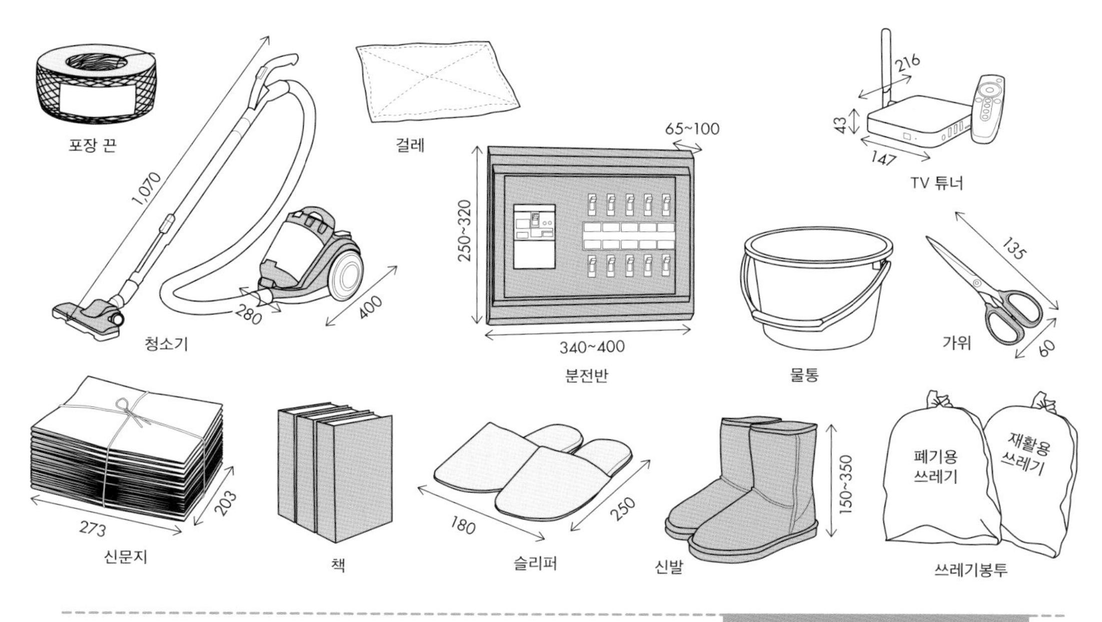

계단 주변에 수납하는 주요 물품

어쩔 수 없이 생기는 계단 밑의 데드 스페이스도 수납 용량이나 넣어야 하는 물건을 파악해 두면 잘 활용할 수 있다.

우선 계단의 모양에 따라 수납량이 달라진다. 가장 많은 용량을 확보할 수 있는 것은 직진 계단. 측면에 문을 달면 대용량 수납장이 된다. 기본 예와 같이 꺾인계단의 경우에는 계단 밑에 크고 작은 2개의 수납장을 설치할 수 있으므로 각각 접해 있는 공간을 고려하여 넣을 수 있는 물건을 생각해 보자. 목조 나선계단 아래도 꺾인계단과 똑같이 활용할 수 있다.

그런 다음, 가까운 방에 수납할 물건을 확인한다. 현관에 계단이 있는 경우에는 신발장이 되므로 신발을 수납하기 쉽도록 선발널로 작게 나누면 좋을 것이다. 공간에 여유가 있다면 신발과 함께 비옷이나 외투 등도 보관한다. 계단이 복도나 거실과 접해 있는 경우에는 청소용구를 수납하면 좋다. 측면에는 후크를 달아 쓰레받기와 빗자루 등을 걸고 중간 부분에 선반을 설치하면 선풍기나 히터 같은 계절 가전제품도 넣을 수 있다. 수납장 상부는 분전반을 넣기에 안성맞춤인 장소. 조작하기 쉽도록 기본 사례와 같이 챌면(계단의 수직면) 뒤쪽에 설치한다.

1 계단의 벽면을 책장으로 활용한다

건축주의 요구로 넓은 책장이 필요한 경우, 벽면을 많이 확보할 수 있는 직선계단을 활용하면 대용량 수납장을 만들 수 있다. 계단 부분의 벽면을 가득 채우는 수납장으로 만들 경우에는 천장 근처의 책에도 쉽게 손이 닿을 수 있도록 안정적인 발판을 설치하는 것이 포인트다.

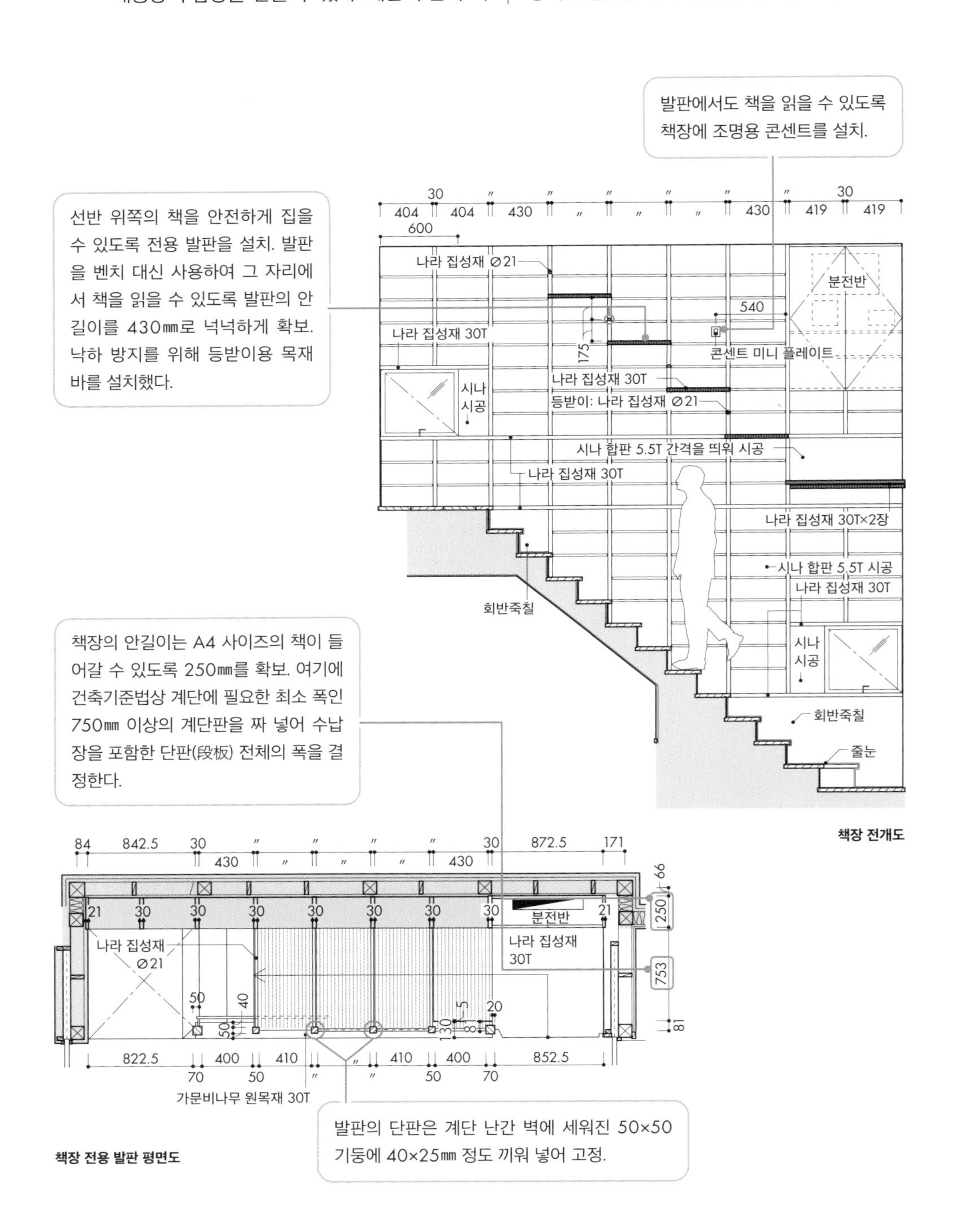

책장 전개도

책장 전용 발판 평면도

계단의 한쪽 벽면을 책장으로 만들어
많은 양의 책을 수납할 수 있다.

계단과 가구의 디자인이 잘 어울려
훌륭한 공간 디자인을 연출하고 있다.

2 가구에 맞춰 계단을 장식한다

마음에 드는 수납가구를 인테리어에 활용하고 싶어 하는 경우가 많은데, 이때 계단 밑의 공간을 활용하는 것도 한 방법이다. 가구와 계단이 잘 어울리도록 소재를 맞추는 등 디자인을 고려하여 남은 공간을 낭비 없이 활용하면 건축주의 만족도가 높은 공간이 된다.

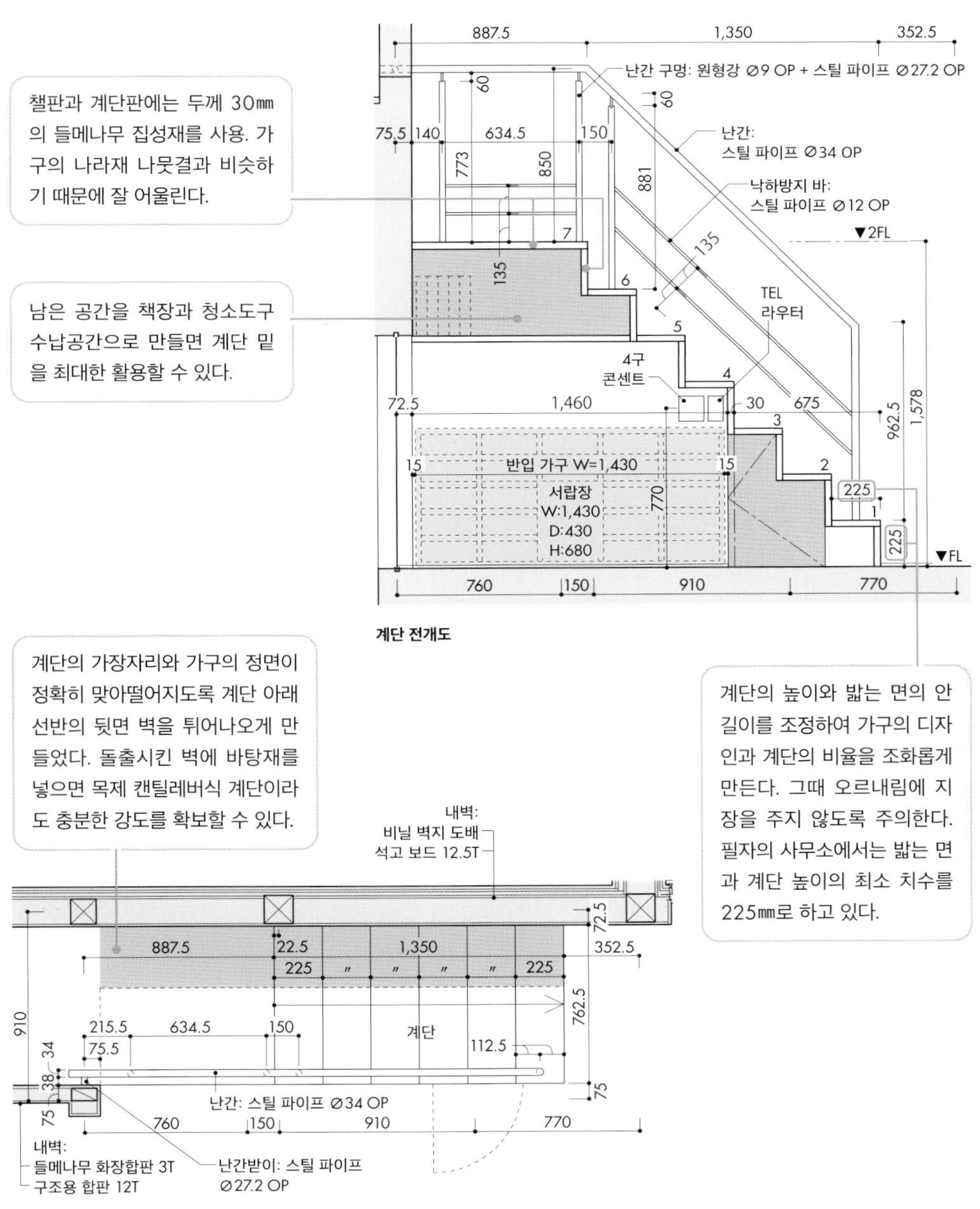

계단 전개도

계단 평면도

로프트

고립감을 살린 다기능 공간으로

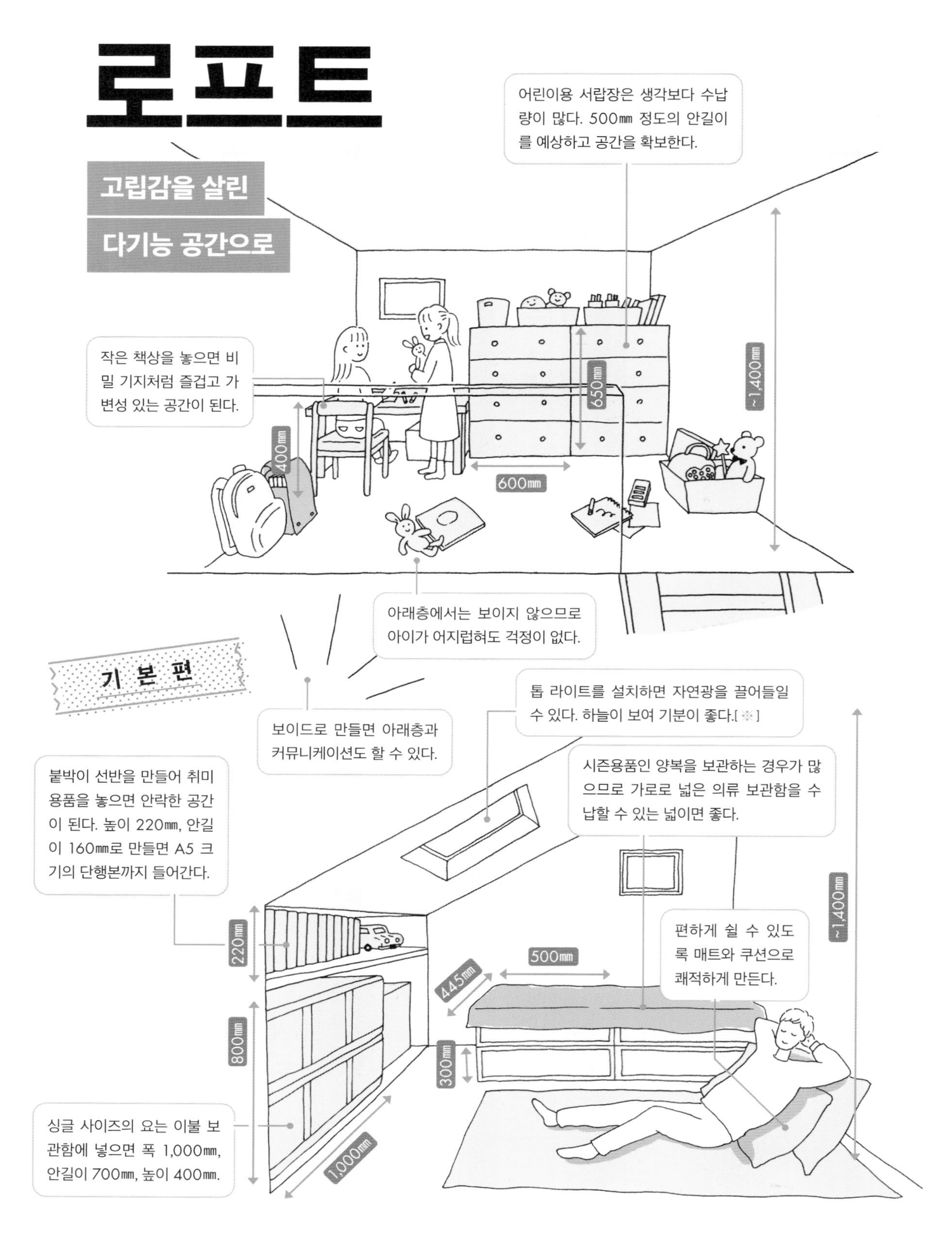

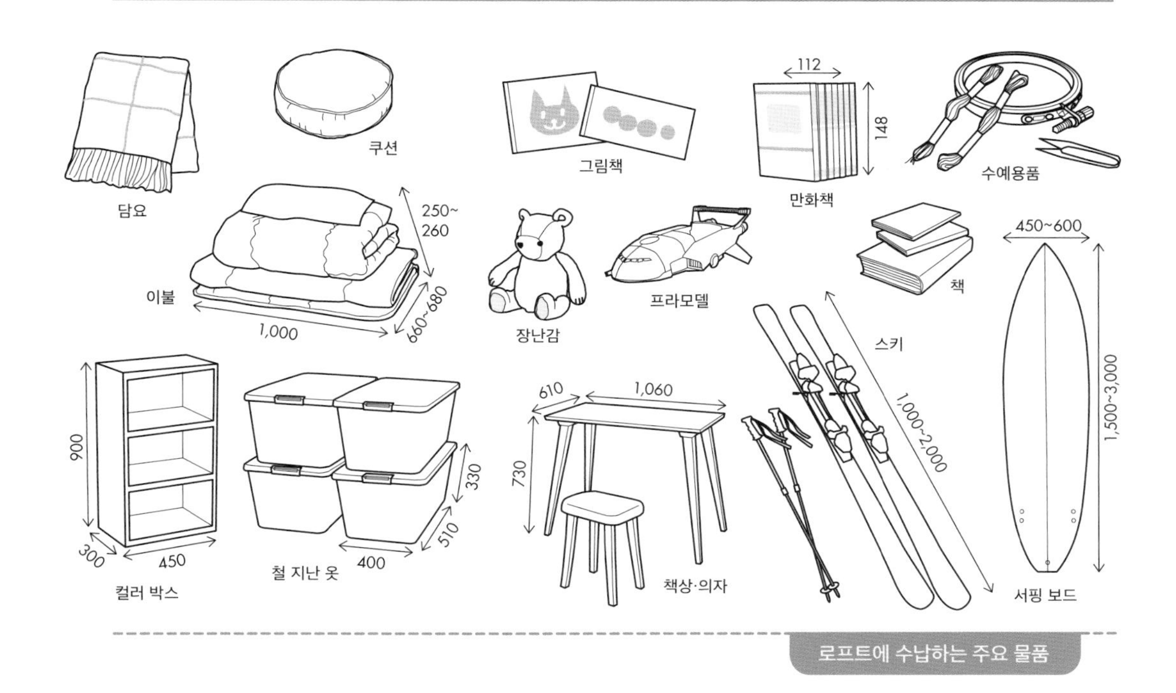

로프트에 수납하는 주요 물품

잉여 공간을 이용해 만드는 로프트는 면적이 제한된 주택에서는 중요한 수납공간이다. 계절용품이나 스포츠용품 등 평소에는 사용하지 않는 부피가 큰 물건을 보관하며, 그 밖에도 사용법에 따라 다른 장소보다 훨씬 활용도가 높을 수 있다.

이를테면 아이의 장난감 수납실 겸 놀이터로 만들어 다른 생활공간과 분리시키면 어질러져 있어도 걱정이 없다. 장난감이 다른 방으로 이동하지 않으므로 정리하기 쉬워지는 것도 장점이다. 아래층과 보이드로 연결시키면 소리가 들리기 때문에 서로의 상태를 확인할 수 있어서 안심이다.

정해진 목적 없이 가족 간의 여유로운 공유 공간으로 만들어도 좋다. 혼자 있고 싶거나 조용히 독서나 수예를 하고 싶을 때, 거실도 자기 방도 아닌 로프트 같은 중간 영역에 각자의 취미용품을 수납해 두면 적당히 독립된 공간으로서 각자 이용할 수 있다. 아이가 친구를 불러 수다를 떠는 공간으로도 사용할 수 있고 손님용 이불 등을 수납하기에도 매우 편리하다.

지붕 밑에 톱 라이트[※]를 설치하면 드러누워 밤하늘을 바라볼 수 있는 약간의 비일상적 공간이 된다.

※ 다락 수납의 경우, 개구부에 제한이 걸리는 경우도 있으므로 사전에 각 지자체에 확인 필요.

1 중간층에 로프트를 설치하여 접근성 좋은 수납공간으로

로프트 수납공간은 일반적으로 지붕 밑에 설치하지만, 중간층에 설치하여 상하층의 이동 동선에 넣으면 접근이 쉽고 사용이 훨씬 편리해진다. 여기서는 1층 사진 스튜디오의 보이드와 인접하여 로프트를 설치하고 팬트리 겸 생활용품 수납공간으로 활용한다. 수직 방향의 공간을 잘 활용하면 부지 면적으로 기대할 수 있는 이상의 수납량을 확보할 수 있다.

LDK로 올라가기 위해 반드시 지나가는 동선상에 로프트를 설치하여 식품 등 생활용품 수납장으로 편리하게 사용.

계단 밑에는 화장실의 수납 문을 통해 내려갈 수 있는 창고를 만들었다. 계단 주변의 공간을 알뜰하게 활용하면 편리한 위치에 수납공간을 확보할 수 있다.

로프트 입구 쪽에서 북쪽 개구부를 본 모습. 개구부를 하나 설치하면 사진 스튜디오를 겸한 현관홀의 보이드를 통해 들어온 바람이 잘 통한다.

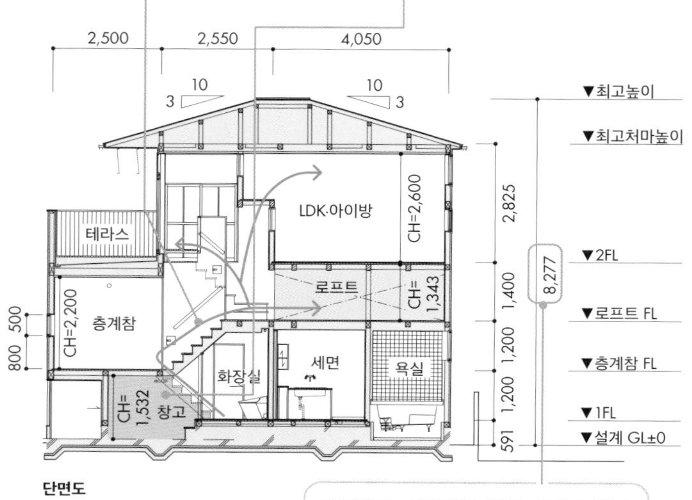

단면도

중간층을 설치하면 최고 처마 높이가 높아진다. 높이 제한이 엄격한 지역에서 중간층의 로프트를 만드는 경우에는 바닥 높이 등의 충분한 검토가 필요.

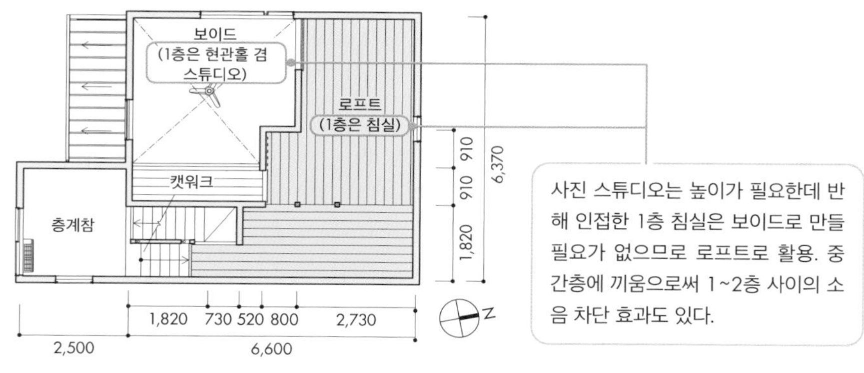

사진 스튜디오는 높이가 필요한데 반해 인접한 1층 침실은 보이드로 만들 필요가 없으므로 로프트로 활용. 중간층에 끼움으로써 1~2층 사이의 소음 차단 효과도 있다.

로프트층 평면도

2 높은 보이드에 박스 공간을 설치하여 아이도 놀 수 있는 수납실로

보이드 상부는 가족들과 적당한 거리감을 유지할 수 있는 최적의 장소. 아이방을 만들 수 없는 협소주택에서 아이가 자유롭게 놀 수 있는 장소로 안성맞춤이다. 여기서는 2층 보이드 부분의 천장에 박스 공간을 만들었다. 2층에서 올려다봐도 내부가 보이지 않으므로 아이가 장난감을 어질러 놓아도 걱정 없다는 것이 장점.

상 2층에서 박스를 올려다본 모습. 중앙의 계단이 박스를 지탱하고 있어 구조적인 역할도 겸한다.

하 박스 내부. 일부러 가구를 짜 넣지 않고 시판 가구나 장난감을 자유롭게 둘 수 있는 공간으로 만들었다.

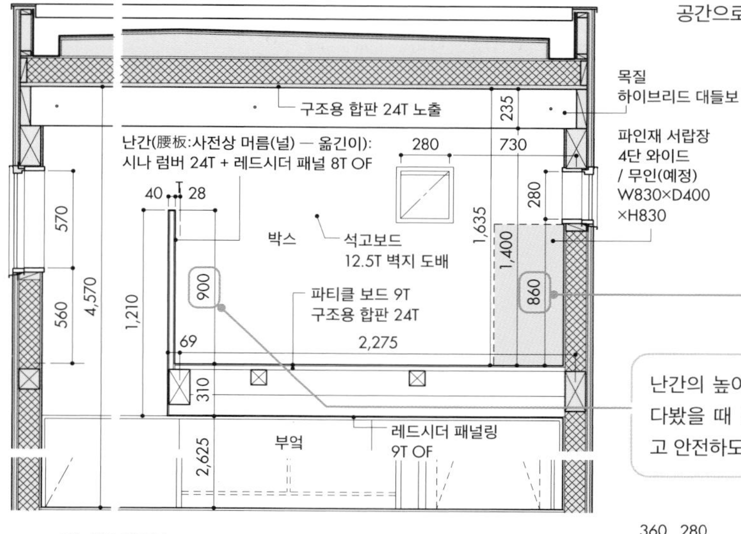

시판 가구를 자유롭게 둘 수 있는 플랜이기는 하지만, 계획 시에는 무인양품의 파인재 서랍장과 파인재 유니트 선반(둘 다 높이 830㎜) 설치를 예상. 가구의 위쪽 끝부분과 개구부의 아래 틀이 일치되도록 개구부 위치를 정했다.

난간의 높이는 2층에서 올려다봤을 때 경쾌한 느낌을 주고 안전하도록 정했다.

2층·박스 단면도

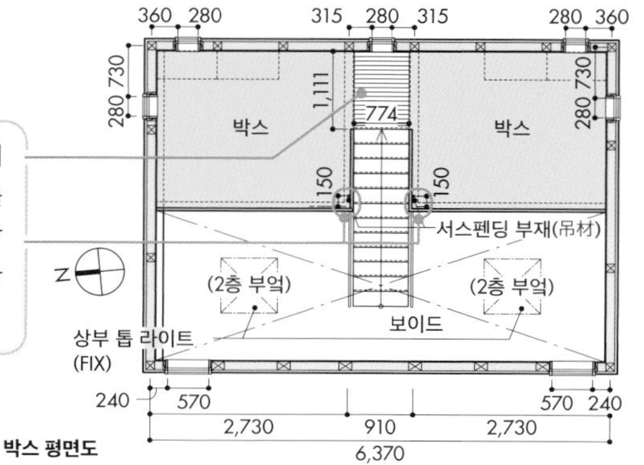

플랫 바를 나무 사이에 끼운 목질 하이브리드 대들보에 서스펜딩 부재(吊材)를 내려 박스를 매달았다. 이런 형태의 박스를 사용하기 위해서는 구조 설계자와 상담한 후 충분한 검토가 필요하다.

박스 평면도

차고·테라스 등

마감재와 환기로 흙과 물에 젖는 것을 대비

기본편

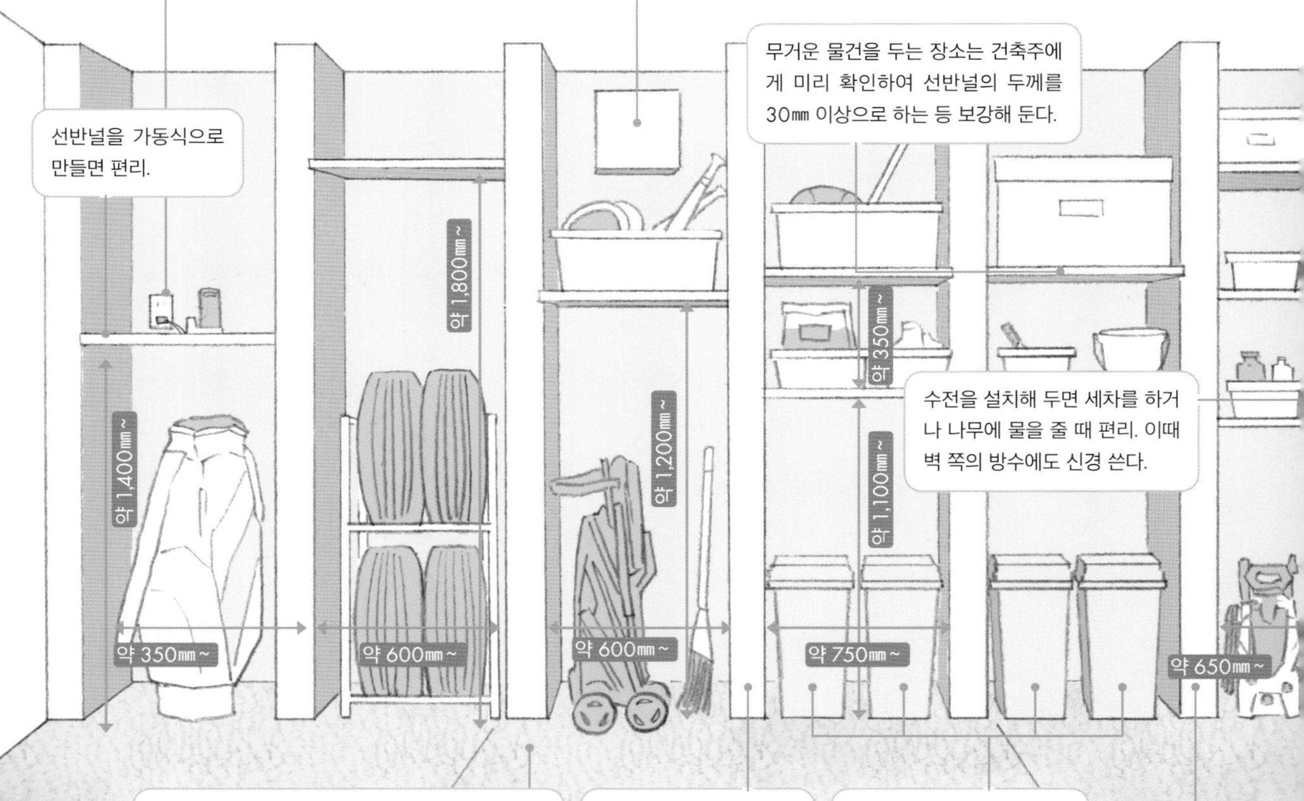

차고·테라스 등에 수납하는 주요 물건

실내 주차장이나 테라스 등에 설치하는 수납장에는 야외에서 사용하는 물건이나 청소용품, 흙 묻은 것 등 실내에 들여놓고 싶지 않은 물건을 수납한다. 또한 차와 관련된 물건, 원예용품, 스포츠용품, 유아차 등 종류와 크기가 다양하므로 선반널은 가동식으로 만든다. 문을 달지 않고 오픈 선반으로 만들면 한 눈에 보기에도 좋고 물건을 찾는 수고도 덜 수 있다. 타지 않는 쓰레기는 분류하여 보관할 수 있는 장소를 확보해야 하고, 음식물 쓰레기는 냄새 때문에 외부 수납장 안에 쓰레기통을 설치해 보관한다. 고압 세정기 등을 사용하는 경우는 수전과 전원이 필요하다. 물이 튈 것을 고려하여 FRP 방수 등으로 벽면에도 방수시설을 한다. 최근에는 전동 자전거가 보급되고 있으므로 배터리 충전용 공간과 콘센트도 잊지 않고 설치한다. 주차장의 차 뒤쪽 빈 공간은 차 트렁크 안의 짐을 넣고 뺄 것을 고려하여 뒷범퍼에서 벽까지 1m 정도는 띄워 둔다.

테라스에는 원예용품과 데크 체어 등을 수납할 공간이 있으면 편리하다. 이 때 실내에서 수납장이 보이지 않도록 고안한다.

1 테라스 수납장은 실내에서 어떻게 보이는지도 신경 쓴다

테라스에서는 화분용 흙과 비료 등의 원예용품, 조금 넓다면 바비큐 세트, 테라스 체어 등의 다양한 자재·도구를 사용한다. 그 외부용품들은 사용 장소와 수납 장소를 가까이 두고 실내에 들이는 일이 없도록 한다. 테라스 옆에 수납하는 경우에는 실내에서 보이는 모습에도 신경 써 수납장의 존재감을 없애고 전망이 시원하게 보이도록 설치한다.

실내에서 테라스를 본 모습. 평소에는 데크 체어 등을 놓지 않고 전망을 즐긴다. 수납장은 테라스 오른쪽 벽에 있다.

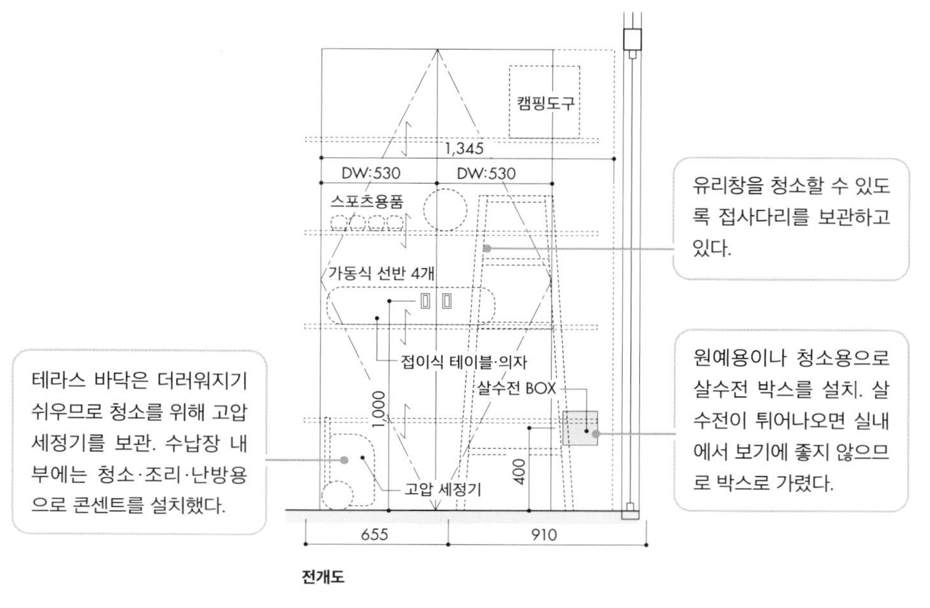

전개도

수납장 문은 강풍에 열리지 않도록 자물쇠를 채워둔다. 문 오른쪽 아래의 금속판은 살수전 박스 뚜껑.

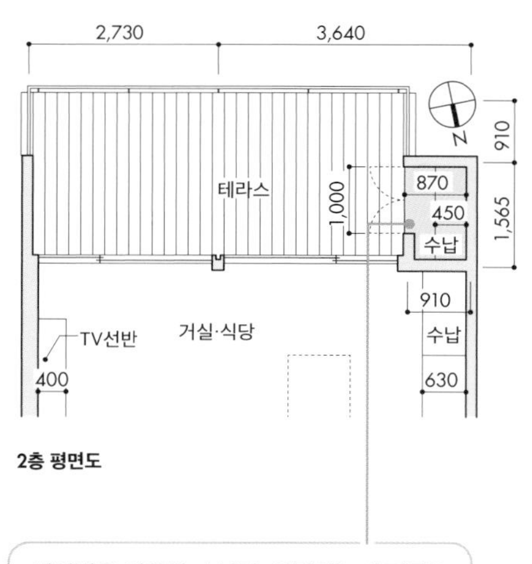

2층 평면도

내력벽을 이용한 수납장. 안길이는 효과적으로 850㎜. 2층 이상의 테라스에서는 강풍 시에 화분 등이 날아와 새시 유리가 깨질 염려도 있으므로 여기서는 화분 등도 모두 안에 수납할 수 있도록 계획했다.

2 작은 집에서는 내력벽을 수납장으로 활용한다

작은 집에서는 단변(短辺) 방향에 구조상 필요한 내력벽을 배치하기가 어렵다. 여기서는 내력벽을 주차 공간 옆 수납장으로 이용했다. 650㎜의 안길이를 방수 가공한 선반으로 활용하여 스페어타이어와 쓰레기통 등을 수납했다. 주차장을 실내에 만들면 셔터와 환기 설비에 비용이 들기 때문에 천장만 있는 반옥외 공간으로 만들면 비용이 절감된다.

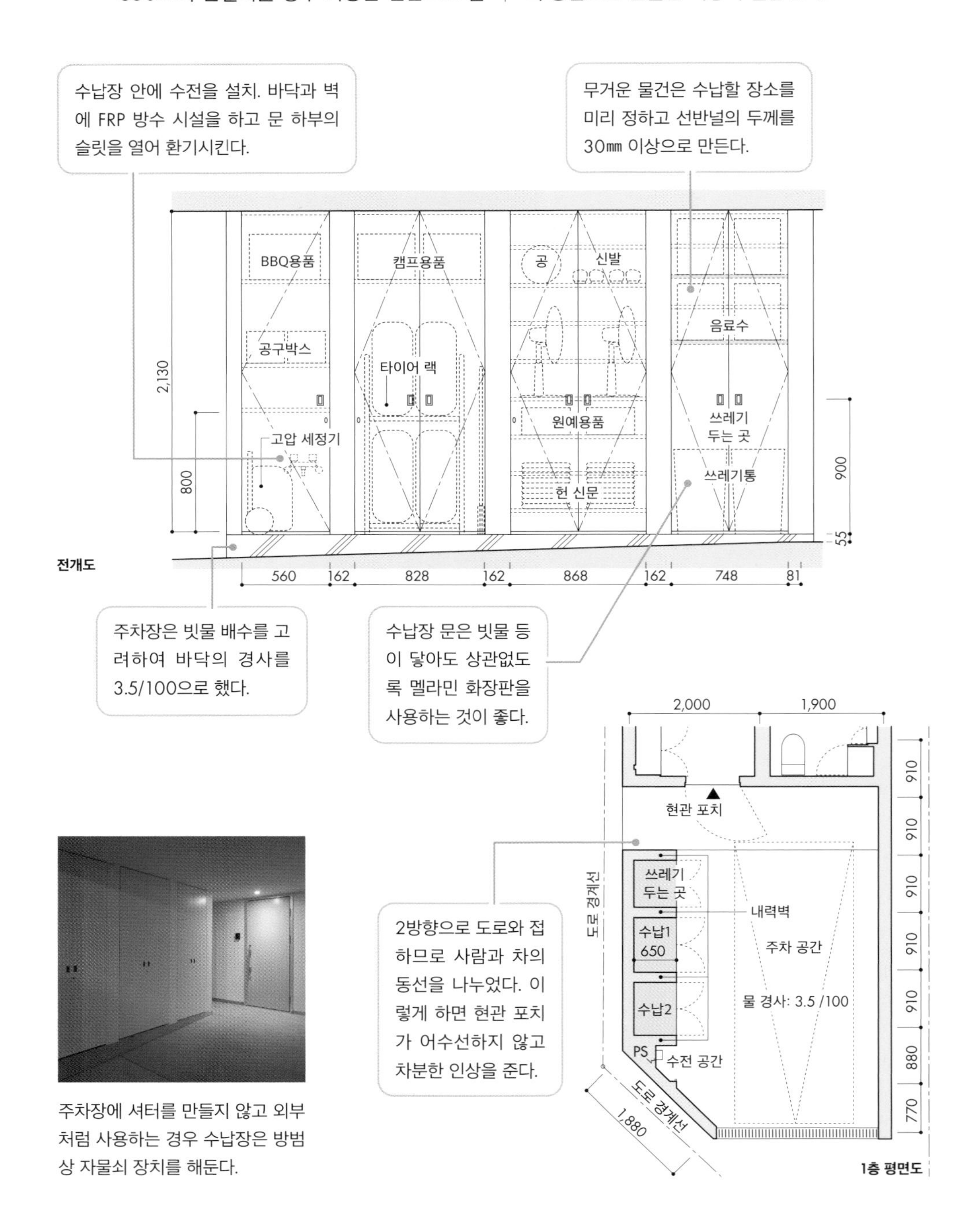

주차장에 셔터를 만들지 않고 외부처럼 사용하는 경우 수납장은 방범상 자물쇠 장치를 해둔다.

part 3

붙박이 수납가구의 기본과 만드는 법

있어야 할 자리에 물건을 보관하려면
그것을 담을 가구가 필요하다.
공간의 형태와 소재에 맞춰
디자인과 기능까지 뛰어난
붙박이 수납가구의 제작 비법을 공개한다.
또 각 방의 수납에 대한 기본 개념과
응용 방식을 소개한다.

1 가리개와 칸막이를 겸하는 대형 수납가구

천장 등의 재료와 붙박이 가구 소재의 질감을 맞추면 공간 전체에 통일감이 생긴다. 여기서는 부엌 주변에 생활의 흔적이 드러나지 않기를 원하는 집주인의 희망에 따라 조리 기구는 물론이고 전자레인지나 전기밥솥, 에어컨까지 모두 감출 수 있는 기능성 높은 대형 수납가구를 가구 공사로 제작. 식기장 부분은 서랍, 미닫이문, 여닫이문의 3가지 형식으로 만들었다.

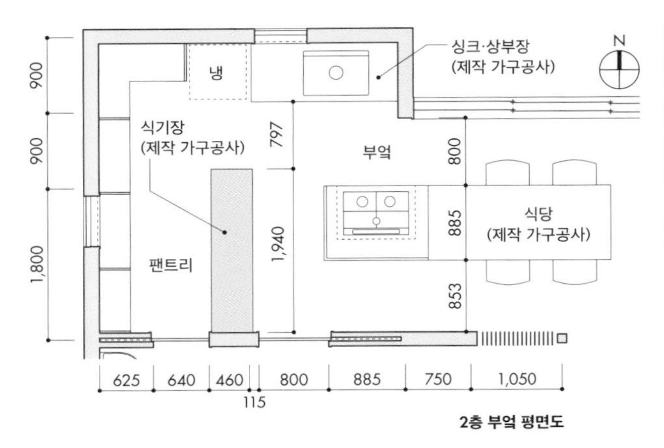

2층 부엌 평면도

목수에게 의뢰하여 붙박이 가구를 만드는 경우에도 가구로 제작한 오리지널 사양의 손잡이를 사용한다. 작은 것 하나에도 세심하게 신경 써 붙박이 가구지만 정밀도를 높였다.

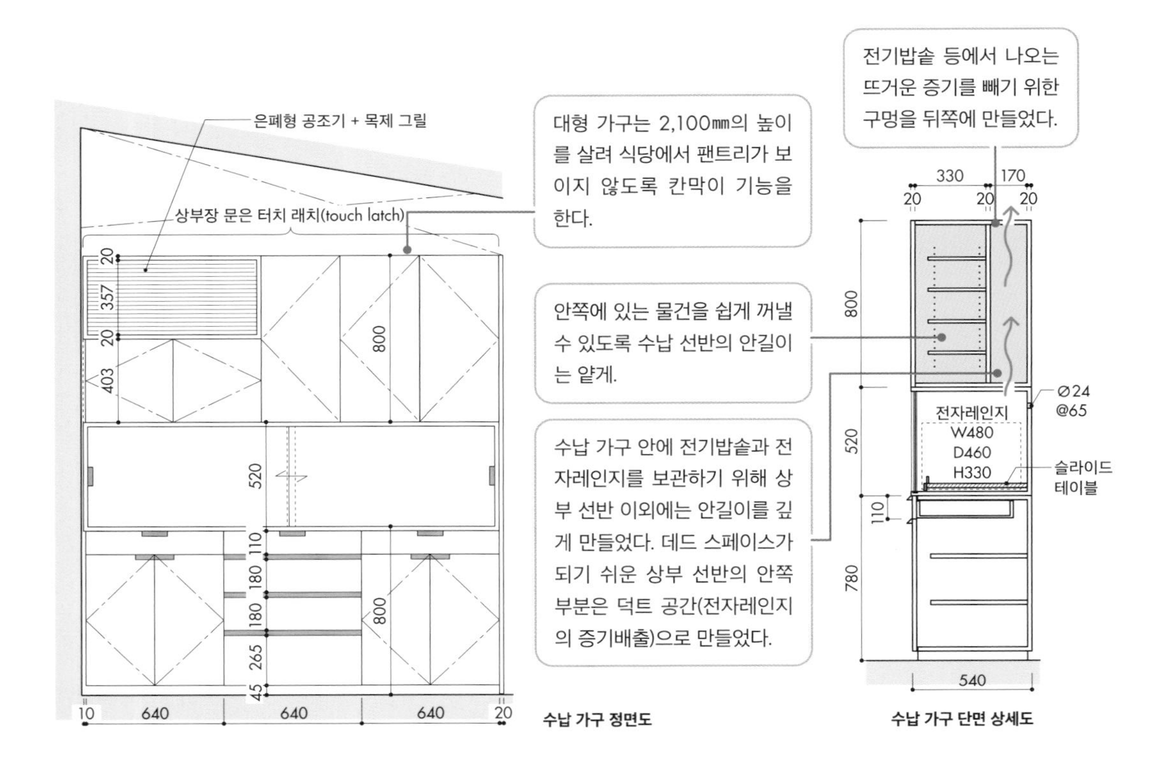

수납 가구 정면도

수납 가구 단면 상세도

부엌을 비롯해 2층 전체를 감싸고 있는 천장은 중앙 부분을 약간 볼록하게 만들어 판자를 댔다. 이 조립식 가구는 일부러 천장보다 낮은 높이로 만들어, 이어지는 공간이 넓게 느껴지도록 했다.

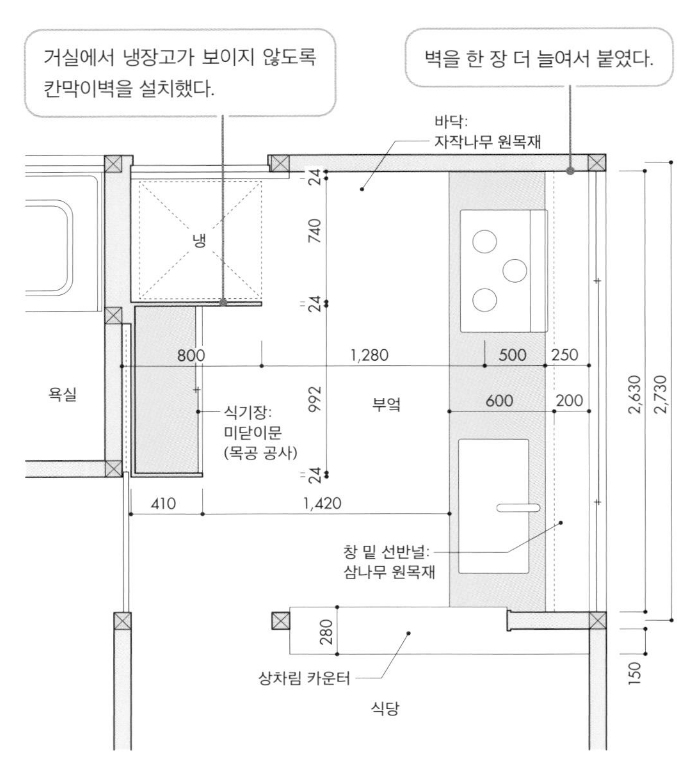

부엌 평면도

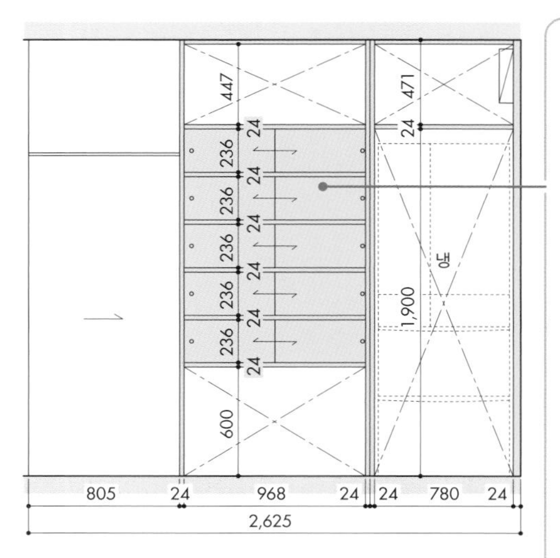

부엌 수납가구 정면도

판자에 둥근 구멍을 뚫어 미닫이문 손잡이로 사용한다. 목공 공사도 간단하고 디자인도 심플하다.

식당에서 부엌을 본 모습. 사진 왼쪽의 선반은 식기를 효율적으로 수납할 수 있도록 나지막한 선반을 5칸 만들었다. 지진 시에 안의 식기가 튀어나오지 않도록 미닫이문을 달았다.

② 나뭇결이 아름다운 부엌 가구를 목공 공사로 만들다

가구 공사로 부엌 가구를 만들면 비용이 문제가 되는 경우가 많다. 목공 공사를 통해 붙박이식으로 만들면 비용은 낮출 수 있지만 디자인상으로 만족할만한 마감을 하기 위해서는 설계 측의 아이디어와 배려가 중요한 포인트가 된다. 이 사례는 50년 가까이 된 목조 단독주택을 보수한 것으로, 부엌은 목공 공사를 통해 붙박이식으로 만들었다. 시공업체와 긴밀한 상담을 거쳐 상자 모양의 바퀴가 달린 수납장과 미닫이식 식기 선반 등 목공 공사로 실현할 수 있는 부엌 가구를 고안. 나뭇결을 살린 실용적이고 아름다운 부엌을 완성했다.

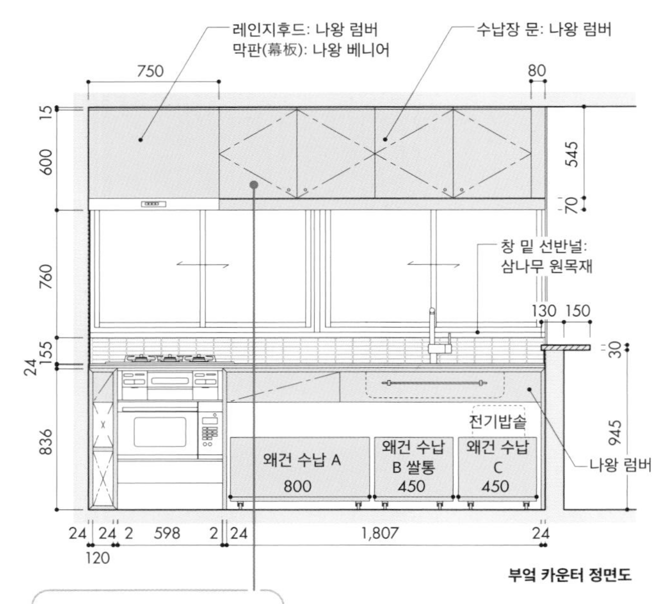

부엌 카운터 정면도

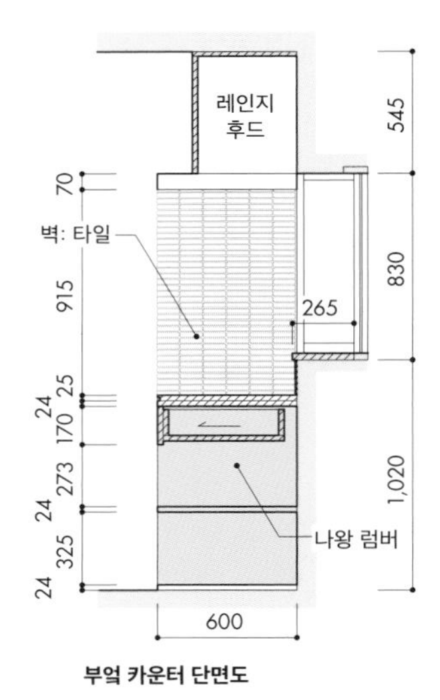

부엌 카운터 단면도

카운터 상부의 수납장 문은 나왕 럼버. 한 장의 판처럼 보이도록 나뭇결을 맞췄다.

가스레인지와 싱크대 쪽의 카운터는 나왕 럼버로 만들었다. 상판은 스테인리스의 헤어라인 마감으로, 가스레인지 옆면은 더러움을 쉽게 없앨 수 있는 타일로 시공. 카운터 밑에는 바퀴가 달린 상자형 수납장이 있다.

상자형 수납함을 꺼낸 모습. 왜건 수납 A 내부에는 프라이팬 등을 세울 수 있도록 칸막이를 만들었다. 뚜껑을 닫으면 손님이 왔을 때 임시 의자로도 사용할 수 있다. 왜건 수납 B에는 전기밥솥을 둔다. 취사 시에는 위로 올려 증기를 뺀다.

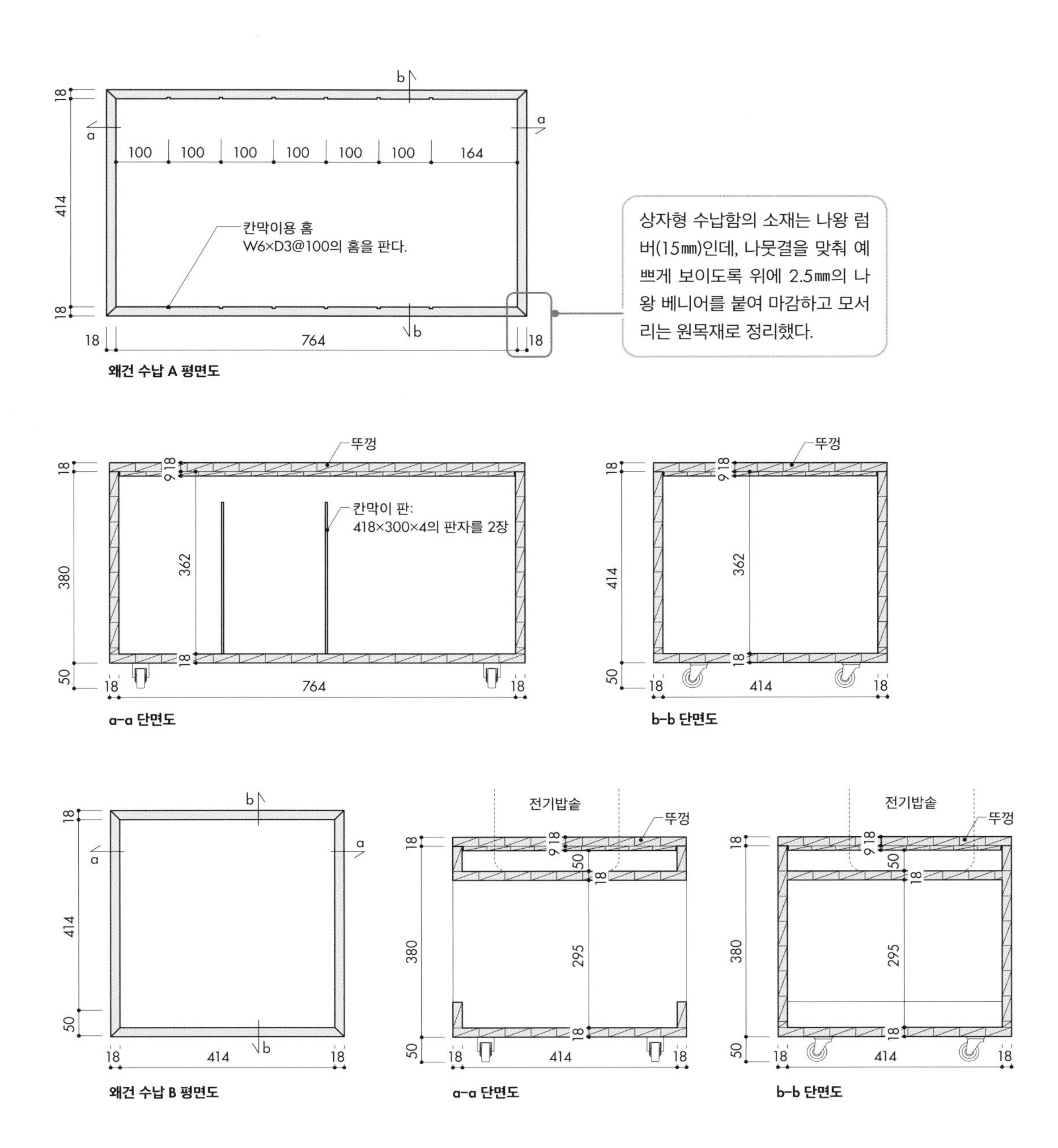

목질계 면재의 선택법과 사용법

붙박이 가구의 기본은 '상자의 조합'이다. 그 재료가 되는 면재가 바뀌면 붙박이 가구의 디자인도 크게 달라진다. 면재는 소재의 특징을 잘 살려 선택하자.

뒷널의 추천 재료
적층 합판 / 럼버 코어 합판 / 편면 플래시 폴리 합판 / 저압 멜라민 화장판

플래시란 골조 표면에 합판 등을 붙이고 표면에 엮은 문살과 띳장이 보이지 않도록 면재를 마감하는 가공법. 뒷면이 벽에 가리는 뒷널의 경우에는 비용 절감을 위해 편면 플래시 면재를 사용하는 경우가 많다.

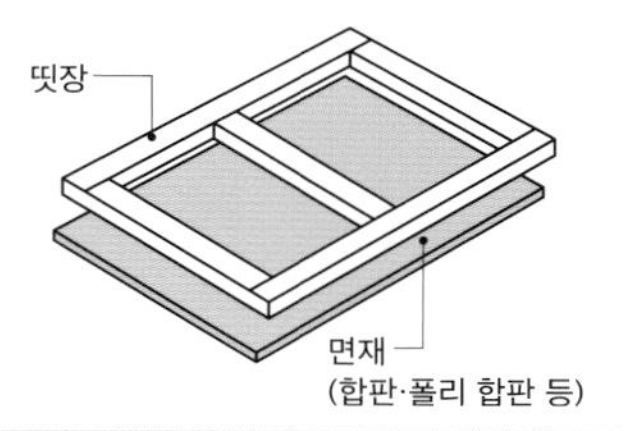

옆널·중간 문설주의 추천 재료
적층 합판 / 럼버 코어 합판 / 저압 멜라민 화장판

문으로 가려지는 내부는 최대한 비용을 낮춘다. 목공 공사에서는 럼버 코어 합판, 가구 공사에서는 럼버 코어 합판과 플래시 패널을 이용하는 경우가 많다. 플래시 패널의 경우에는 선반 다보·선반 기둥의 위치에 바탕재가 오도록 배려한다.

문의 추천 재료
3층 패널 / 화장합판 / 럼버 코어 합판

문에 화장합판을 사용하는 경우, 슬라이스드 베니어의 나뭇결 방향에 따라 인상이 크게 달라진다. [143쪽 칼럼 참조]

가구 공사는 비용 밸런스가 중요

적은 예산으로도 아름다운 가구를 만들려면 소재의 디자인과 비용의 밸런스를 검토하여 소재를 선택해야 한다. 소재가 가진 디자인은 142~143쪽을 참조. 보이는 부위와 가려지는 부위에 다른 소재를 쓰면 비용을 줄여 질 높은 가구를 만들 수 있다.

수납에 필요한 가구를 붙박이식으로 만들 때 가구 공사·목공 공사 중 어느 쪽으로 제작하든 구성의 기본은 상자의 조합(면재의 조합)이다. 디자인이 예쁘고 편리한 가구를 만들기 위해서는 이 상자를 구성하는 면재를 고르는 방법에 신경 써야 한다[위 그림].

목질계 재료는 ❶원목재, ❷합판, ❸그 밖의 목질계 면재로 크게 나눌 수 있다[142~143쪽]. 원목재는 촉감이 좋고 따뜻한 느낌이 나는 소재지만 비싸기 때문에 상판처럼 눈에 잘 보이는 부분에 중점적으로 사용한다. 넓은 면에 사용하면 비용이 늘어날 뿐 아니라 나무의 수축에 의한 변형이 생기기 쉬우므로 주의가 필요하다.

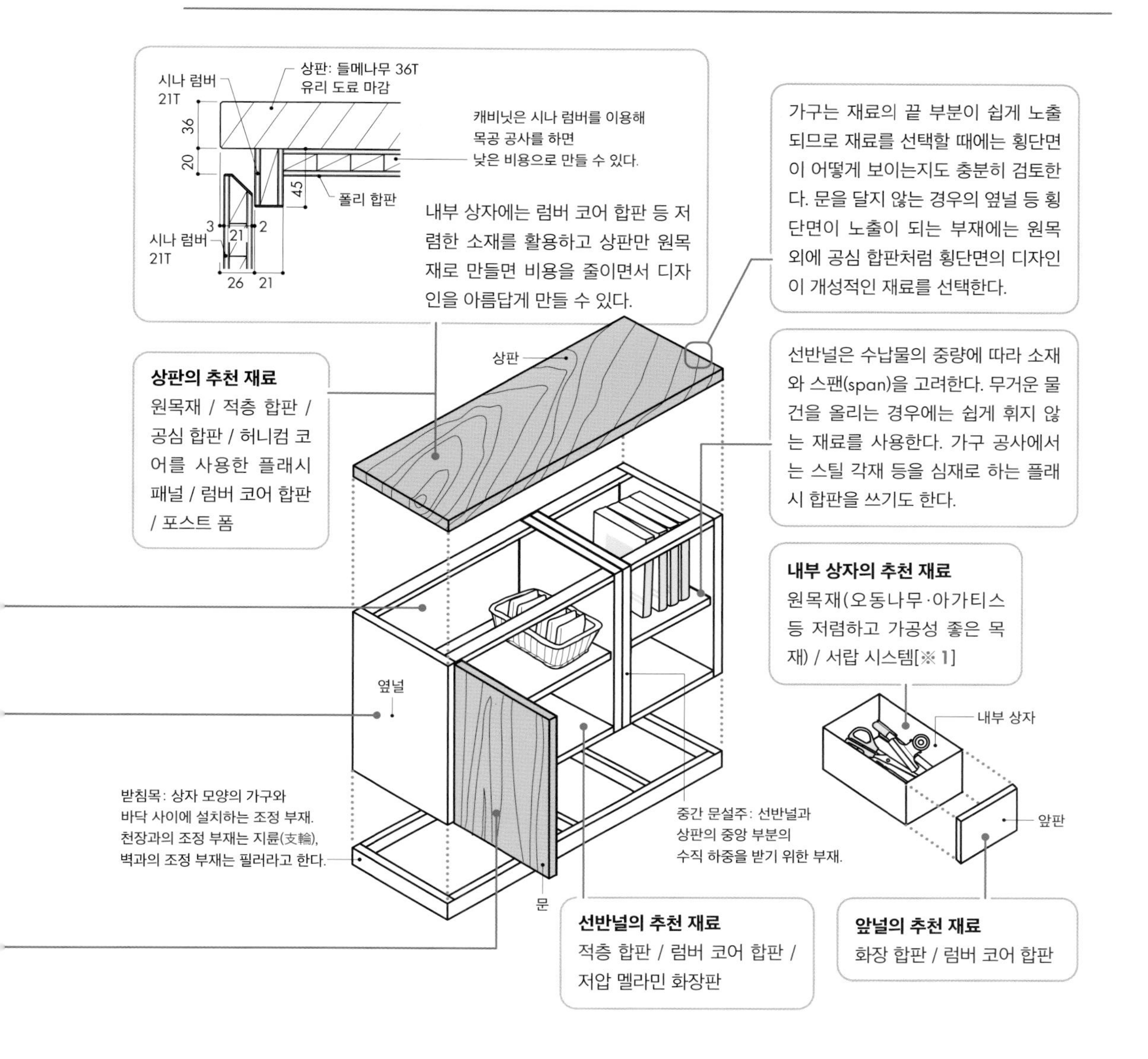

반면, 비용을 쉽게 줄일 수 있는 합판은 선반널처럼 눈에 잘 띄지 않는 부위에 활용하는 소재. 다만 횡단면을 정리하는 데에는 주의가 필요하다. 간편한 것은 횡단면 테이프[※2]를 붙여 횡단면을 감추는 방법이지만, 횡단면의 디자인이 재미있는 공심 합판(共芯合板)이나 '페이퍼우드'(타키자와 목재)와 같은 소재를 사용해 일부러 보여주는 방법도 있다. 최근에는 저압 멜라민 화장판처럼 물기가 있는 곳에서도 사용할 수 있는 목질계 면재도 판매되고 있다. 가구의 배치와 수납하는 물건에 따라 소재를 가려 쓰면 좋을 것이다.

※1 서랍의 옆널과 슬라이드 레일이 하나로 된 제품.
※2 슬라이스드 베니어를 테이프 모양으로 길게 이어 보강한 것. 두께는 0.45㎜ 정도.

❶ 원목재

원목판(1장판)

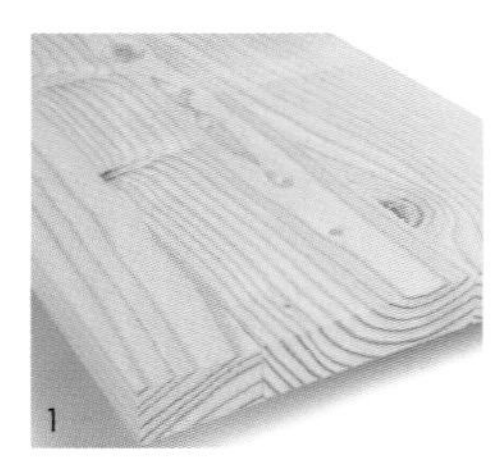
1

한 장의 원재료에서 잘라낸 판재. 자연스러운 나뭇결과 따뜻한 느낌이 매력이지만 휘거나 변형되기 쉽다. 대형 판자를 사용할 경우 폭 방향으로 목재를 이은 '솔리드 집성판'을 사용한다.

집성재

2

작은 각재를 이음매가 가지런하지 않도록 적층·접착한 목재. 수종별 텍스처를 가지면서도 원목판보다 휨이나 변형이 적은 것이 특징. 원목판보다 비용이 저렴.

3층 패널

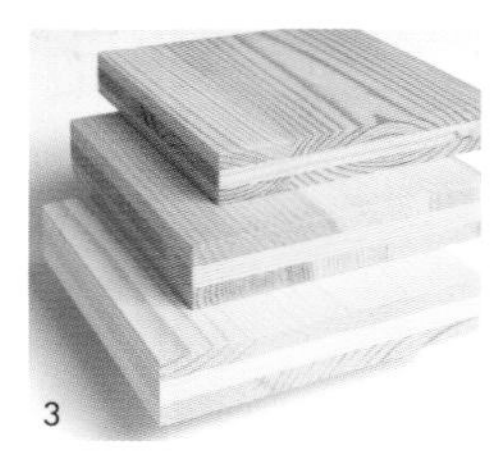
3

구조재로 개발된 원목판의 나뭇결을 직각으로 교차시켜 3층으로 쌓은 판재. 건조로 인한 문제가 적고 강도가 있다. 횡단면에 보이는 3층의 단면을 디자인으로 살리면 개성적인 가구가 된다.

삼나무 중공 패널(파워 플레이스)

4

삼나무 통나무에서 각재를 잘라냈을 때 남는 외주부의 단재(端材)를 집성한 패널재. 원호형 목재를 조합했기 때문에 목재 안쪽에 중공부가 생겨 개성적인 단면 형태가 나타난다.

'아쿠아 우드'(아사히 목재 가공)

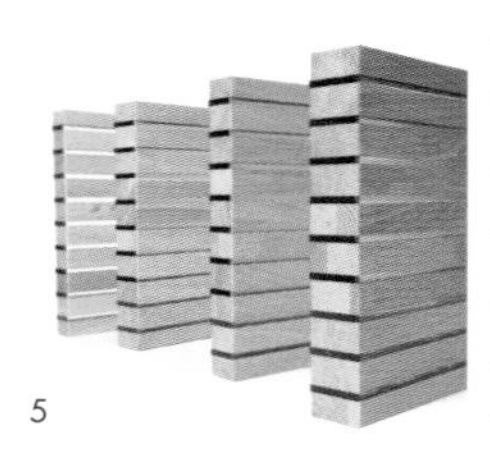
5

원목과 아크릴을 쌓아 접착한 집성재. 빛이 아크릴 부분을 투과하여 목재만으로는 얻을 수 없는 투명감·부드러운 느낌이 있다. 아크릴의 색을 골라 투과된 빛의 색을 즐길 수 있다.

❷ 합판

적층 합판

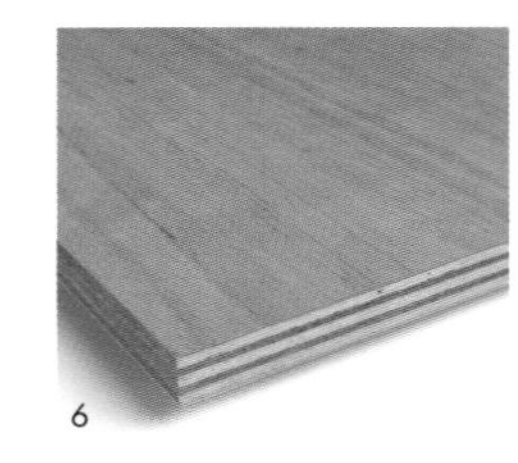
6

시나와 나왕 등 남양재(南洋材)를 번갈아 적층한 합판. 가격도 비교적 저렴하여 벽이나 바닥 등의 바탕재부터 마감재에 이르기까지 폭넓게 활용되고 있다.

럼버 코어 합판

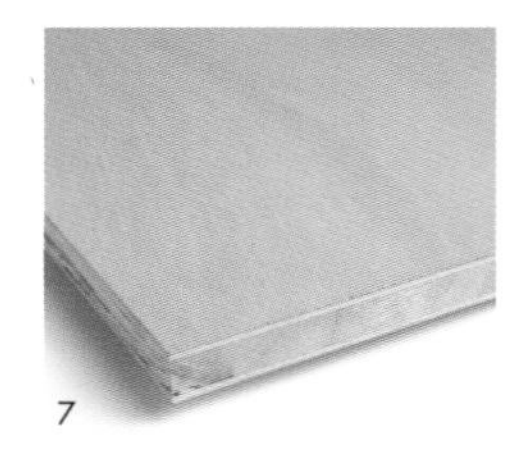
7

심재(心材)에 블록 모양의 팔카타 목재[※1]를 사용한 합판. 가볍고 휘지 않으며 저렴하다. 표면재로는 시나(참피나무)와 나왕 등이 자주 사용된다.

공심 합판

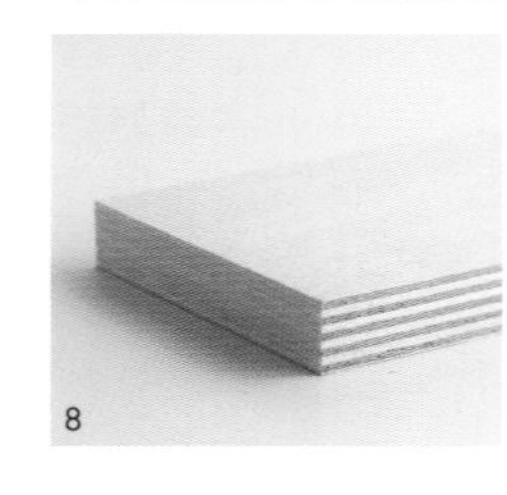
8

표면재와 심재에 같은 수종을 사용한 합판. 단면이 아름다우므로 횡단면이 보이도록 마감해도 고급스러운 가구를 만들 수 있다.

시나 아피통 합판

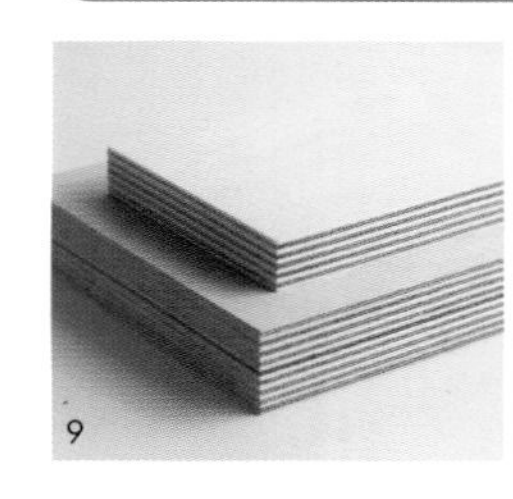
9

시나재와 남양재인 아피통 목재를 번갈아 적층한 합판. 아피통을 적층함으로써 시나와 파인 합판보다 단단하고 무겁게 마감되며 강도도 높아진다.

페이퍼 우드(타키자와 목재)

10

색종이와 목재를 적층하여 횡단면이 특징적인 합판. 도장과 달리 색이 벗겨지지 않고 어디를 잘라도 예쁜 횡단면이 나타난다.

③ 그 밖의 목질계 면재

MDF

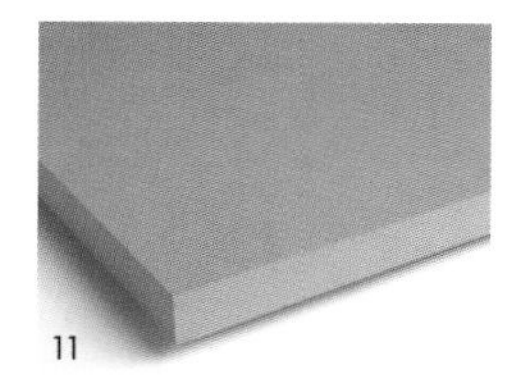
11

섬유 형태의 목재를 접착제로 굳힌 판재. 표면이 치밀하므로 도장 바탕재로도 유능. 내수성이 없으므로 물 주변에 사용할 때는 발수 도료 등의 대책이 필요.

파티클 보드

12

목재 조각을 접착·압착한 판재. 가구에 사용하는 경우에는 저압 멜라민이나 프린트 합판의 바탕재로 사용되는 경우가 많다.

OSB

13

목재 조각을 접착·압착한 판재. 파티클 보드보다 큰 나무 조각을 사용한다. 표면재로 사용되기도 하지만 도장을 잘 빨아들이므로 주의.

저압 멜라민 화장판

14

파티클 보드 등의 목질계 면재를 기재로 하여 멜라민 함침 시트를 열압 일체 성형한 화장판. 표면이 수지이므로 단단하고 마찰이나 물에 강하다.

폴리 럼버 코어 합판

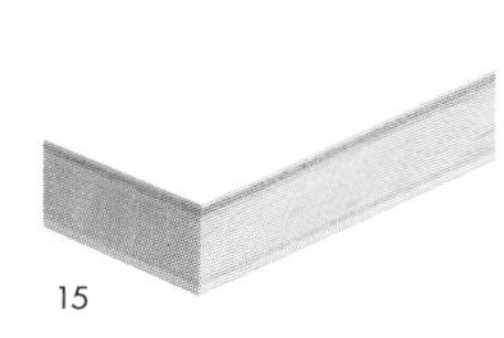
15

팔카타 나무 조각으로 심지를 만들고 양면에 폴리 합판을 붙인 판재. 저렴하게 마감하는 선반 널이나 캐비닛의 옆널에 자주 이용된다.

※1 콩과류의 활엽수. 백색에 가까운 연한 분홍색을 띠며 딱딱하지 않고 가벼워서 가공하기 쉽다.

칼럼

슬라이스드 베니어는 붙이는 방법에 따라 인상이 달라진다!

슬라이스드 베니어란 목재를 0.2~0.6㎜ 정도로 얇게 슬라이스한 판재. 합판에 붙인 것을 화장합판이라고 한다. 슬라이스드 베니어를 합판에 붙여 사용하면 희귀하고 아름다운 나뭇결의 목재를 간편하게 사용할 수 있다. 최근에는 자연 소재 특유의 얼룩이나 모양을 살린 제품도 늘어나고 있다.[A] 이를 활용하여 디자인하면 유일무이한 가구를 만들 수 있다. 또한 슬라이스드 베니어는 붙이는 방법에 따라 그 인상이 크게 달라지므로 붙이는 방법도 충분히 검토한다.[B]

A 원목의 형태를 살린 슬라이스드 베니어

16

나무가 두 갈래로 갈라졌거나 마디 등으로 흠이 있는 월넛의 슬라이스드 베니어를 검게 도장한 바탕재 합판에 붙여 결점을 디자인으로 활용했다.

B 슬라이스드 베니어를 붙이는 방식에 따라 다르게 보인다.

슬립 매치

곧은결을 같은 방향으로 나열해 붙이는 방법. 무늬를 맞추기 쉬워 자주 사용된다.

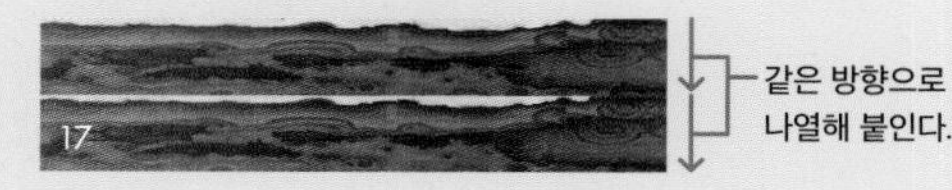

17

북 매치

곧은결을 대칭으로 붙이는 방법. 나뭇결의 무늬가 크게 보이는 것이 특징.

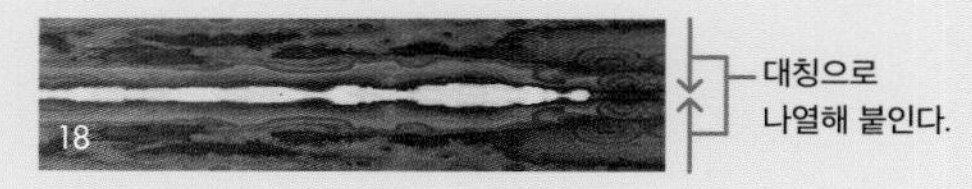

18

랜덤 매치

곧은결의 방향과 위치를 무작위로 붙이는 방법. 예상하지 못한 모습이 되지 않도록 충분한 검토가 필요.

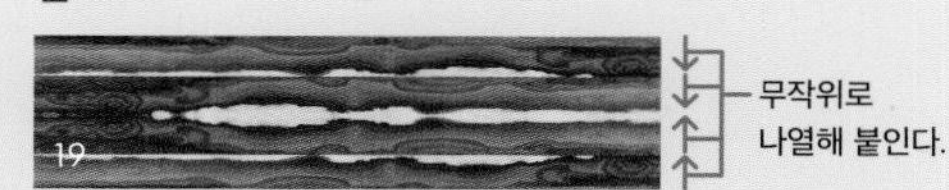

19

기타 면재 고르는 법·사용하는 법

대부분의 목질계 면재는 물에 약하다. 그래서 물을 사용하는 곳 주변에는 보통 수지와 금속 등으로 만든 면재를 사용한다. 강도와 가공성에 주목하여 선택하자.

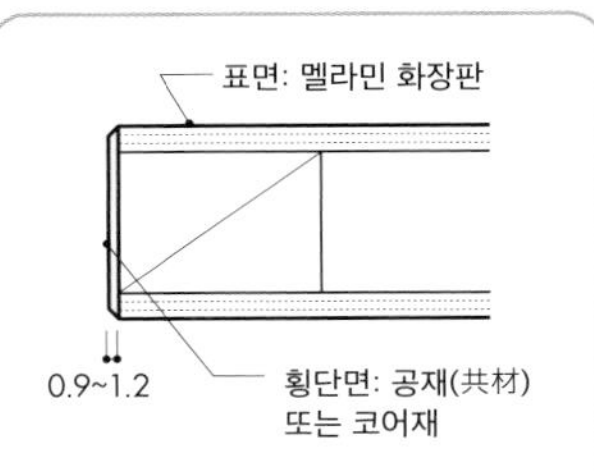

멜라민 화장판을 사용할 때는 횡단면에서 코어재가 보이지 않도록 횡단면에 컬러 코어[※1]를 붙이면 예쁘게 마감된다.

뒷널의 추천 재료
폴리 합판

뒷널은 면재의 면적이 넓으므로 폴리 합판으로 비용을 줄인다. 폴리 합판은 두께가 있으므로 단체(單體)로 뒷널로 사용할 수 있다.

옆널·중간 문설주의 추천 재료
플래시 폴리 합판

옆널은 다보나 경첩을 달기 쉽도록 가공성 좋은 폴리 합판을 사용한다. 멜라민 화장판은 단단해서 가공이 어려우므로 주의가 필요하다.

물을 사용하는 곳 주변의 면재

비용을 고려해 소재를 선택할 때의 기본은 목질계 면재와 마찬가지로 '보이지 않는 부분의 면재는 저렴한 것을 사용'하는 것이다[오른쪽 그림]. 같은 금속이라도 마감 방법에 따라 디자인에 큰 차이가 난다[146쪽 ❷]. 부엌 상판 등 흠집이 나기 쉬운 부분을 스테인리스 경면 마감으로 처리하면 디자인은 예쁘지만 사용 시 흠집이 쉽게 눈에 띄므로 피하는 것이 무난하다.

부엌이나 욕실의 수납장 등 물이 닿을 우려가 있는 붙박이 가구에 목질계의 면재를 사용하면 변형이나 고장의 원인이 되기 쉽다. 목질계 이외의 면재에는 ❶수지, ❷금속, ❸인조 대리석, ❹세라믹 등의 소재가 있는데 기술이 진보하면서 이 소재들의 디자인과 기능성이 나날이 좋아지고 있다[146~147쪽 ❶~❹].

언뜻 똑같아 보이는 소재의 차이점도 파악해두자. 이를테면 폴리 합판과 멜라민 화장판은 같은 수지지만 제조법이 다르기 때문에 목재의 두께·경도(흠집이 나는 정도)·가격에 큰 차이가 있다[146쪽 ❶]. 잘못 사용하면 상판

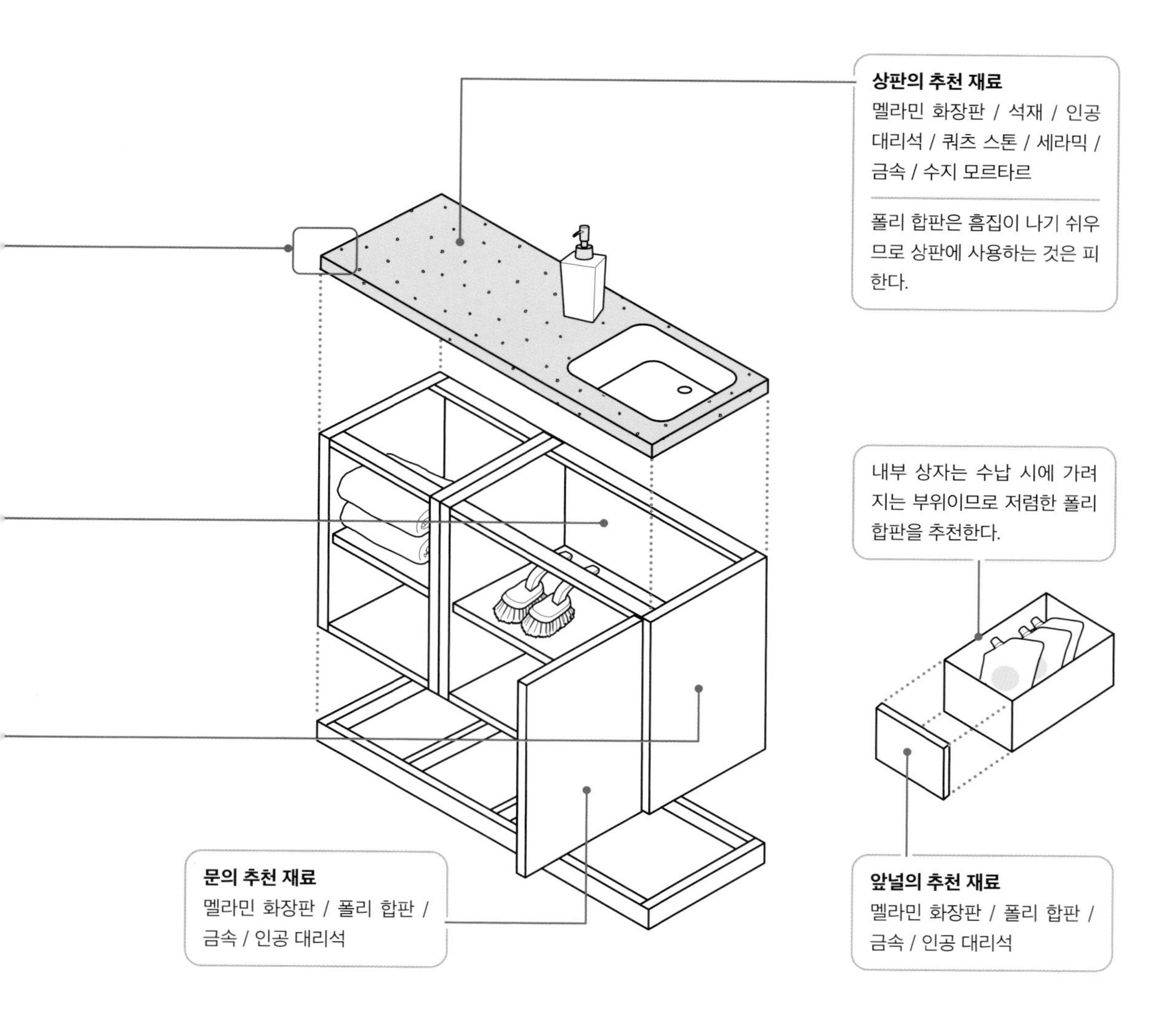

이 흠집투성이가 되거나 공장에서 가공하기 어려워지므로 주의가 필요하다[※2].

건축의 도장에는 현장에 반입되는 시점에 이미 도장되어 있는 '공장 도장'과 도장 기술자가 현장에서 도장하는 '현장 도장'이 있다. 도장의 마감을 중시하는 경우에는 전자를, 창호 등 다른 부분과 마감을 맞추고 싶은 경우에는 후자를 택한다. 기술이 발달함에 따라 매년 새로운 도료가 나오므로 체크해 두자[147쪽 ❺].

※1 멜라민 화장판의 표면 화장재와 같은 색의 기재(基材)를 사용한 멜라민 화장판
※2 폴리 합판은 기재에 폴리에스테르 도장을 했으므로 두께가 있지만 멜라민 화장판은 종이에 수지를 함침시킨 플라스틱판이라 얇기 때문에 사용 시 판재를 붙여 두께를 만들 필요가 있다.

❶ 수지

폴리 합판

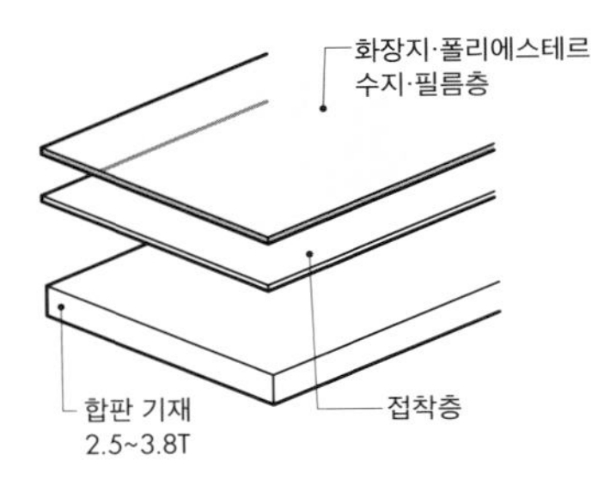

나왕 합판의 표면을 폴리에스테르로 도장한 판재. 저렴하지만 흠집이 나기 쉽다.

멜라민 화장판

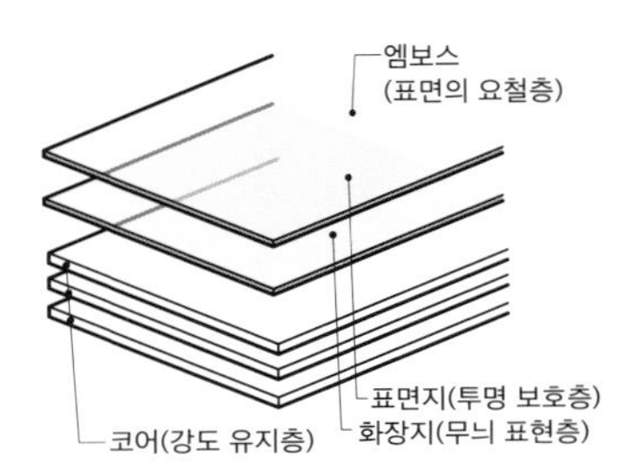

종이에 페놀수지나 멜라민수지를 함침시킨 판재. 단단해서 흠집에 강하지만 가공에는 적합하지 않다.

동조 멜라민 화장판

1

나뭇결 무늬와 엠보스 가공을 일치시킨 멜라민 화장판. 목재로 착각할만한 디자인이다.

❷ 금속(스테인리스)

경면 마감

2

연마한 흔적이 없고 반사율이 가장 높은 마감. 장식장 등에 자주 쓰인다.

헤어라인 마감

3

반사에 방향성이 있는 마감. 금속 특유의 반짝임이 적고 어떤 소재와도 잘 어울린다.

바이브레이션 마감

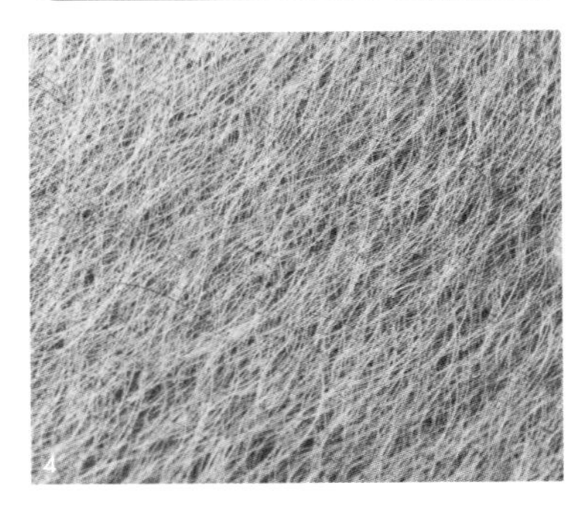
4

방향성이 없는 헤어라인 마감. 원호상의 연마 흔적이 생긴다. 나무 등의 자연 소재와 어울린다.

❸ 인조 대리석

메타크릴계 인조 대리석

5

메타크릴계 수지를 주성분으로 한 판재. 내마모성이 뛰어나다. 가공성이 좋고 세면볼과 카운터를 일체로 성형할 수 있다.

쿼츠 스톤

6

파쇄한 수정을 수지로 결합하여 성형한 판재. 천연석의 느낌과 아름다움을 표현하면서 천연석의 결점을 극복했다.

❹ 세라믹

7

대형 세라믹으로 만든 판재[※1]. 수지를 전혀 포함하지 않으므로 자외선에 강하며 외벽재에서 내장재·가구의 상판 등에 폭 넓게 이용된다. 내마모성·내수성·내열성·내오염성 등 부엌 상판에 필요한 성능을 충족하고 있는 소재지만 다른 소재보다 비싸므로 예산 안에서 조정이 필요.

❺ 최신 도료 사정

내추럴 매트 도장(니시자키 공예)

8

기존의 도막(塗膜) 형성형 마감과 동등한 내구성을 확보하면서 오일 피니시처럼 보이는 마감. 도막 자체가 나무껍질을 연상시키는 촉감이며 겉보기에도 도막을 느낄 수 없는 하이매트(무광) 마감을 한다.

아이러니 이펙트(야스다 화장합판)

9

특수한 액체(철액)를 슬라이스드 베니어에 함침시켜 일어나는 화학반응으로 슬라이스드 베니어 자체를 발색시키는 방법. 도장을 이용한 염색·착색은 인공물 같은 느낌으로 마감되지만 이 방법을 사용하면 자연스러운 얼룩이 있는 마감이 된다.

※1 사진의 제품 GARZAS BETON(산게츠)의 경우 두께 6㎜로 최대 치수가 3,200㎜×1,500㎜

문과 철물의 올바른 설치법

가구의 문을 여는 방식은 설치하는 장소와 수납하는 물건에 따라 달라진다. 개폐방법에 맞도록 철물을 바르게 다는 것이 좋은 가구를 만드는 첫걸음이다.

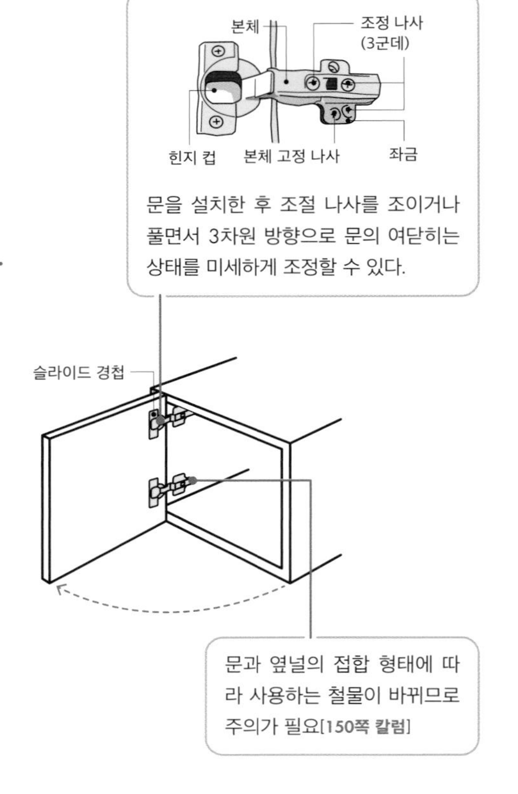

❶ 여닫이문과 철물의 적절한 사용법

A) 여닫이문의 기본은 슬라이드 경첩

슬라이드 경첩은 좌금(기구에 다는 철물의 바닥에 붙이는 장식용 철물, 와셔[washer]－옮긴이)과 철물 본체를 가구 본체와 각 문에 부착하기 위해 따로 반입할 수 있다.

물건을 보기 좋게 수납하려면 용도에 맞는 문이 필수다. 수납 가구의 문을 여는 방법에는 여닫이, 서랍식, 미닫이의 3종류가 있으며 각각의 전용 철물이 있다[148~151쪽 ❶~❸]. 붙박이 가구를 설치하는 장소와 수납하는 물건에 알맞은 철물을 선택하지 않으면 불편한 수납 가구가 된다. 그 결과 수납물이 떨어지는 사고가 발생하는 경우도 있으므로 철물 선택에 반드시 주의해야 한다.

여닫이문은 거실 등의 충분한 공간을 확보할 수 있는 곳에, 미닫이문은 주방 등 공간을 절약해야 하는 곳에서 사용한다. 같은 개폐 방법이라도 ❶처럼 사용하는 철물에 따라 여는 방식에 차이가 생긴다.

신제품의 등장과 함께 가구의 시공 방법이 변하고 있다. 이를테면 기존의 서랍은 내부 박스의 양 측면에 슬라이드 레일을 설치하는 것이 일반적이었지만, 현재는 내부 박스의 밑판에 슬라이드 레일을 설치하여 사용 시에 슬라이드 레일의 존재를 느끼지 못하게 만들어 보다 더 편리한 '서랍 시스템'[150쪽 ❷-B]을 사용하는 시공법이 많아지고 있다.

B) 슬라이드 경첩에 스테이를 조합하여 상하 방향으로 열고 닫는 문을 만든다.

부엌 찬장처럼 작업 중에는 문을 연 채 사용하고 작업하지 않을 때는 문을 닫아 수납물을 감추고 싶을 때에는 상하로 여는 수납을 활용하면 된다. 스테이의 종류를 고르면 문이 열리는 속도를 조절하는 등의 기능을 추가할 수 있다.

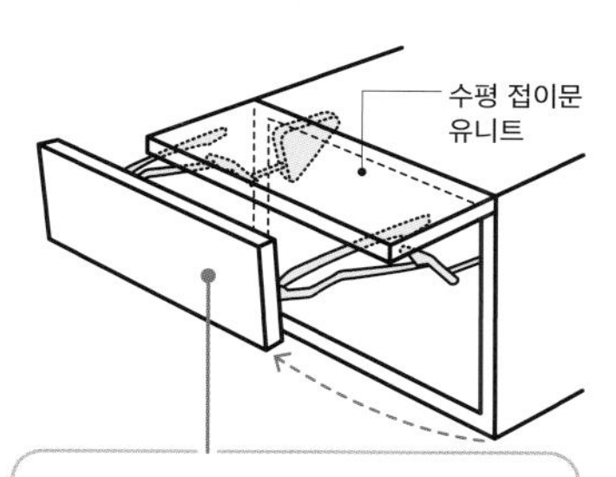

위쪽 문 방향으로 접어 올려서 연다. 문이 높은 위치에 있어도 개방 시 손이 문에 잘 닿는다.

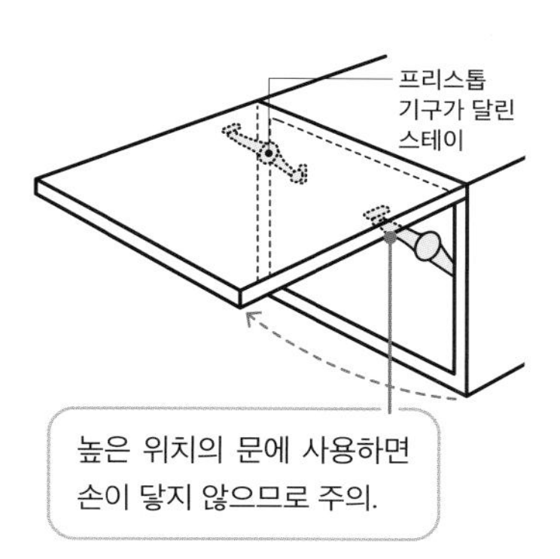

높은 위치의 문에 사용하면 손이 닿지 않으므로 주의.

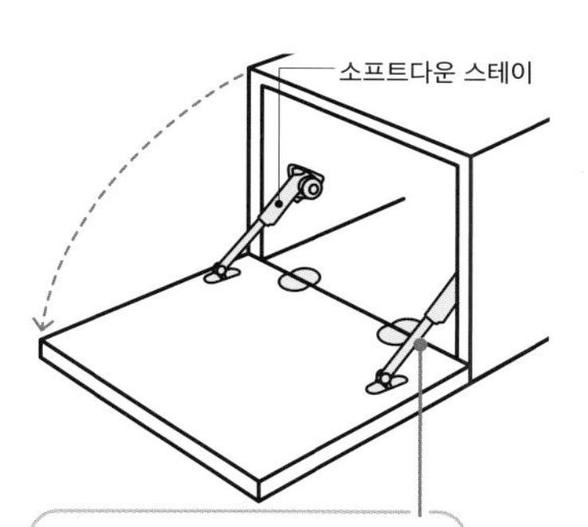

열린 상태를 유지할 수 있으므로 책상이나 주방가전 수납에 자주 이용된다.

C) 암식(arm type) 철물로 궤도가 작은 문을 만든다.

부엌처럼 좁은 공간 안을 이동하며 작업하는 경우에 가구 문의 궤도가 크면 동선에 방해가 된다. 그럴 경우, 스윙 리프트 업 철물이나 스윙 좌우 열림 철물처럼 문의 궤도를 작게 만드는 암식 철물의 도입을 검토한다.

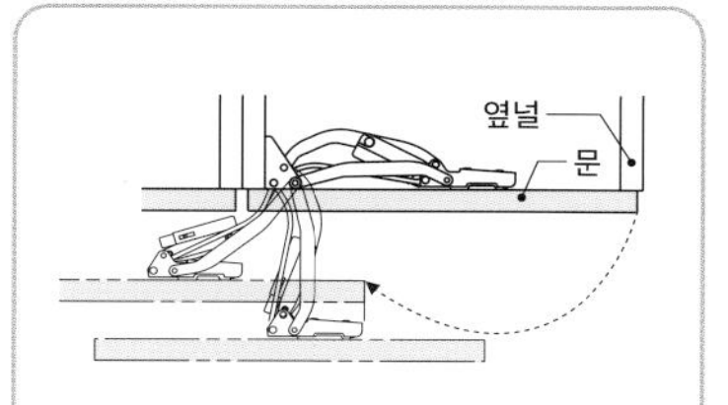

여닫이문과 비슷하지만 개폐 궤도가 작고 개방 상태에서도 방해가 되지 않는다. 철물 본체의 사이즈가 크기 때문에 수납량과의 균형을 반드시 확인할 것.

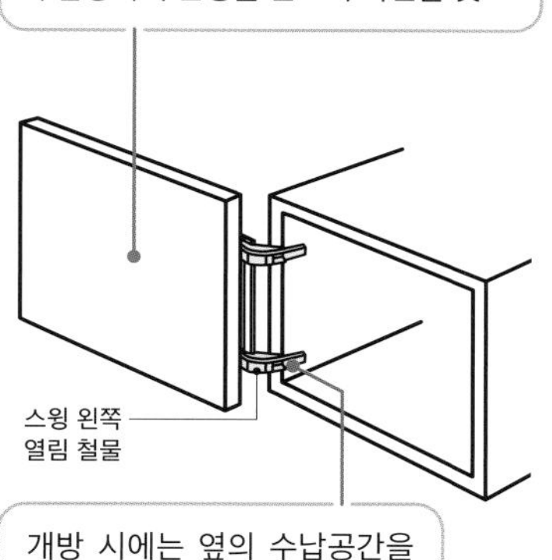

개방 시에는 옆의 수납공간을 사용할 수 없으므로 주의.

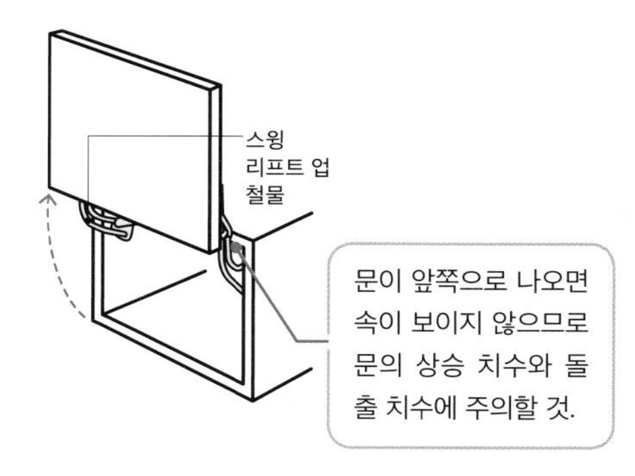

문이 앞쪽으로 나오면 속이 보이지 않으므로 문의 상승 치수와 돌출 치수에 주의할 것.

❷ 서랍과 철물의 적절한 사용법

암식 철물로 궤도가 작은 문을 만든다

요즘은 서랍의 밑널에 슬라이드 레일을 설치하는 방법이 주를 이루고 있다. 또한 서랍의 옆널과 슬라이드 레일을 일체화한 '서랍 시스템'이라는 제품도 등장했다.

A) 슬라이드 레일

밑널 아래에 기구가 집중되므로 밑널 아래에 30㎜ 정도의 높이를 확보한다.

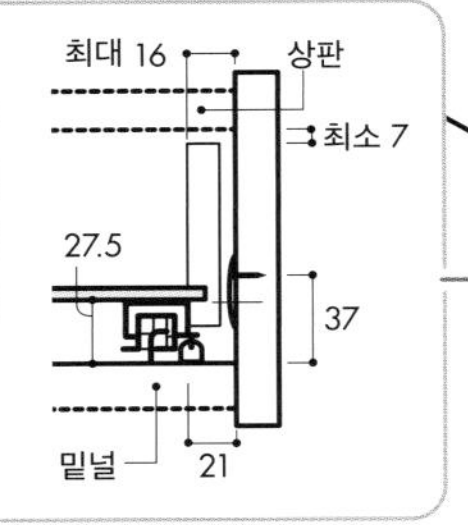

B) 서랍 시스템

옆널과 레일이 일체화되어 있으므로 옆널과 뒷널의 소재를 고를 수 있다. 제조업체의 표준 사양은 두께 약 16㎜의 저압 멜라민 판자이다. 목공 공사로는 멜라민재를 가공할 수 없으므로 15㎜의 시나 럼버나 폴리 럼버를 사용하면 된다.

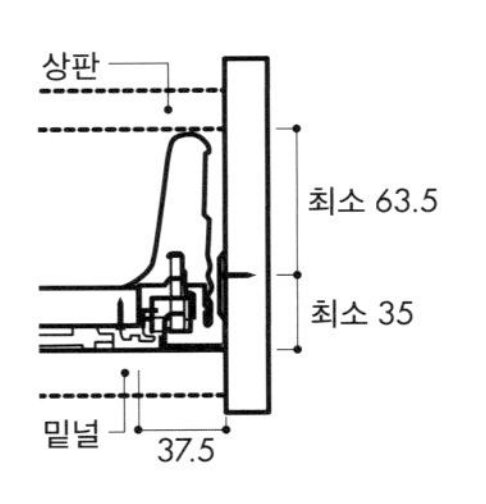

칼럼

슬라이드 경첩은 문의 결합 방법에 따라 설치법이 달라진다.

슬라이드 경첩에는 문과 옆널의 접합 형태에 따라 3종류의 설치법이 있다. 횡단면을 여닫이문으로 완전히 덮어 설치하는 것을 아웃셋, 안쪽으로 여닫이 문이 완전히 들어가도록 설치하는 것을 인셋이라고 한다. 아웃셋은 덮는 정도에 따라 덮방과 반덮방으로 나뉘며 각각 전용 철물을 사용한다. 인셋은 축이 달린 경첩이나 나비경첩 또는 인셋용 슬라이드 경첩을 사용한다. 아웃셋의 덮방이 현재 주를 이루는 설치법이다. 옆널의 횡단면을 문이 덮기 때문에 깔끔한 인상을 준다. 반덮방은 아웃셋의 문이 연속되는 경우에 사용한다.

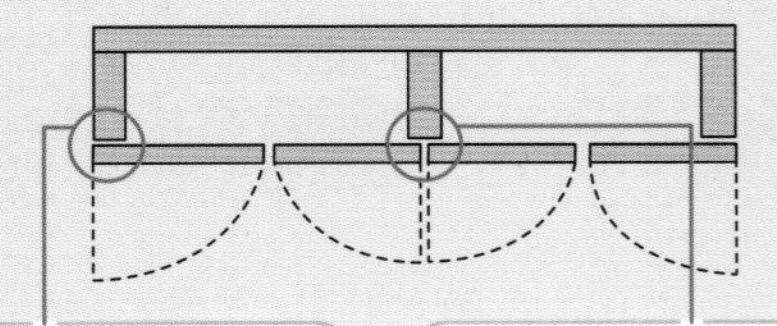

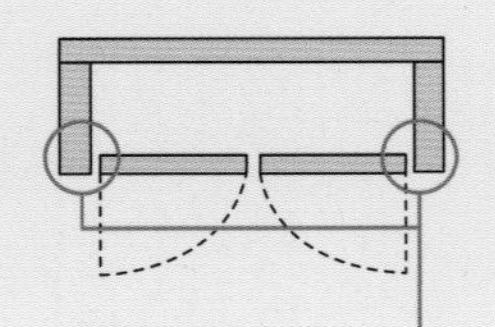

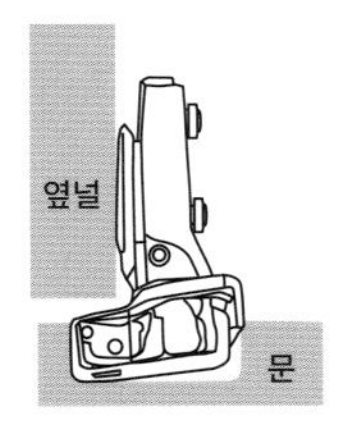

아웃셋(덮방)

보통은 105~105° 열림을 사용하지만 문이 벽 등에 닿는 경우에는 85° 열림이나 각도 스토퍼 등을 사용해 조정한다.

아웃셋(반덮방)

덮방과 비교하면 덮이는 부분이 절반, 이음매 부분이 2배 정도 되는 설치법. 문이 연속되는 곳에 사용한다.

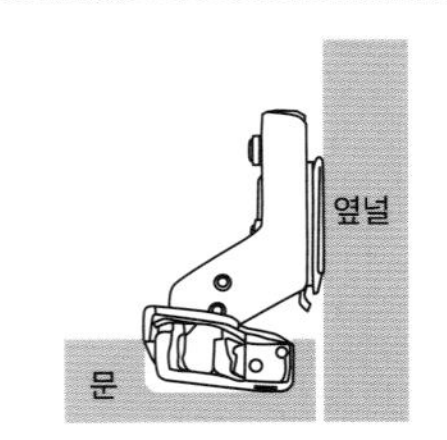

인셋(덮이지 않음)

옆널의 횡단면이 노출되는 설치법. 문과 열리는 각도와 옆널의 치수에 따라 문과 옆널이 부딪치는 경우가 있으므로 주의한다.

❸ 미닫이문과 철물의 적절한 사용법

가구의 미닫이문 철물에는 상부 레일만으로 지지하는 것과 상하의 레일로 지지하는 것이 있다. 최근에는 동작이 부드럽고 청소하기 쉬운 것을 중시하여 상부식 레일을 이용하는 경우가 많으며, 자동적으로 천천히 닫히는 소프트 클로징 기능 [※ 1]이 장착된 것이 주류를 이룬다.

A) 미닫이문의 기본은 상부식 레일

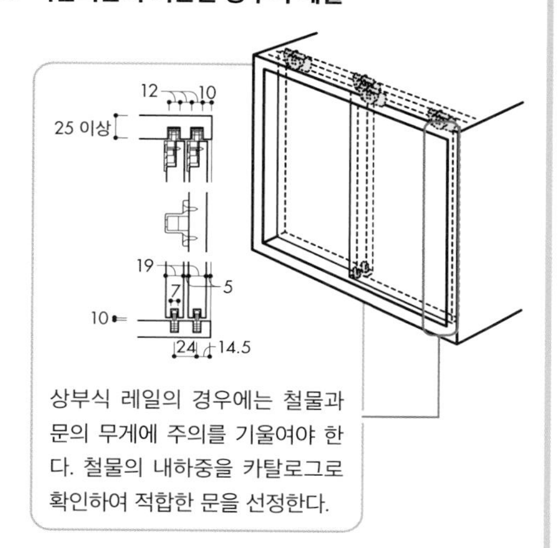

상부식 레일의 경우에는 철물과 문의 무게에 주의를 기울여야 한다. 철물의 내하중을 카탈로그로 확인하여 적합한 문을 선정한다.

B) 평평하게 설치하는 미닫이문은 보기에도 깔끔하다

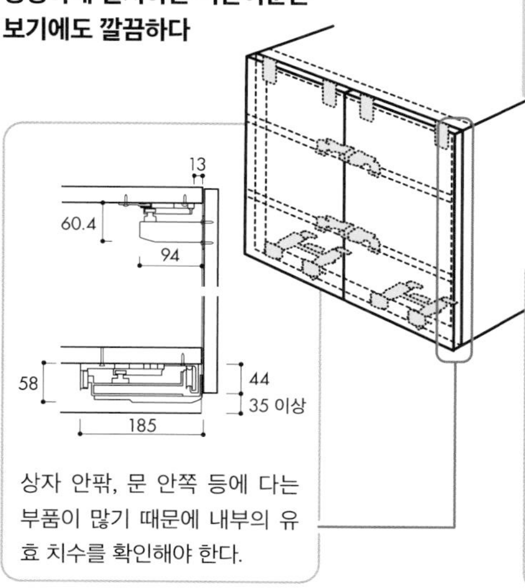

상자 안팎, 문 안쪽 등에 다는 부품이 많기 때문에 내부의 유효 치수를 확인해야 한다.

❹ 그 밖의 열림 방식과 철물의 적절한 사용법

옷장 등 안길이가 있는 수납장은 개구부를 크게 만들어 편리하게 사용하도록 한다. 그럴 경우 접이식 문을 사용한다. 설치하는 부품들이 많기 때문에 내부의 유효 치수에 섬세한 주의가 필요하다. 열리는 문만큼의 공간을 충분히 확보할 수 있다면 접이식 문을, 문의 공간을 최대한 줄이고 싶다면 셔터 문을 사용하면 된다.

A) 한 번에 큰 개구 폭을 얻으려면 접이식 문을 사용한다

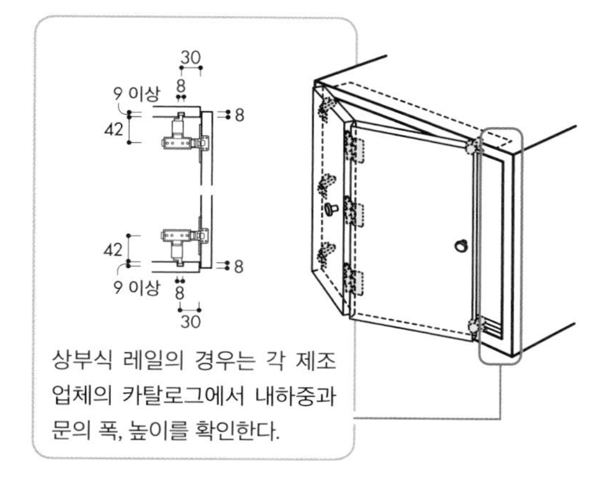

상부식 레일의 경우는 각 제조업체의 카탈로그에서 내하중과 문의 폭, 높이를 확인한다.

B) 장시간 열어두는 장소에는 셔터 문을 사용한다

장시간 문을 열어둔 채 선반을 사용할 수 있다는 것이 장점. 옵션인 코드드릴 [※ 2]을 사용하면 임의의 위치에서 셔터를 멈출 수 있다. 단, 셔터가 상부와 안쪽 부분에 들어가기 때문에 수납량에 제한이 있다는 점에 주의할 것.

※ 1 문이 닫힐 때 천천히 들어가므로 손가락이 끼는 것을 방지하고 개폐 소음을 줄이는 철물.
※ 2 뒷면에 설치하여 내장하고 있는 스프링의 효과로 셔터를 유지하며 임의의 위치에서 멈출 수 있도록 만든 것.

part 4

요즘 사람들의 소지품 사이즈 사전

편리한 수납장을 만들려면
안에 넣는 물건을 정확히 파악해야 한다

이 장에서는 나날이 새롭게 변화하는
가전제품과 부엌 용품을 비롯해,
집 안에 비치하는 수많은 물건의 치수와
그것을 수납하는 수납용품의 모듈을 소개한다.

무인양품 활용하기

모듈이 통일된 무인양품의 수납용품만 있으면 어떤 방이든 깔끔하게 정리할 수 있다. 자연스러운 소재감도 목조 주택에 잘 어울리고 사용이 편리해 추천할 만하다.

변하지 않는 모듈

무인양품의 수납용품은 일본 주택에 자주 이용되는 910㎜를 기준으로 만들어져 있으며, 그 크기의 수납공간[❶]에 들어갈 수 있도록 선반은 폭 860㎜로 모듈이 통일되어 있다[❷]. 게다가 선반에 들어가는 수납 케이스는 선반 옆널의 두께를 고려한 '260㎜'와 '370㎜'를 기준으로 폭과 안길이의 규격이 통일되어 있으며 높이를 조절할 수 있다[❸]. 거의 모든 수납용품이 이 수치를 기준으로 만들어져 있으므로 그 규격에 맞춰 공간을 만들고 기성품을 활용해 수납공간을 만드는데 안성맞춤이다. 다만 목조 주택에서는 수납의 유효 공간이 반드시 910㎜인 것은 아니므로 폭 860㎜의 선반을 이용할 것이 아니라 프레임은 건축 공사(또는 가구 공사)로 제작하고 케이스만 무인양품을 활용하는 등의 아이디어도 필요하다.

❶ 수납공간

(910㎜, 가구가 들어가기 전의 상태)

910

❷ 무인양품의 선반

25 860(선반 폭) 25

410

910

선반널의 높이는 '폴리프로필렌 케이스 서랍식'을 포개어 수납할 것을 가정함.

❸ 무인양품의 수납 케이스

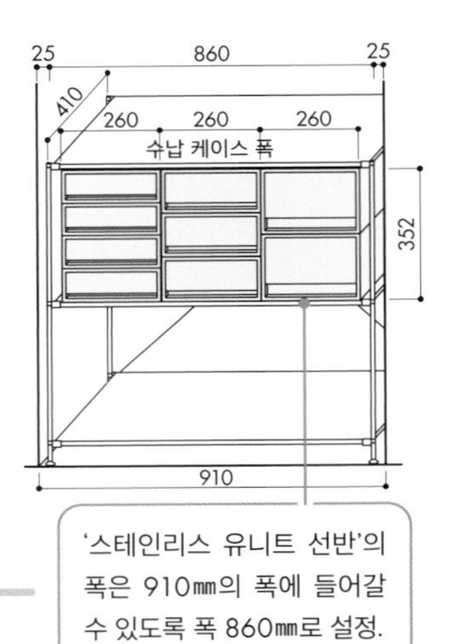

'스테인리스 유니트 선반'의 폭은 910㎜의 폭에 들어갈 수 있도록 폭 860㎜로 설정.

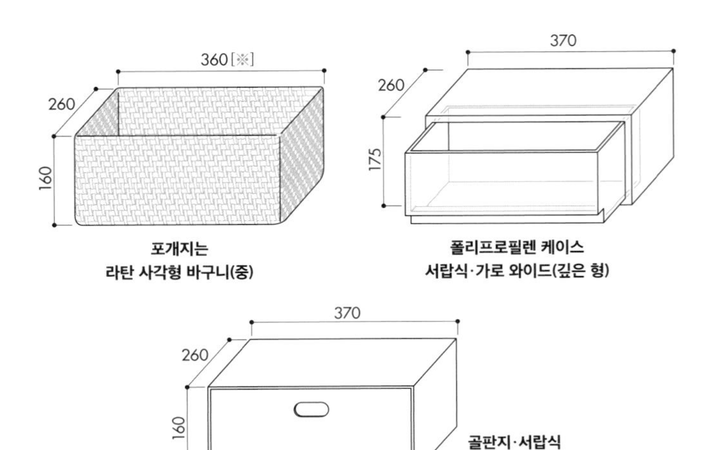

포개지는 라탄 사각형 바구니(중)

폴리프로필렌 케이스 서랍식·가로 와이드(깊은 형)

골판지·서랍식 (깊은 형)

맞추기 쉬운 소재

내추럴한 라탄이나 가볍고 튼튼한 골판지 등 질리지 않는 심플한 디자인과 소재로 어떤 주택에도 잘 어울린다. 벽이나 바닥의 소재감에 맞춰 가구와 수납용품을 선택할 수 있으므로 주택 전체의 분위기와도 맞추기 쉽다. 소재만 바꿔도 분위기를 바꿀 수 있다.

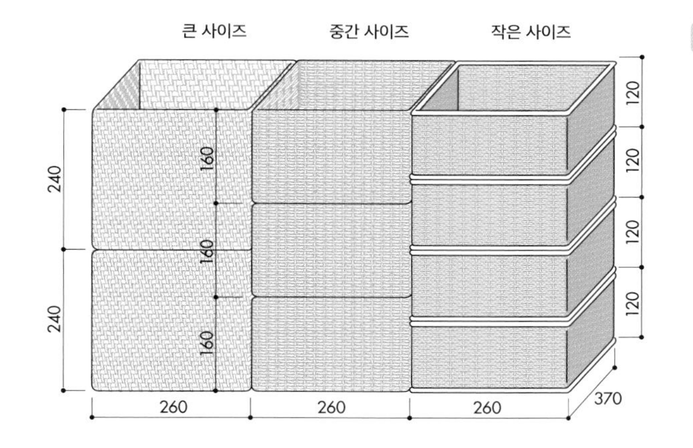

케이스 조합도 자유자재

라이프 스타일의 변화에 따라 수납하는 물건도 변한다. 수납공간의 넓이는 바꿀 수 없지만 수납 케이스는 모듈이 공통적이라면 그 조합을 바꿀 수 있다. 무인양품의 수납 케이스 높이는 약 120~320㎜의 범위 안에서 다양하게 준비되어 있으므로 조합 방식을 바꾸어 단을 늘이는 등 수납 사이즈를 물건에 맞춰 바꿀 수 있다.

수납공간을 설치할 때는 무인양품의 수납용품을 기준으로 설계하면 편리하다. 폴리프로필렌 수납 케이스를 비롯한 무인양품의 수납용품은 모듈이 통일되어 있으므로 라이프 스타일이 바뀌어도 수납 케이스의 조합과 레이아웃을 바꾸면 간단히 대처할 수 있다. 또한 심플한 형태로 소재의 느낌을 살린 제품이 많으므로 현재 가지고 있는 가구와도 잘 어울리고, 주택의 분위기를 해치지 않으며, 거주자의 취향을 가리지 않는 것도 매력중 하나이다.

무인양품의 수납용품을 활용하더라도 프레임 부분을 건축 공사로 제작하면 거주자에게 맞는 수납공간이 된다. 모든 수납가구를 무인양품 제품으로 맞추면 생각보다 비용도 많이 드는 데다 오리지널리티도 표현할 수 없다. 제작할 때에는 선반널을 가동식으로 만들어 무인양품 이외의 수납용품도 넣을 수 있도록 하는 것이 좋다.

사용할 수납가구가 설계 시점에 세세하게 결정되어 있지 않았더라도 미리 무인양품의 수납품 모듈에 맞도록 만들어 두면 융통성 있게 대응할 수 있어서 안심이다.

※ 라탄재처럼 수작업으로 만드는 수납 케이스는 정밀도가 불규칙적임을 고려하여 폭이 약간 작게 만들어져 있다.

옷장의 설계

옷장의 폭은 무인양품의 수납 케이스를 기준으로 설계하면 된다. 폭 260×안길이 370㎜인 기본 모듈의 수납 케이스와 폭 550×안길이 455㎜의 〈폴리프로필렌 수납 케이스·가로와이드〉[오른쪽 그림❶]가 둘 다 들어갈 수 있도록 만들면 낭비되는 공간이 없어진다. 또한 선반널을 가동식으로 만들어 높이를 융통성 있게 설정할 수 있도록 하면 편리하다.

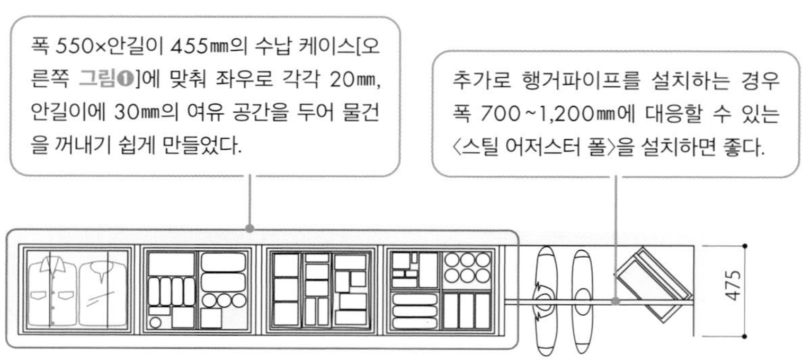

옷장 평면도

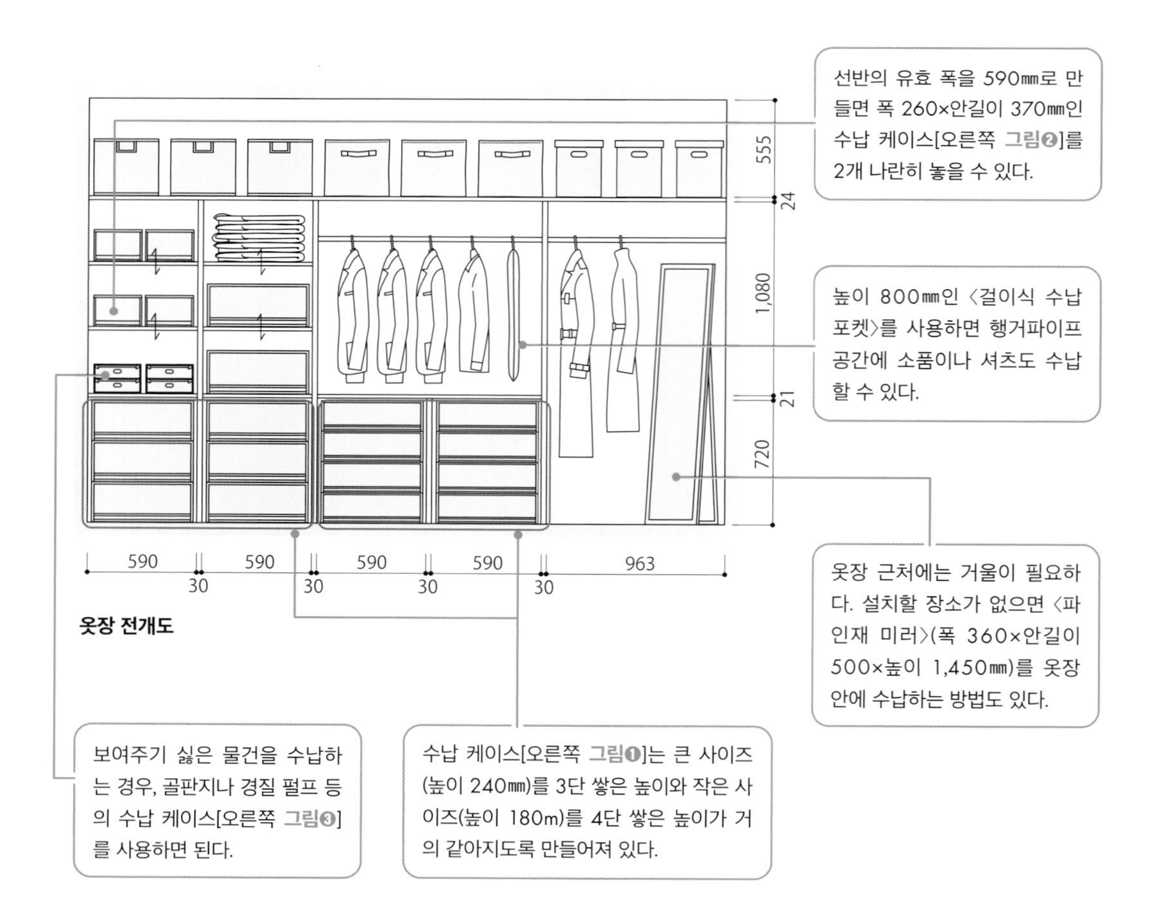

옷장 전개도

무인양품의 옷장 수납용품 치수

옷장 수납용품은 옷을 모아 수납할 수 있는 큰 폴리프로필렌 수납 케이스가 편리하다. 폴리프로필렌 수납 케이스는 청소나 관리가 편하고 내용물을 전부 꺼내면 통째로 씻을 수도 있다. 또한 반투명하므로 밖에서도 내용물을 쉽게 파악할 수 있어 편리하다.

그림 ❶ 〈폴리프로필렌 수납 케이스·가로 와이드 시리즈〉

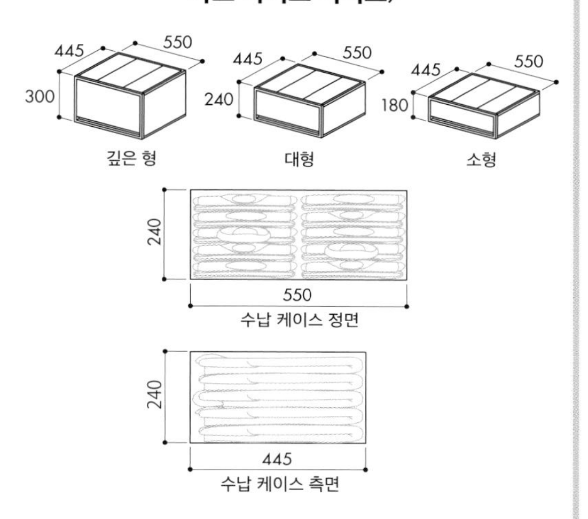

폭 550㎜의 수납 케이스는 셔츠와 스웨터를 2장 나란히 수납할 수 있다. 큰 사이즈는 안치수 높이 195㎜로 와이셔츠 5~6장을 포개 넣을 수 있다.

그림 ❷ 〈폴리프로필렌 케이스(깊은 형)〉

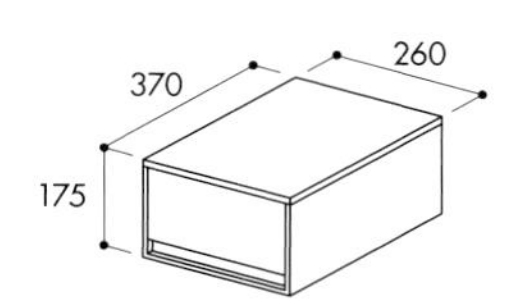

안치수는 폭 220×안길이 335㎜로 양말 등의 소품 수납에 적합하다.

그림 ❸ 〈경질 펄프 박스 서랍식·2단〉

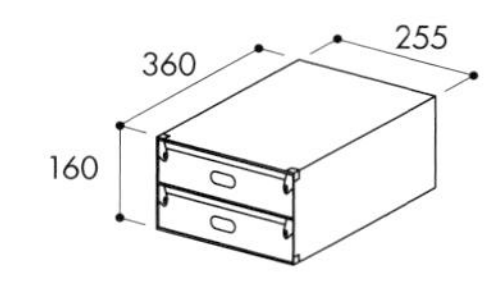

2단으로 분리되어 있어 보다 세세하게 물건을 나누어 수납할 수 있다.

그림 ❹ 〈폴리스틸렌 칸막이 판(대)〉

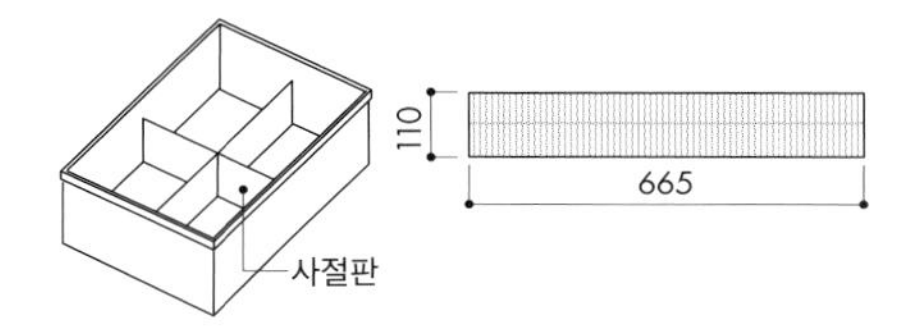

칸막이 판은 원하는 길이로 접어 사용할 수 있으므로 케이스에 들어가는 물건에 맞추기 쉽다.

칼럼

벽장

벽장의 치수는 0.5평(폭 1,820×안길이 910㎜)으로 만드는 경우가 많다. 안길이가 깊으므로 안길이 740㎜인 〈체스트 I (LD)〉(아이리스 오야마)를 이용하면 좋다. 무인양품의 의상 케이스(폭 400×안길이 650㎜)를 이용하는 경우에는 안쪽에 공간이 남기 때문에 효과적으로 활용하기 위한 아이디어가 필요하다.

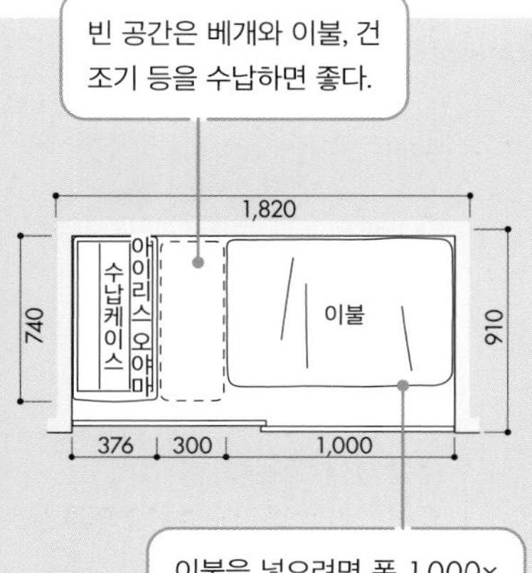

그림 ❺ 〈체스트 I (LD)〉

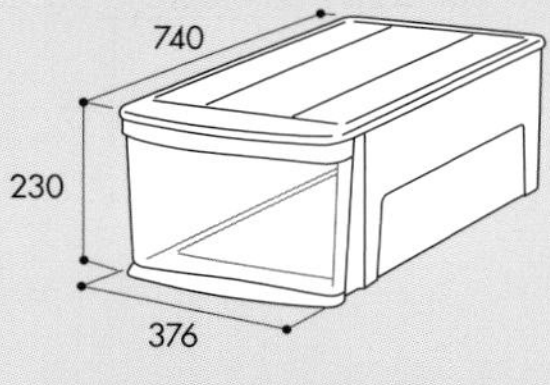

폭 376×안길이 740㎜의 아이리스 오야마의 〈체스트 I (LD)〉라면 깊은 안길이를 효과적으로 이용할 수 있다.

무인양품으로 기능적 수납

**무인양품 제품은
옷장 이외의 공간에도 활용할 수 있다.
치수가 통일되어 있지는 않지만
IKEA의 수납용품도 인기가 높다.**

그림❶ 〈폴리프로필렌 메이크 박스〉

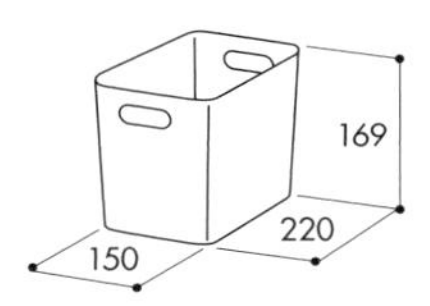

반투명하여 내용물을 쉽게 파악할 수 있고 화장품이나 드라이어 등 다양한 물건을 수납하는 데 편리.

그림❷ 〈포개지는 라탄 각형 바구니(대)〉

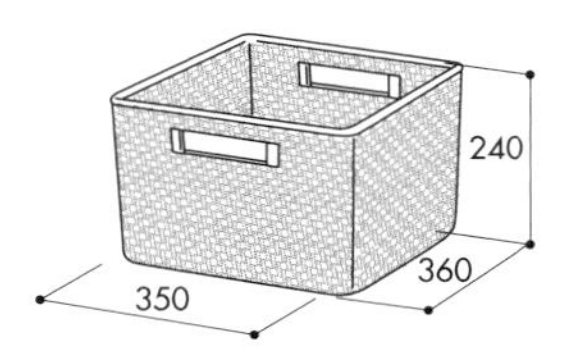

안에 있는 물건이 보이지 않아 정돈된 느낌을 준다. 큰 사이즈일 경우 접은 목욕 수건이 6~7개 들어간다.

그림❸ 〈18-8 스테인리스 철제 바구니 5〉

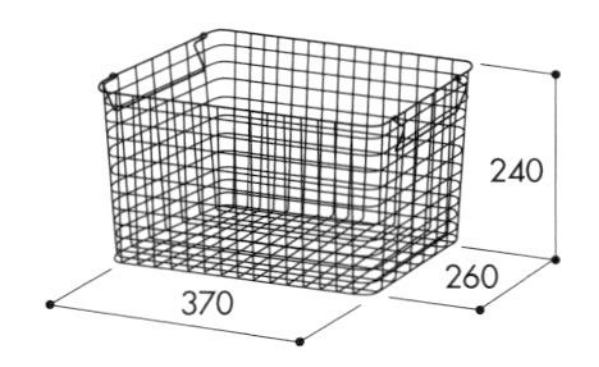

세탁 바구니로 사용할 수 있으며, 그대로 건조 공간으로 옮길 수도 있다.

세면실 설계

세면실에는 비누와 세안제, 화장수를 비롯한 미용용품, 세탁물 등 자잘하게 분류하여 수납해야 하는 물건이 많다. 수납공간에 선반을 만들지 말고, 행위별로 무인양품의 수납용품을 활용해 물건을 분류하면 편리한 수납공간이 된다.

경대 수납공간에 문을 달면 사용할 때 문을 열어야 하므로 번거롭다. 보여주고 싶지 않은 물건은 〈폴리프로필렌 메이크 박스〉[그림❶]에 수납하는 것도 방법이다.

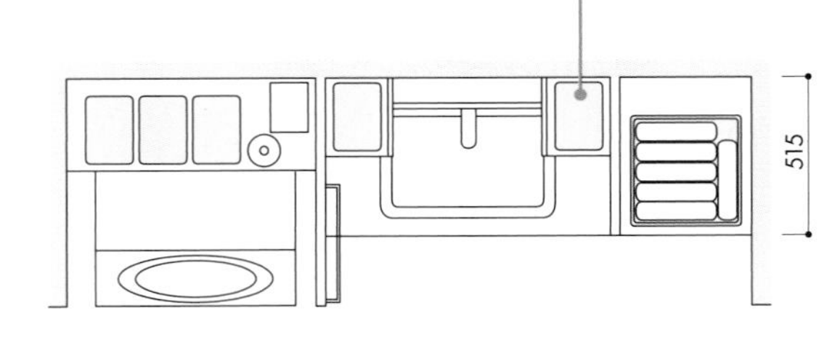

세면실 평면도

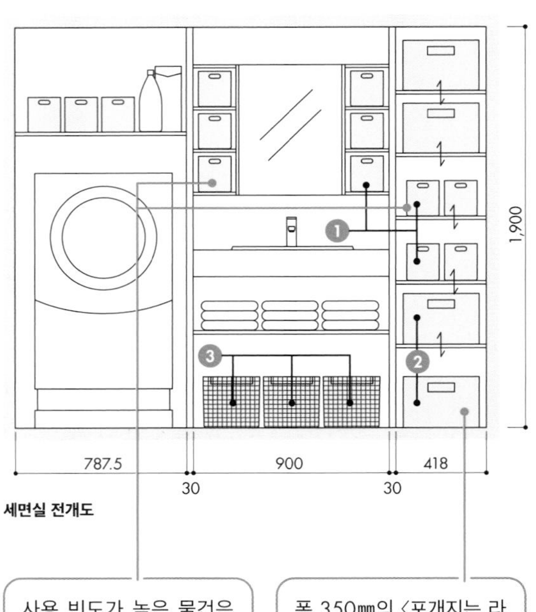

세면실 전개도

사용 빈도가 높은 물건은 손이 쉽게 닿을 수 있는 높이에 둔다. 여기에도 폴리프로필렌 메이크 박스 등의 소품을 이용해 사용자별로 개별 수납한다.

폭 350㎜의 〈포개지는 라탄 각형 바구니〉[그림❷]가 들어가는 너비로 선반의 옆널을 설정. 자주 넣고 빼야 하므로 68㎜의 여유 공간을 확보했다.

부엌 설계

부엌에서는 가능한 한 쓰레기통의 존재감을 없앨 것. 오픈 키친이라면 더욱 그렇다. 무인양품 쓰레기통은 디자인이 심플하고 사이즈도 사용하기 편해 애용하는 사람이 많다. 싱크대 밑이나 가전 수납장 밑에 이것을 넣을 수 있는 공간을 만들어 두면 좋다.

폭 260㎜로 통일된 라탄재나 브리재 바구니[그림❷]를 3개 나란히 놓으려면 선반의 폭이 820㎜ 정도 필요. 조금 큼직하게 만들면 자유롭게 쓸 수 있다.

〈폴리프로필렌 정리 박스〉[그림❶]로 서랍 안을 소분해 두면 지저분해져도 정리 박스를 꺼내 씻을 수 있다. 안길이 340㎜의 정리 박스를 가로 방향으로도 수납할 수 있도록 서랍의 폭은 362.5㎜로 하면 좋다.

냄비나 프라이팬 등을 수납할 때에도 소분해 두면 꺼내기 쉽다. 안길이 260㎜인 바구니를 2열로 넣으려면 600㎜ 정도의 안길이가 필요하다.

부엌 평면도

부엌 전개도

그림❶ **〈폴리프로필렌 정리 박스(4)〉**

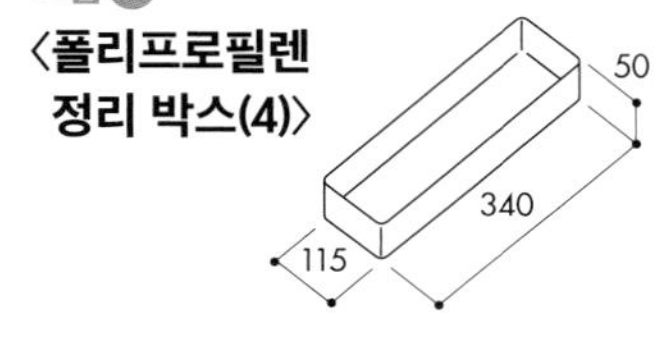

그림❷ **〈포개지는 브리재 직사각형 바구니(대)〉**

브리재 바구니는 매우 가벼우므로 자주 넣고 빼는 물건을 넣기에 좋다. 뚜껑이 달린 것도 있으므로 내용물을 보이고 싶지 않은 경우에 특히 효과적이다.

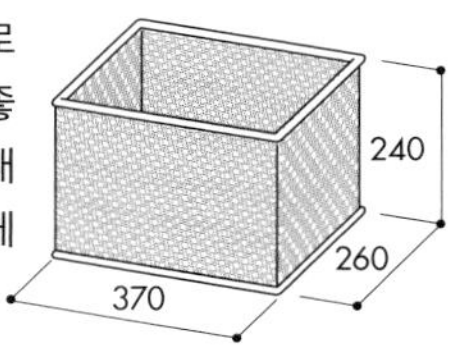

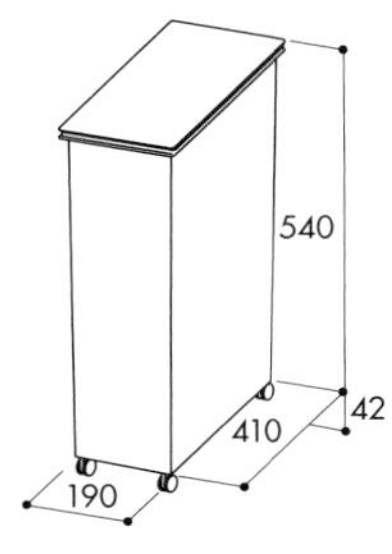

그림❸ **〈폴리프로필렌 뚜껑 선택형 쓰레기통(대)〉**

무인양품의 쓰레기통은 30ℓ용이라도 폭이 좁게 만들어져 있으므로 나란히 둘 수 있어 쓰레기를 분리하기 쉽다. 바퀴를 달면 더 편리해진다.

부엌 주변에 쓰레기통은 필수지만 눈에 띄지 않도록 수납한다. 여기서는 무인양품 쓰레기통[그림❸]에 맞춰 가전 수납장 하단 선반의 높이를 676㎜로 만들었다.

시선보다 높은 곳에 수납하는 케이스는 한눈에 내용물을 알 수 있는 것을 고르면 편리. 수납하는 케이스의 사이즈에 맞추기 쉽도록 가동식 선반으로 만든다.

작업 공간 설계

작업 공간의 콘센트·스위치를 수납장 안에 넣으면 벽에 보기 흉하게 노출되는 것을 막을 수 있다. 선반의 안길이와 선반널의 높이는 책이나 서류를 구분할 때 무인양품 제품이 잘 들어가도록 설계하면 좋다.

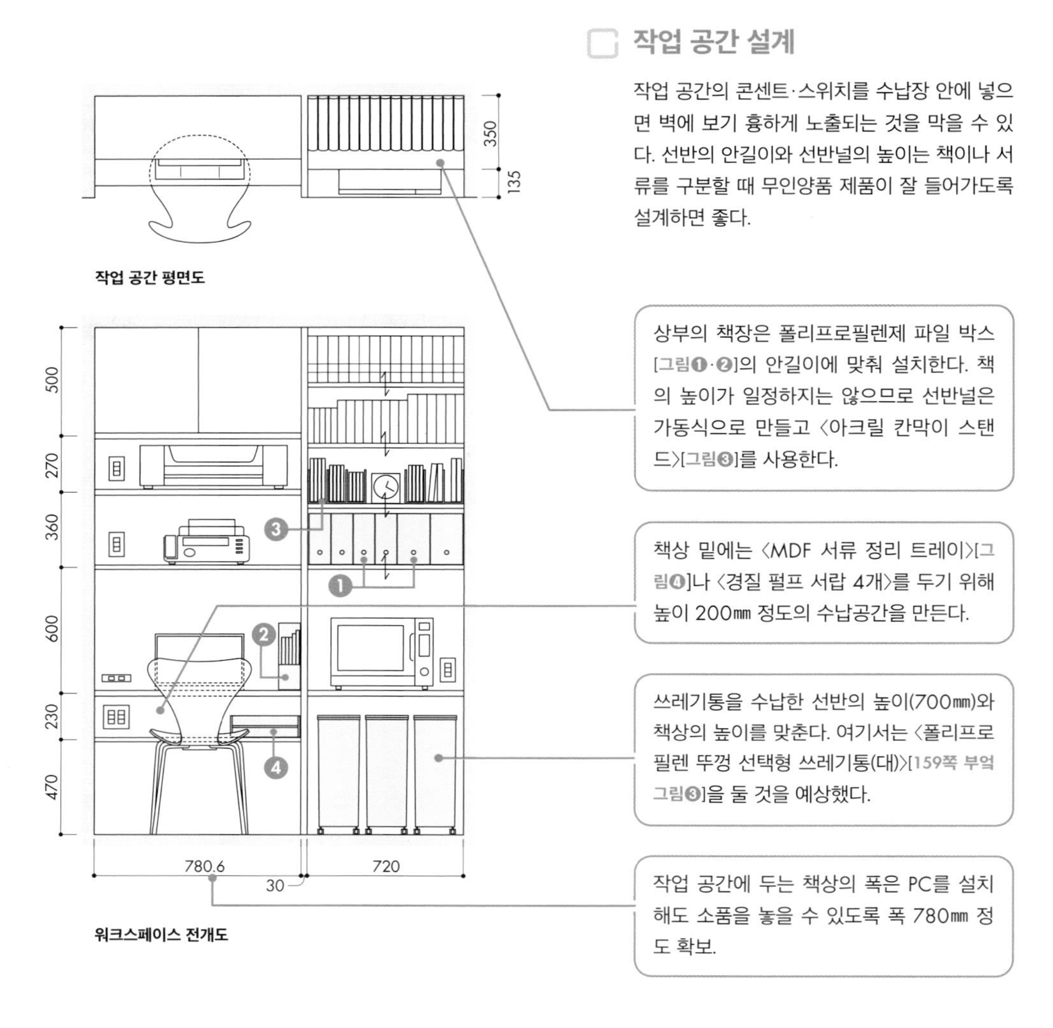

그림❶ 〈폴리프로필렌 파일 박스·스탠더드 타입〉

파일 박스는 범용성이 높아 작업 공간 이외에서도 사용할 수 있다. 보이고 싶지 않은 서류를 수납할 때에는 스탠더드 타입이 편리하다.

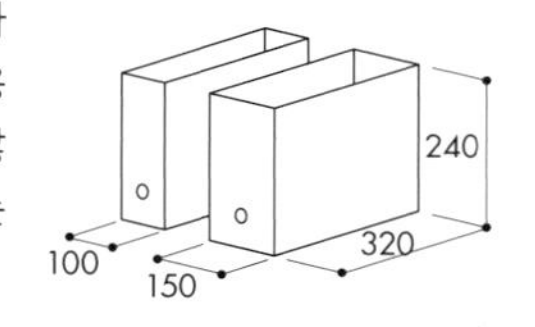

그림❷ 〈폴리프로필렌 스탠드 파일 박스〉

스탠드 타입은 서류 이외의 물건을 수납할 때에도 활용할 수 있다. 부엌에서 프라이팬을 세워 수납해도 편리하다.

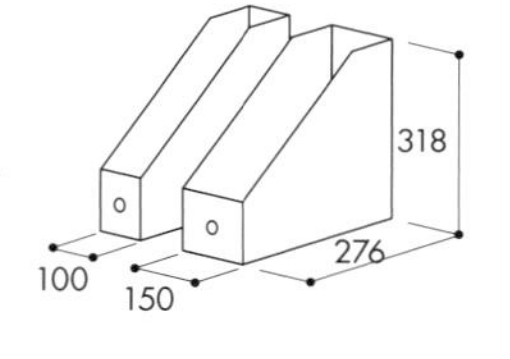

그림❸ 〈아크릴 칸막이 스탠드(3단 칸막이)〉

아크릴 칸막이 스탠드는 투명해서 튀지 않는다. 책을 수납하는 경우에도 책장의 외관을 방해하지 않으므로 추천.

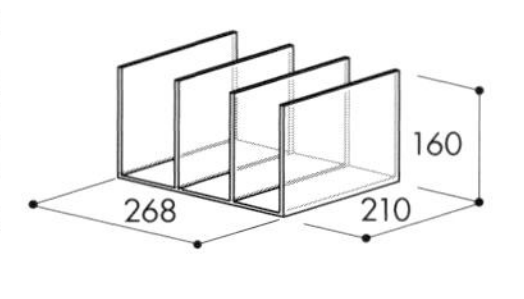

그림❹ 〈MDF 서류 정리 트레이〉

서류 정리 트레이는 높이가 얕고 상판이 없으므로 낮은 장소에 설치하기 적합하다. 서랍이나 책상 밑 공간에서 쓰기 편하다.

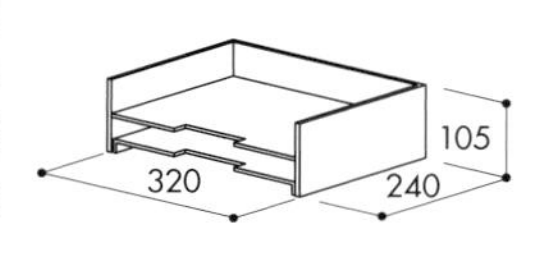

칼 럼

IKEA의 수납제품을 활용한다

무인양품 제품과 함께 북유럽풍의 IKEA 제품도 인기가 높다. 벽면을 가득 채우는 대형 가구를 사용할 때에는 벽과의 여유 공간에 신경을 써야 한다. 특히 조립식 가구는 건물의 시공 정밀도뿐만 아니라 가구의 정밀도에도 주의한다. 물론 반입 시 작업 공간도 필요하다.

〈PAX〉의 옷장 사이즈로 드레스룸을 설계하여 벽 한 면에 들어가도록 사용했다. 벽 한 면의 디자인이 통일되어 방에 악센트가 생겼다. 이 제품은 폭 500·750·1,000㎜로 구성되어 있고 높이는 2,010·2,360㎜의 2종류가 있다. 문을 다는 경우에는 오크재 등의 목재나 유리문 등 소재와 색을 고를 수 있다.

〈PAX〉(IKEA)는 여러 개의 옷장을 조합할 수 있는 제품인데, 조합에 따라서는 치수 정확도(정밀도)가 나빠질 가능성도 있다. 좌우 벽과 천장으로부터 100㎜ 정도의 여유 공간을 만든다.

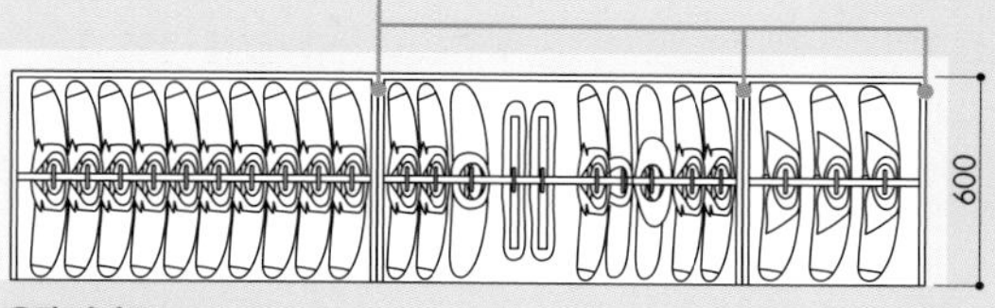

옷장 평면도

여기서는 문을 떼고 오픈 수납장으로 쓰고 있지만, 나중에 문을 달 수도 있다. 미닫이문을 다는 경우, 선반의 안길이가 약 60~80㎜ 두꺼워지므로 미리 여유를 둔다.

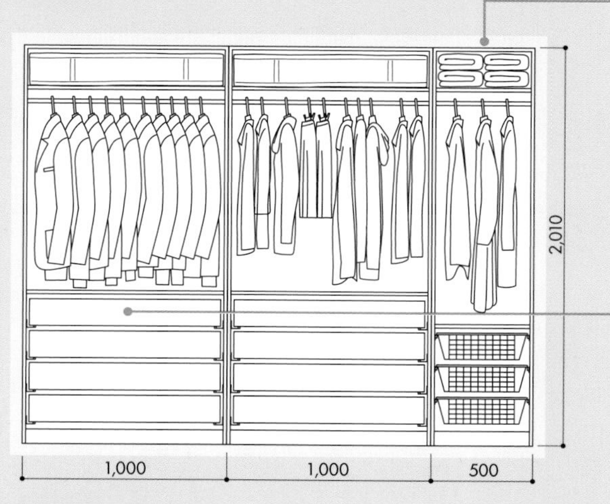

〈PAX〉는 선반널이나 서랍 등의 내부용품을 자유롭게 교체할 수 있다. 〈멀티 유스 행거〉[그림❶]와 〈슈즈 쉐프〉[그림❷] 등의 부분을 추가하면 취향이나 용도에 따라 자유롭게 조합할 수 있다.

옷장 전개도

그림❶

〈서랍식 멀티 유스 행거〉

350

멀티 유스 행거는 가방 등을 수납하는데 편리. 내부용품을 추가할 때에는 안쪽에 뚫린 다보 구멍을 기준으로 위치를 정한다.

그림❷

〈서랍식 슈즈 쉐프〉

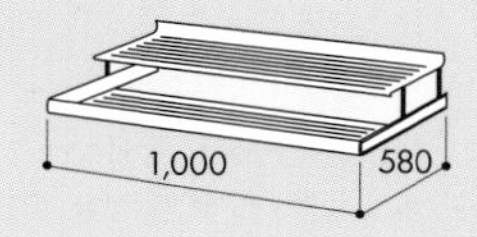

요즘 가전제품의 사이즈 사전

가전제품은 시대에 따라 인기가 높은 아이템이나 사이즈, 문의 개폐 방식 등이 변하므로 유연하게 대응할 수 있도록 설계해 두어야 한다.

주방 가전의 치수

주방 가전은 다양하게 진화하고 있다. 전기 주전자나 푸드 프로세서처럼 넣었다 뺐다하며 쓰는 물건은 가벼워서 상관없지만, 홈 베이커리나 커피 메이커, 전기밥솥처럼 거치하는 무거운 물건은 슬라이드식 선반에 수납하면 편리하다. 오븐레인지처럼 증기가 나오는 제품은 분출 구멍의 위치도 고려하여 수납한다. 최근의 전기밥솥은 증기 커트 기능을 가진 타입도 많다.

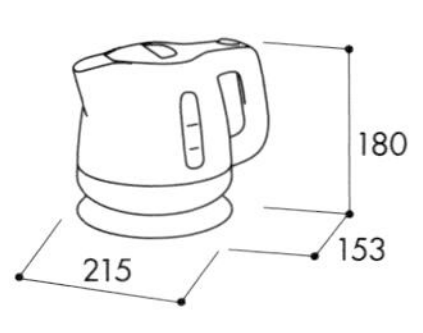

전기 주전자

드립식 주전자

전기밥솥은 뚜껑을 열고 닫아야 하므로 슬라이드 선반에 수납하여 넣고 뺄 수 있도록 하면 좋다. 용량이 4~6인용이면 무게가 약 4~7kg, 6~10인용이면 무게가 약 5~8kg로 차이가 나므로 선반을 만들 때 주의.

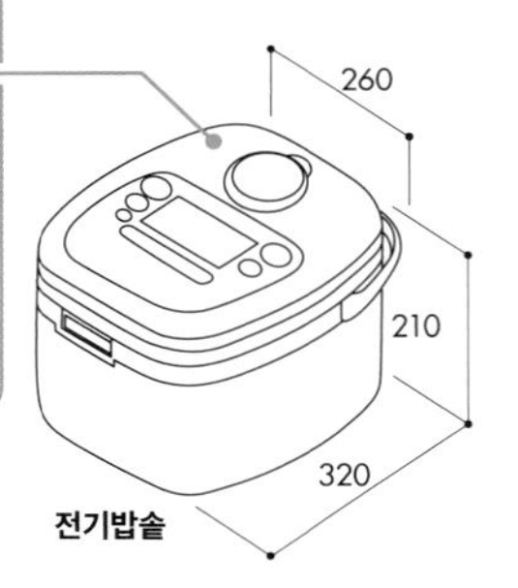

전기밥솥

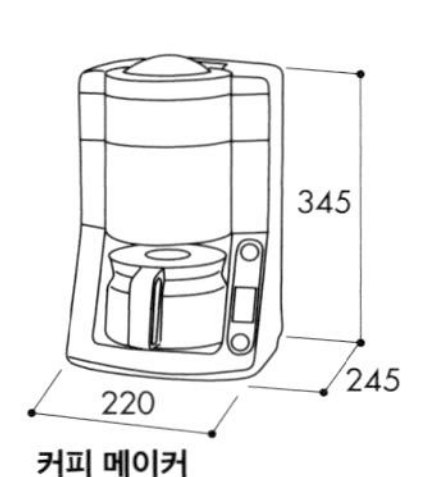

커피 메이커

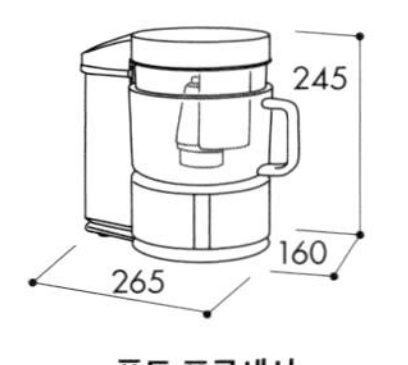

푸드 프로세서

워터 서버는 뜨거운 물도 나오므로 설치 장소에 전원이 필요하다. 보틀을 세팅했을 때 무게는 큰 것이 최대 약 33kg, 작은 것도 최대 약 30kg이므로 설치 후에 이동시키는 수고를 덜어야 한다.

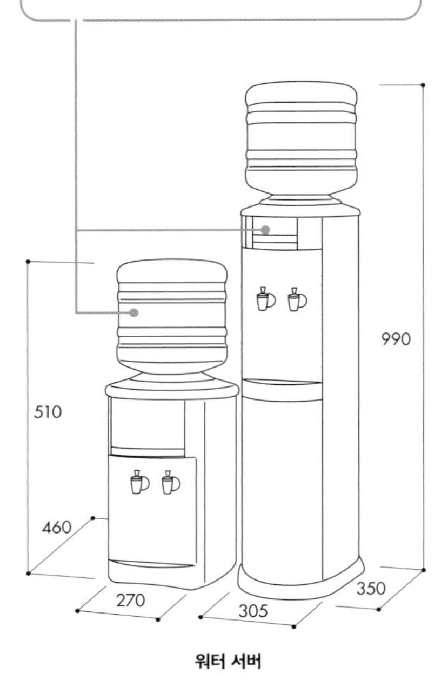

워터 서버

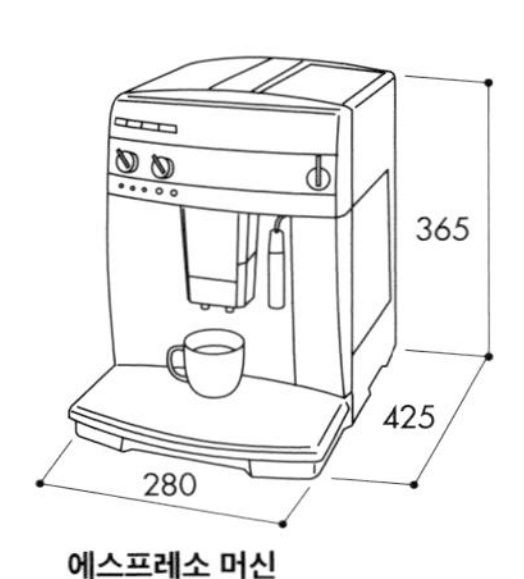

에스프레소 머신

홈 베이커리

생수통
(12.6kg)

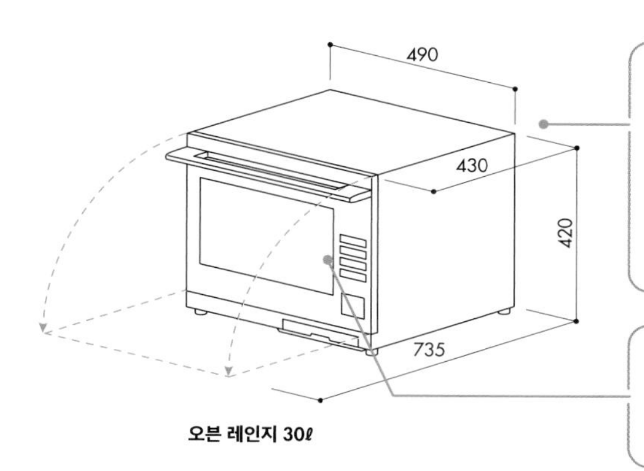

오븐 레인지 30ℓ

오븐레인지 중에서도 특히 인기가 높은 것이 〈헬시오〉(샤프) 시리즈 등 과열 수증기를 이용하는 타입. 식재의 염분과 기름을 제거하는 효과가 있으며 영양분의 손실이 적다고 알려져 있다. 고열로 고기나 피자 등을 단시간에 맛있게 구워내는 〈이시가마돔〉(도시바) 시리즈도 인기가 높다. 용량은 4인 가족인 경우 30ℓ면 된다.

문이 세로로 열리는 것과 가로로 열리는 2종류가 있다. 세로 열림은 열었을 때의 공간이 작아도 되지만 시선보다 높은 곳에 두면 속이 잘 보이지 않는다.

토스터 중에서도 〈BALMUDA The Toaster〉(발뮤다)가 특히 인기가 높다. 독자적인 스팀 테크놀로지와 1초 단위의 온도 제어로 빵을 최적의 상태로 구워낸다. 클래식한 디자인도 인기 있는 이유 중 하나.

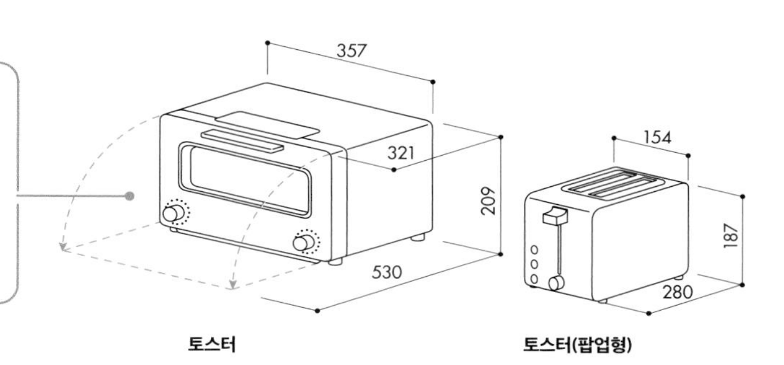

토스터

토스터(팝업형)

생지에 건포도나 너츠 등을 넣어 반죽할 수 있다. 약간 높은 가격대의 제품은 우동·파스타·떡에서 요구르트·치즈·잼까지 만들 수 있다.

핫 샌드 메이커

홈 베이커리

로스터는 '게무란테이'(파나소닉)가 대표 상품. 연기나 냄새가 거의 나지 않고 실내에서 맛있는 훈제를 만들 수 있다. 생선 구이기로도 쓸 수 있다.

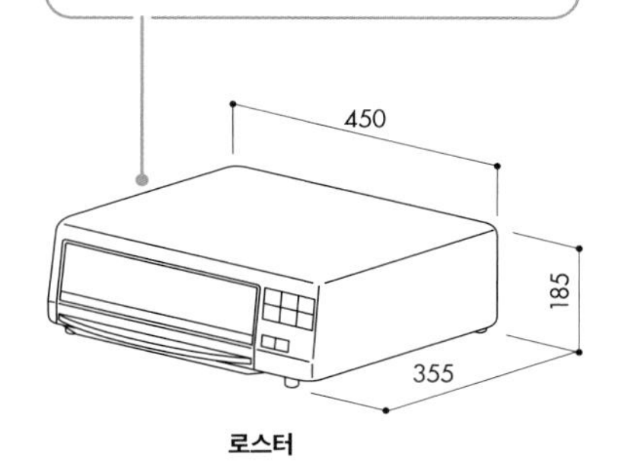

로스터

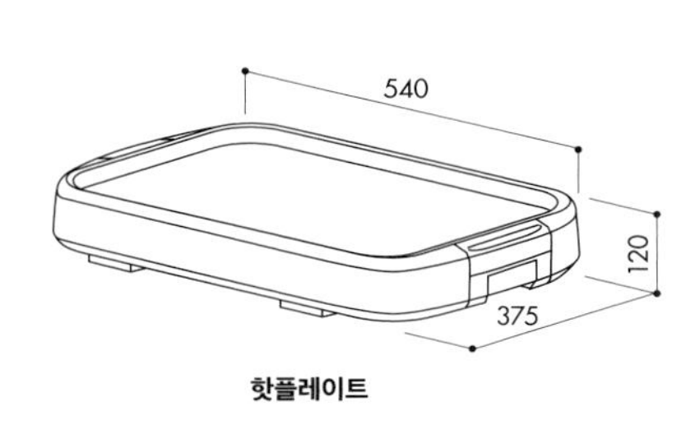

핫플레이트

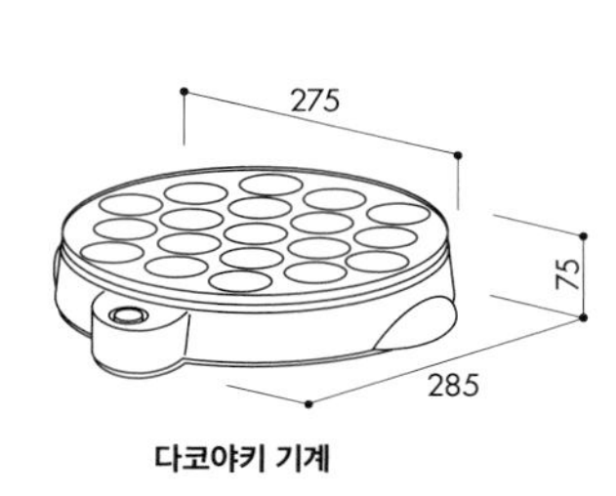

다코야키 기계

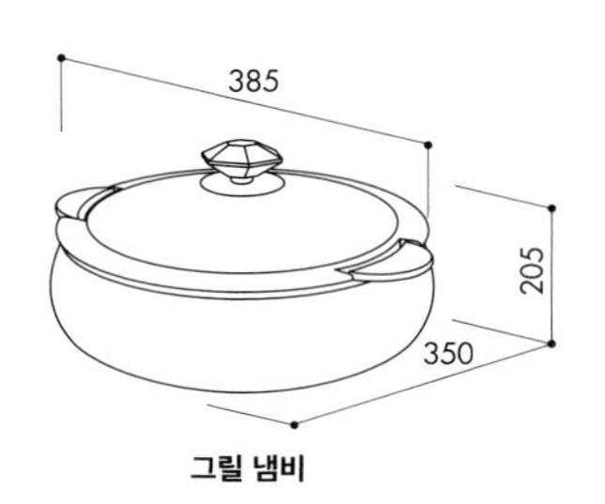

그릴 냄비

냉장고

냉장고는 설계할 때 특히 주의가 필요. 설계 치수에 여유가 없으면 방열 효율이 나빠져 소비전력이 증가한다. 최악의 경우에는 고장에 이르기도 하므로 주의한다. 반입경로도 설계 단계에서 고려해야 한다. 제조업체에서도 냉장고는 각 기종에 정해져 있는 설치 치수에 더하여 10㎜(상부는 40㎜) 이상 띄워 설치할 것을 권장한다. 기본적으로 용량이 커질수록 고가·고스펙이다. 4인 가족이라면 500L 클라스가 적당한 크기.

바로 옆에 벽이 있으면 문이 90도까지밖에 열리지 않아 내부를 보기 어려우므로 주의.

1,828
685
692
냉장고(양문형 ~ 501L)

1,828
692
1,196
(최대로 꺼냈을 때)
측면 치수 예

204
685
361
1,081
문 개방 시의 치수 예

대형 냉장고 중에 주류를 이루고 있는 것이 양문형 냉장고. 냉기가 쉽게 달아나지 않고 에너지 효율이 높다고 알려져 있다. 문이 하나인 냉장고에 비해 개폐에 필요한 공간도 작다.

최근에는 고기와 생선의 신선도를 유지하면서 1주일간 보존할 수 있는 기능을 갖춘 타입이 인기. 냉장고 안을 진공 상태로 만들어 고기의 신선도를 유지하는 '진공 칠드'(히타치)와 냉장고 안을 영하 3도 정도로 유지하여 고기의 세포 손상을 막는 '미동결 파셜'(파나소닉) 등이 있다.

외문형 냉장고는 도어 포켓의 수납량이 많고 한 번에 열 수 있으므로 여전히 인기가 꾸준하다. 구입할 때 오른쪽 문인지 왼쪽 문인지 선택할 필요가 있으므로 설계할 때 확인해야 한다.

좌우 양쪽으로 모두 열 수 있는 타입이 샤프에서 판매되고 있다.

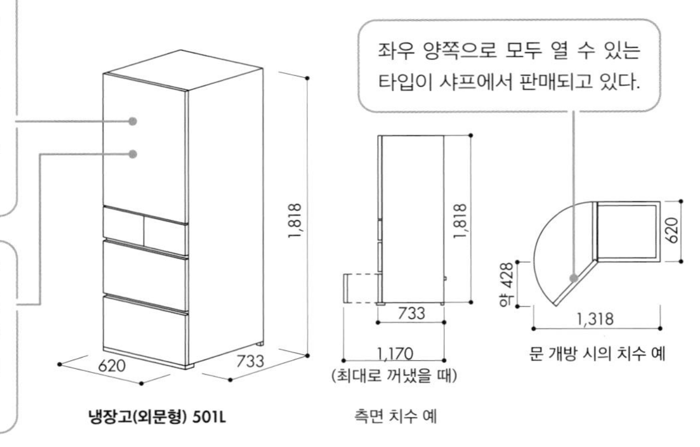

냉장고(외문형) 501L

측면 치수 예

문 개방 시의 치수 예

건축주가 요리를 좋아하는 경우, 업소용 냉장고 설치를 희망할 때가 있다. 가정용에 비해 용량이 크고 청소하기 쉬우며 강도가 있고 보냉성도 높은 점이 매력. 가로형인 경우 상판을 작업대로 만든다. 세로형인 경우 근처에 배수구가 필요하므로 주의할 것.

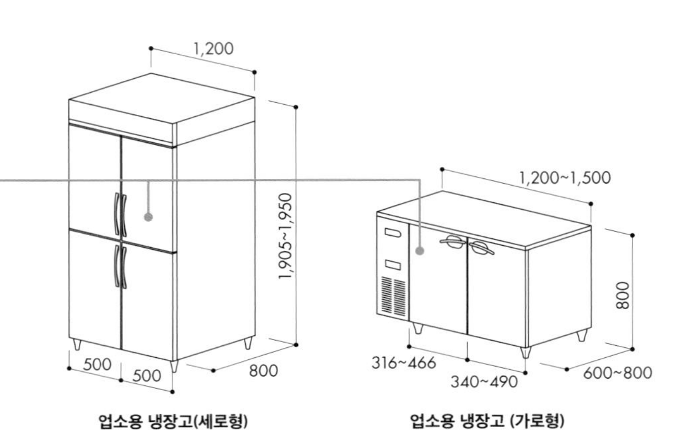

업소용 냉장고(세로형)

업소용 냉장고 (가로형)

와인 셀러에는 저렴한 펠티에 방식, 수명이 길고 소음이 적은 암모니아 흡열 방식, 가격이 높고 냉각 기능이 좋은 컴프레셔 방식이 있다. 업소용으로 일반적인 것은 컴프레셔 방식. 최근에는 어떤 타입이든 성능과 가성비가 향상되고 있다.

TV·게임기·주변기기

최근의 TV는 거의 다 박형(薄型)으로 크기는 40~50인치가 일반적. 벽걸이인 경우에는 전용 철물을 사용하는데, 그 두께는 약 60~80㎜. 레코더와 튜너, 게임기 등의 치수도 파악해 둔다. 프로젝터도 인기가 높아지고 있으니 기종에 따른 크기와 설치 위치를 파악한다.

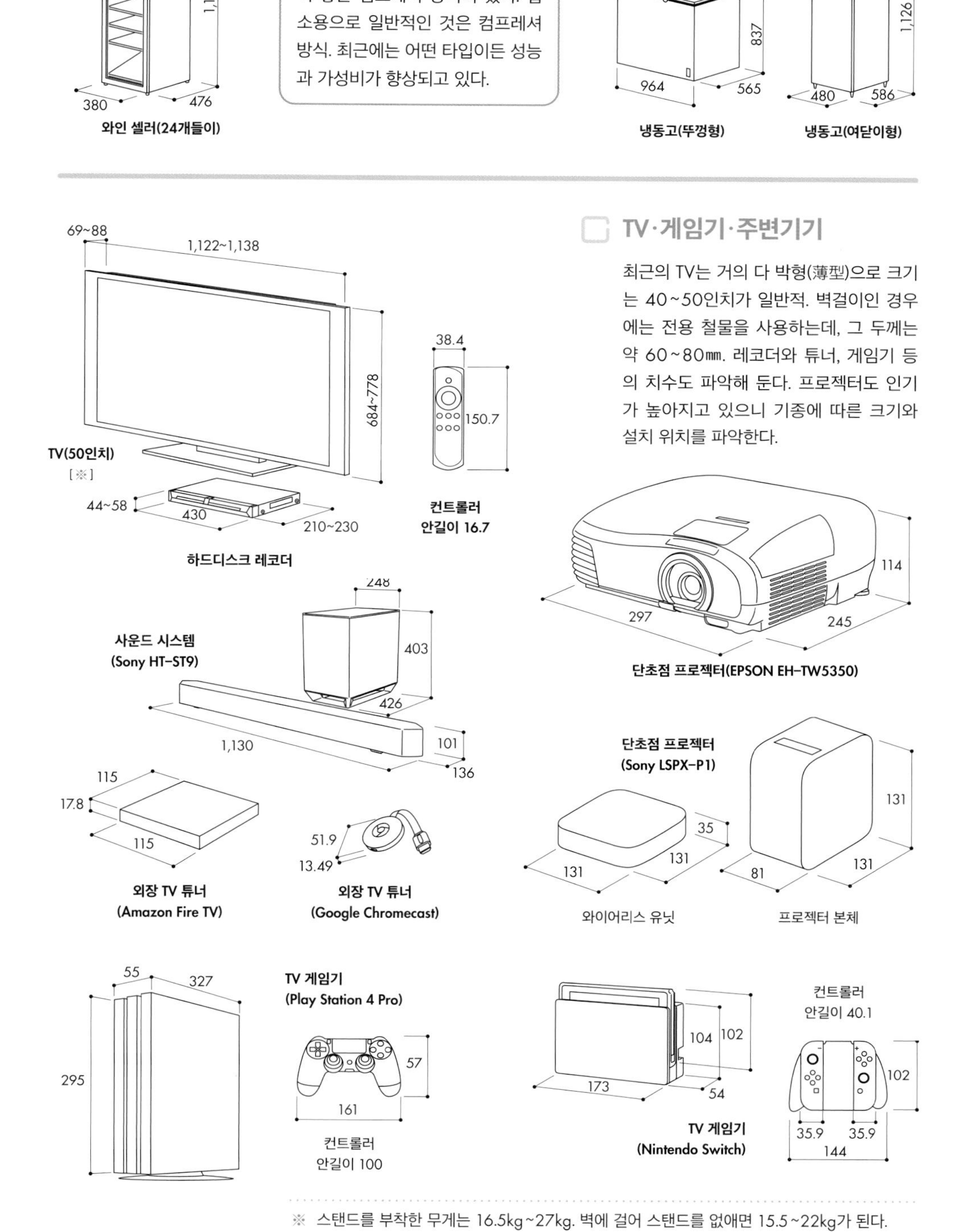

※ 스탠드를 부착한 무게는 16.5kg~27kg. 벽에 걸어 스탠드를 없애면 15.5~22kg가 된다.

PC·프린터

데스크톱 PC는 본체와 모니터 일체형이 늘어나는 추세다. 프린터는 작은 사이즈가 증가하고 있지만 급지 트레이 등을 꺼내면 사이즈가 크게 바뀌므로 주의.

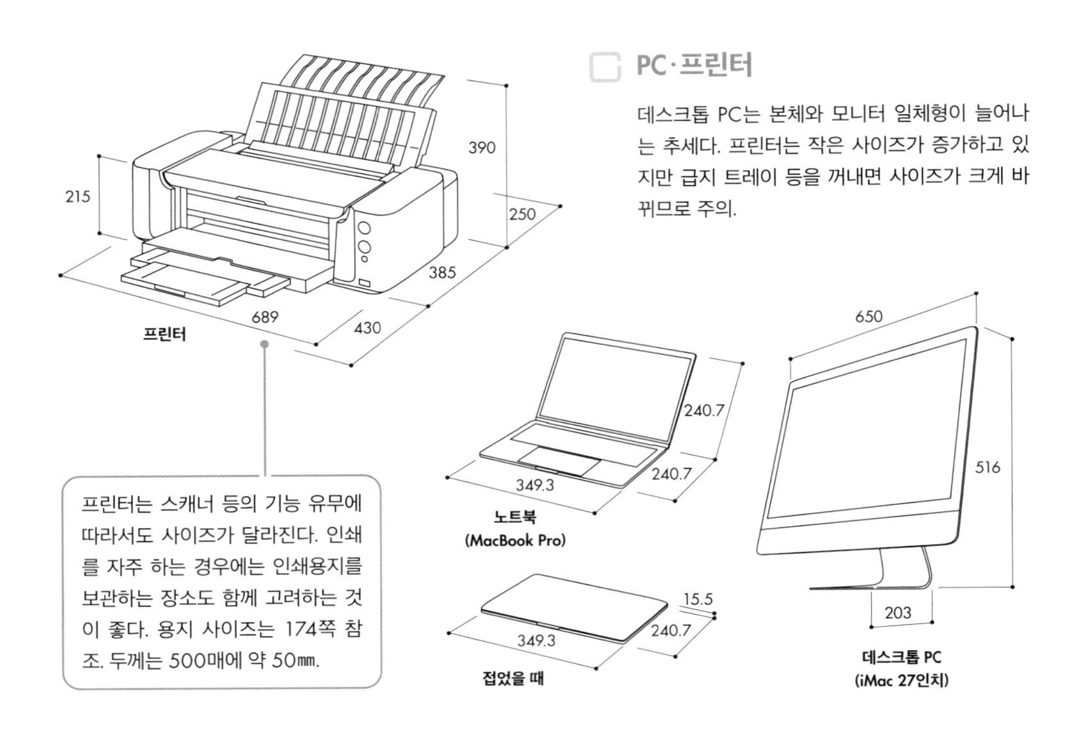

프린터는 스캐너 등의 기능 유무에 따라서도 사이즈가 달라진다. 인쇄를 자주 하는 경우에는 인쇄용지를 보관하는 장소도 함께 고려하는 것이 좋다. 용지 사이즈는 174쪽 참조. 두께는 500매에 약 50㎜.

에어컨·서큘레이터

에어컨은 한때 박형이 유행이었지만 지금은 풍향 조절과 내부 청소 기능을 갖춘 안길이가 있는 제품이 많아지고 있다. 서큘레이터는 계절에 따라 넣고 빼야 하므로 창고 등에 수납할 때를 예상해야 한다.

240~350
250~290
780~810
천장형 에어컨

240
579
222
가습기
(dyson hygienic Mist)

355
616
220
테이블 팬

375
525~680
270
270
선풍기

230
1,007
230
바닥형
서큘레이터

문 개방시의 치수 예

342
천장
50
기류
패널
벽
120
50
장애물
패널
가동 범위
110

에어컨에 따라서는 가동 패널이 여러 개 있을 수 있으므로 설치 장소에 주의.

청소기

청소기는 충전식이 많아지고 있으므로 수납 장소에 전원을 준비해 두면 좋다. 핸디형과 로봇 청소기도 제조업체에 따라 크기가 다르므로 주의.

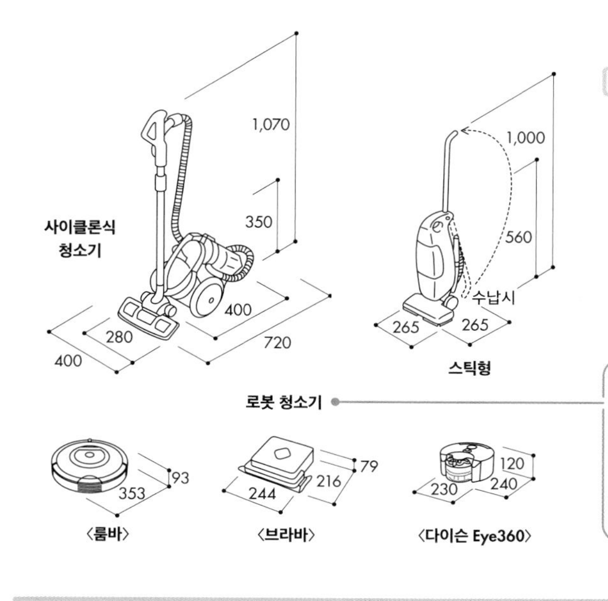

로봇 청소기는 본체뿐 아니라 거치형 충전대도 제조업체에 따라 사이즈가 다르므로 주의한다. 본체에 숨는 사이즈가 많지만 충전대에 쓰레기를 수납할 수 있는 큰 것(높이 285㎜)도 있다.

세탁기

세탁기는 드럼식과 세로형이 주류. 본체는 방수판의 크기에 따른 제한 때문에 대부분이 가로세로 640㎜에 들어가는 사이즈로 만들어져 있다. 문을 여는 방식도 필요 치수와 관련이 있지만, 방수판 등의 형태에 따라 사이즈가 더 늘어나므로 급배수 위치에도 주의한다.

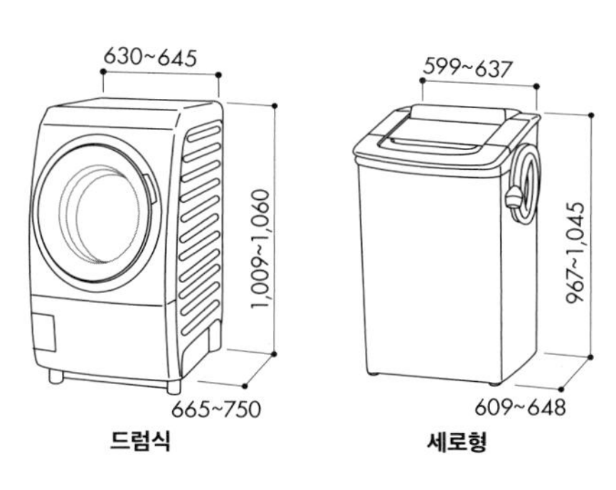

배수구의 위치에 따른 설치 예

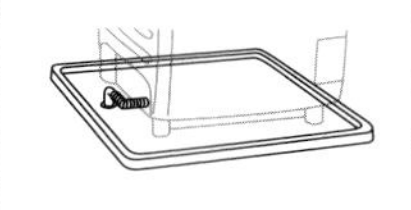

배수구가
바로 밑이 아닌 경우:
폭이 넓은 방수판을 사용

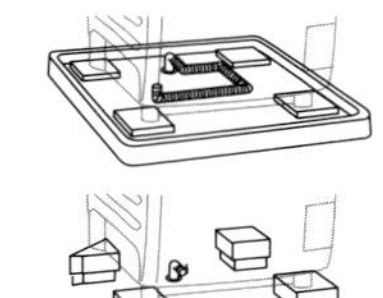

배수구가
바로 밑인 경우:
받침대가 있는 방수판이나
받침발을 사용

문 개방 시의 치수

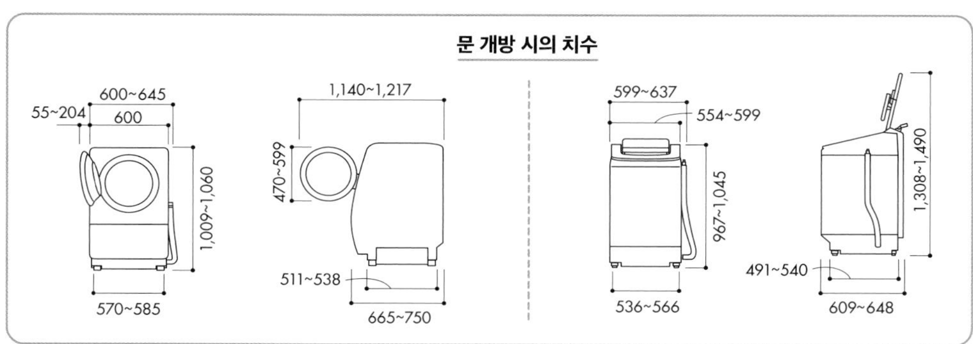

장소별 수납 치수

**현관이나 욕실, 부엌, 팬트리,
옷장에 수납되는 물건은
설계 시에 어느 정도 예상할 수 있다.
콤팩트하면서도 기능적으로 수납해보자.**

현관

신발, 우산, 구둣주걱 외에 스포츠용품[180쪽 참조], 유아차[176쪽 참조] 등 현관에는 다양한 물건이 놓인다. 신발 하나를 놓더라도 사이즈와 굽의 높이, 신발의 높이 등 그 종류가 다양하다. 최소한 일반적인 신발의 종류와 사이즈는 알아두면 좋다.

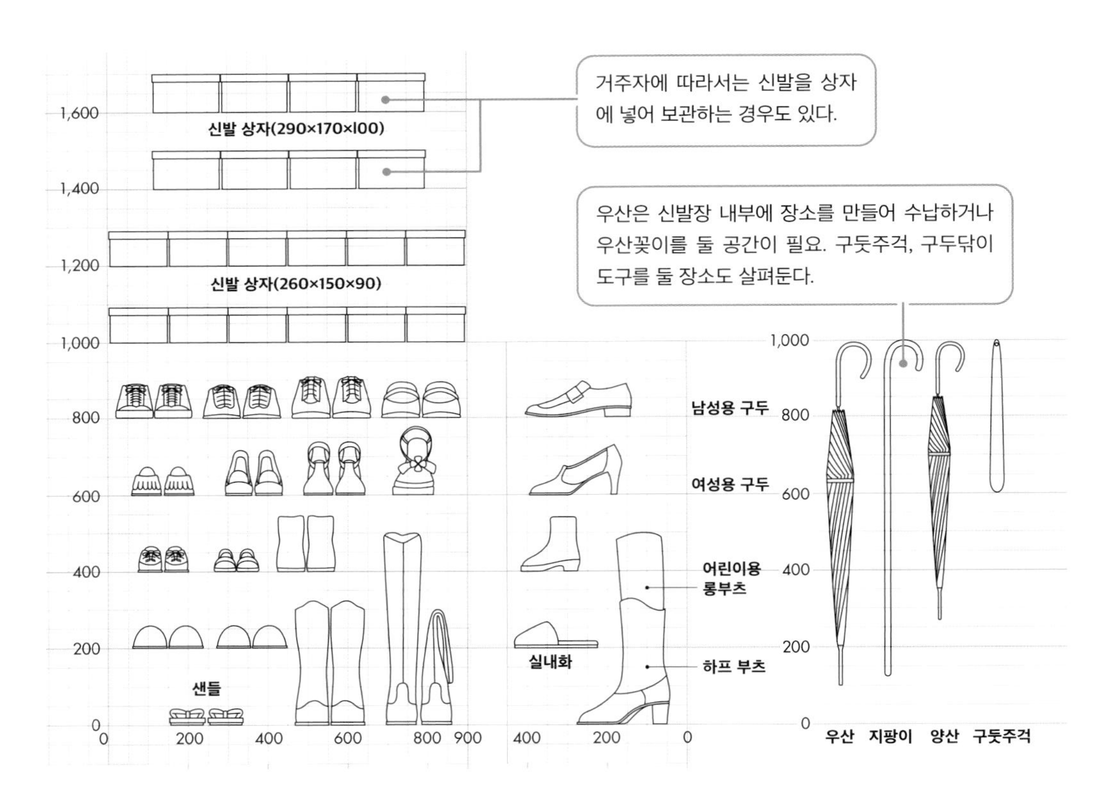

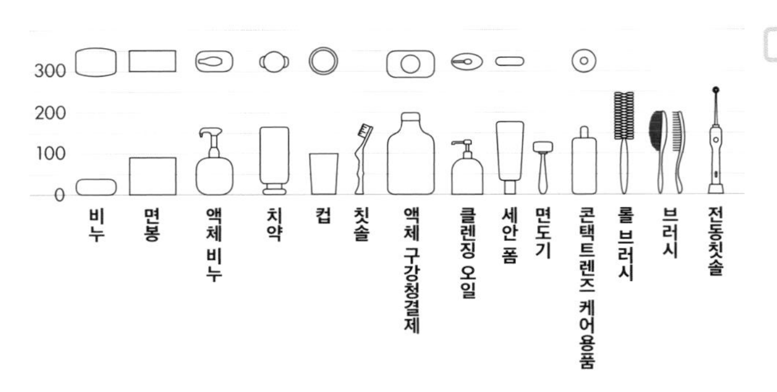

세면실

세면대 주변에는 자잘한 세면용품을 수납할 선반이 필수다. 세면실 주변의 수납 선반은 문이 없는 것을 추천한다. 이때 지저분하게 보이지 않도록 수납 선반의 안길이와 폭을 수납 케이스에 맞춰서 만들면 깔끔하게 수납할 수 있다. 콘센트도 쓰기 편한 위치에 설치한다.

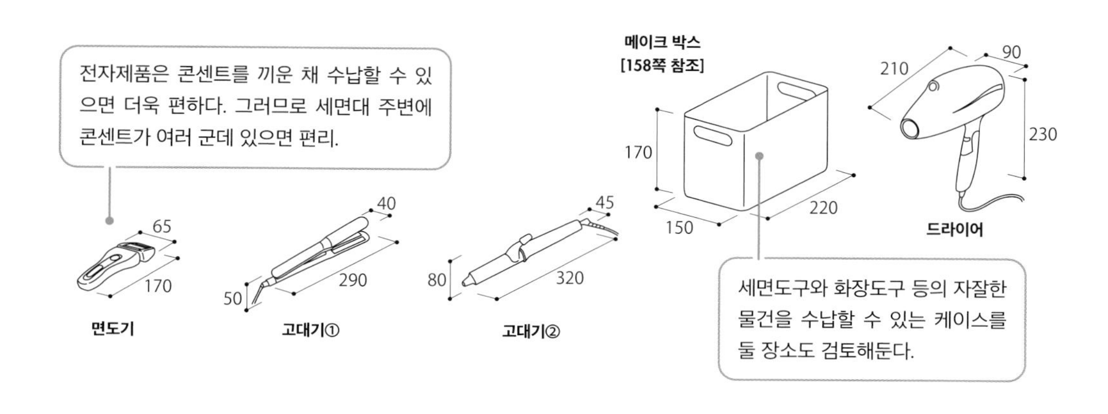

새니터리

세면실이 세탁기·실내 건조장·의류 수납장으로 통합되어 있으면 가사 동선이 간결해져 편리하다. 물을 쓰는 공간의 수납은 한 곳에 모아 편리하게 배치한다.

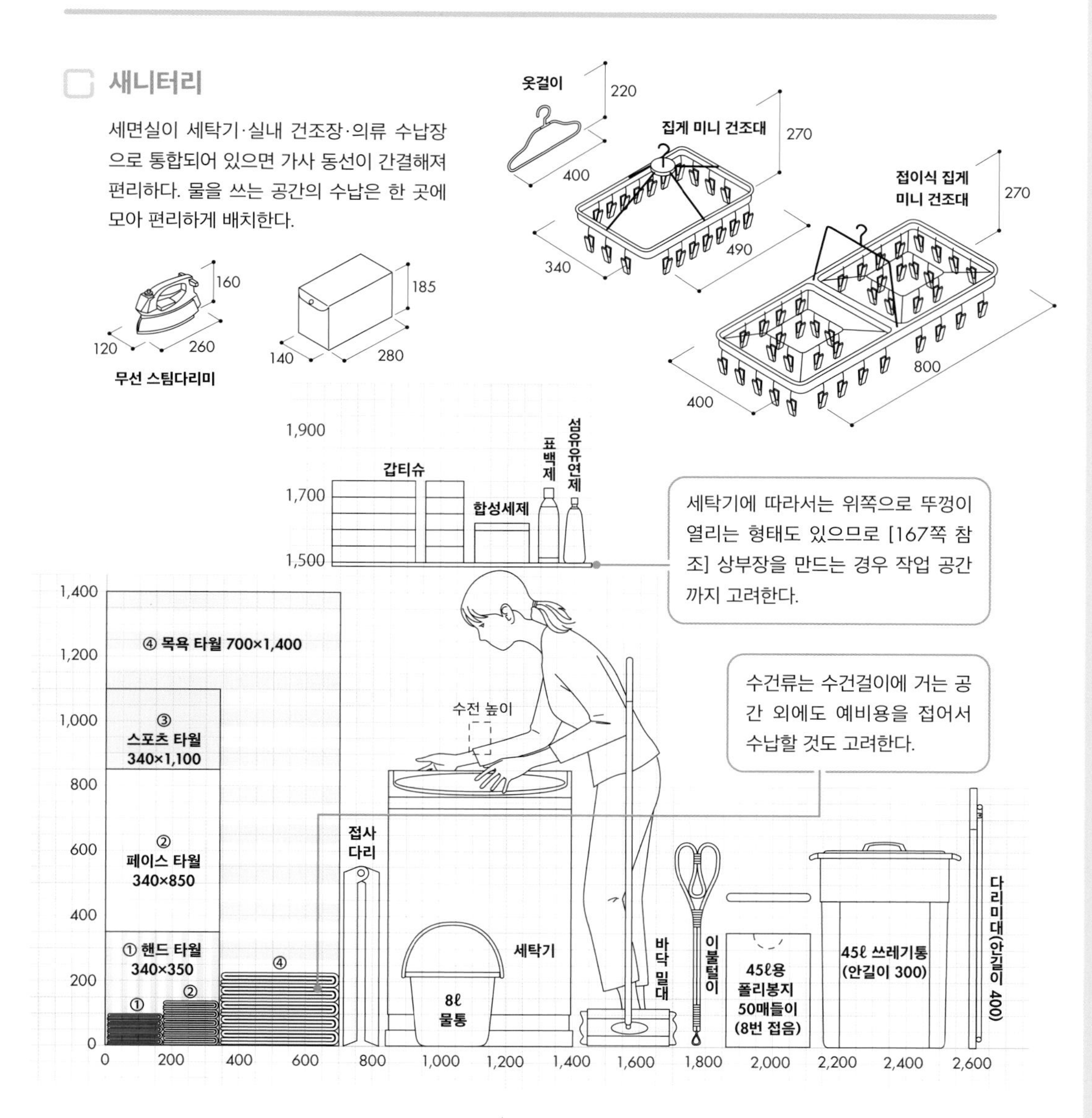

부엌 뒷면 수납(식기류)

식기류는 주방 뒷면의 선반을 이용한 수납이 주를 이룬다. 접시류와 밥그릇 등을 포갰을 때의 치수를 파악하고, 자주 사용하는지의 여부에 따라 식기류의 장소를 결정한 후 선반널의 수와 높이를 검토한다.

식기용 상부장(일례)

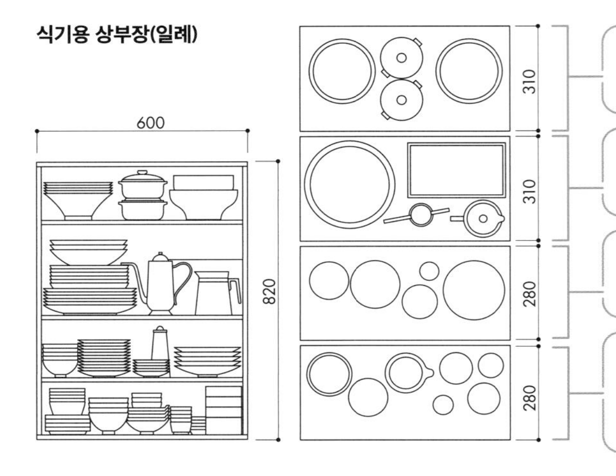

싱크 밑·가스레인지 밑(조리용구)

냄비 같은 조리기구와 커트러리는 부엌 밑에 수납. 유행하는 무거운 주물 법랑냄비 등은 되도록 아래쪽이나 꺼내기 쉬운 장소에 수납한다.

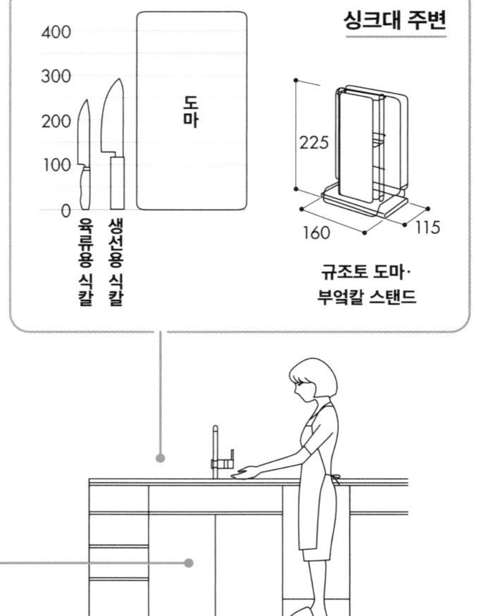

조리도구

젓가락과 숟가락 등은 함께 모아 수납 박스에 넣은 후 작업대 밑의 서랍에 넣는 경우가 많다. 도마는 수납 장소뿐만 아니라 건조 공간도 확보해 둔다.

식기·글라스

식기류는 포개서 수납하는 경우가 많으므로 되도록 같은 모양으로 맞추면 좋다. 글라스는 높이에 주의할 것.

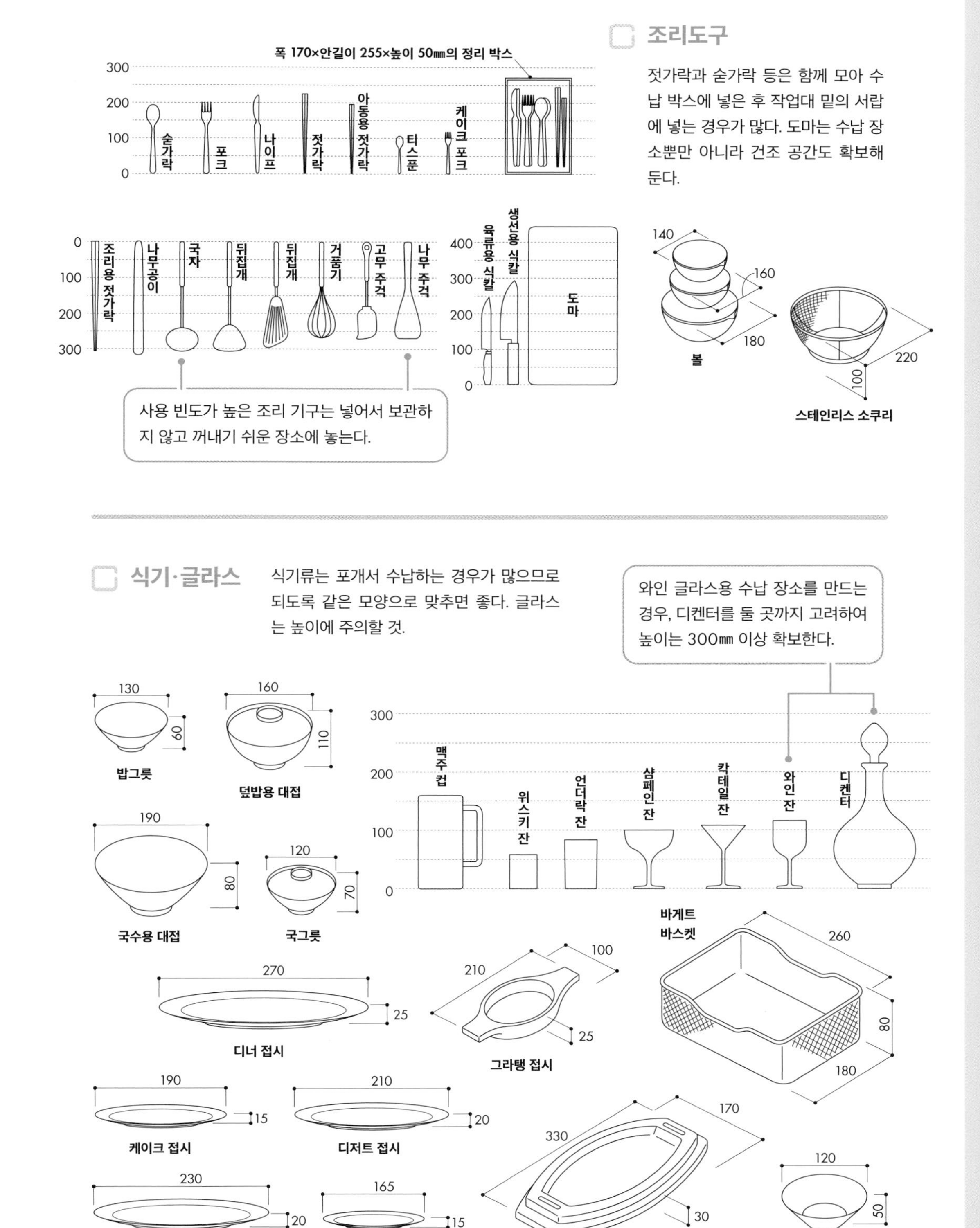

팬트리

사용 빈도가 적은 조리 기구, 보관용 식품과 음료를 수납하는 팬트리. 냉장고에 보관하지 않는 근채류를 넣어두는 케이스와 미리 사 둔 생수, 큰 저장병 등은 무게까지 고려하여 아래쪽 선반을 넓게 만들어 두면 좋다.

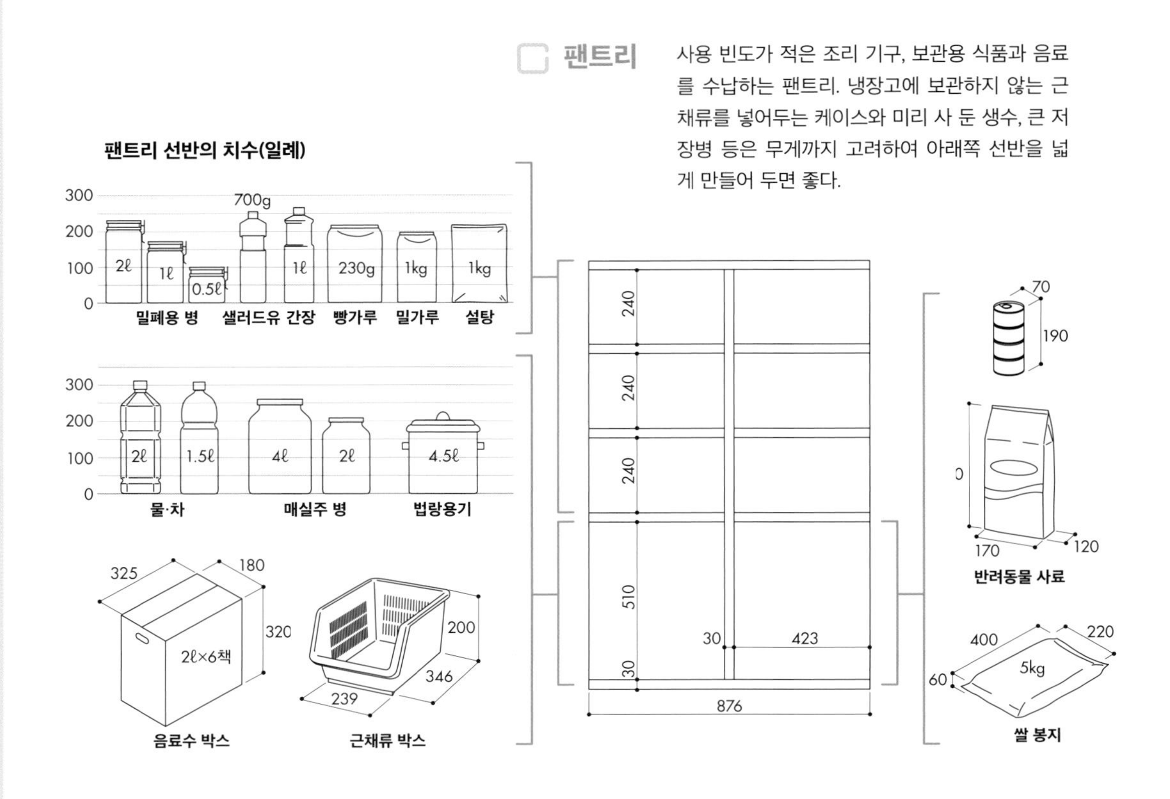

화장실

화장실이라는 한정된 공간에도 최소한의 수납공간이 필요하다. 화장지와 클리너 등 손님에게 보여주고 싶지 않은 물건을 수납하는 선반은 필수.

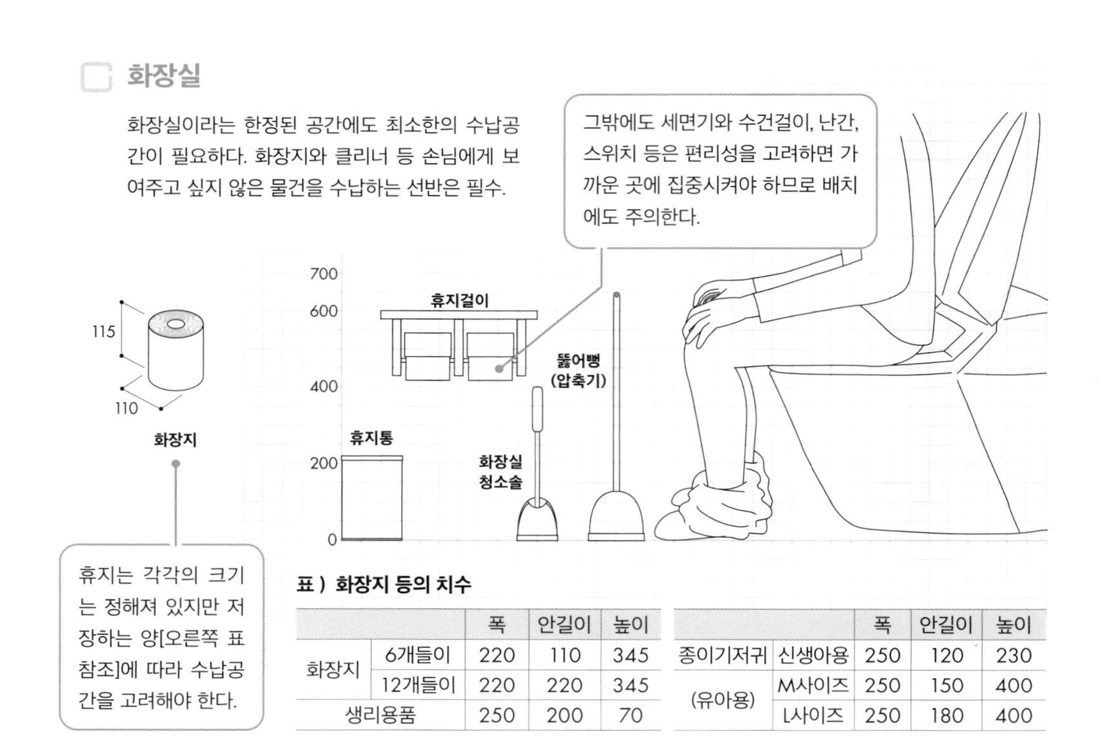

표) 화장지 등의 치수

		폭	안길이	높이
화장지	6개들이	220	110	345
	12개들이	220	220	345
생리용품		250	200	70

		폭	안길이	높이
종이기저귀	신생아용	250	120	230
(유아용)	M사이즈	250	150	400
	L사이즈	250	180	400

옷장

라이프 스타일의 변화에 따라 옷장에 들어가는 옷의 양도 달라진다. 그러므로 가변성이 있으면 편리하다. 옷걸이 공간은 필수. 옷걸이의 폭과 거는 옷에 따른 높이, 몇 벌 수납할 수 있는지 등의 포인트를 파악하여 설계한다.

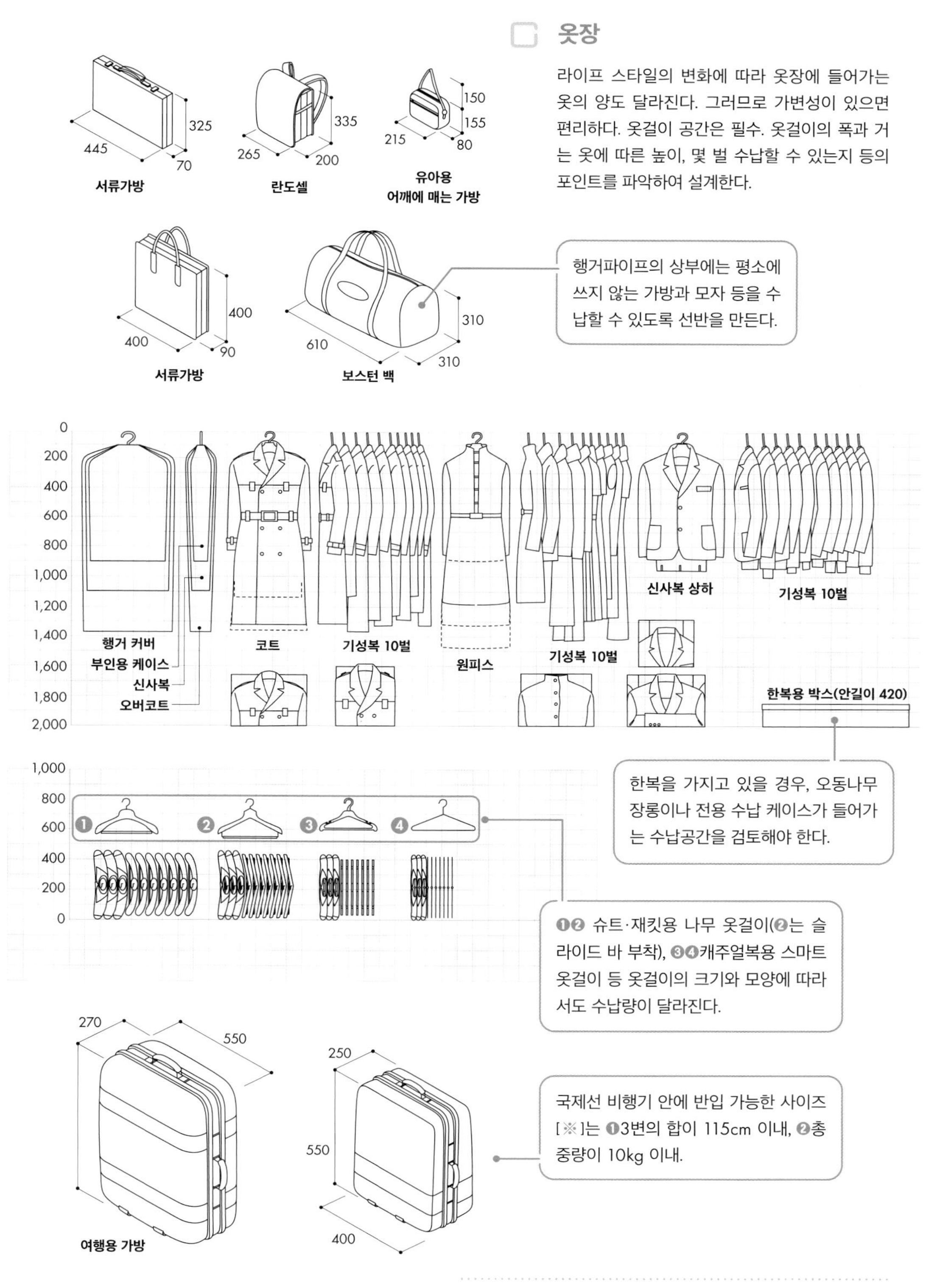

※ 항공사나 좌석 수 100석 이하의 비행기 등 조건에 따라 다르다.

책장·데스크

책은 종이의 규정 치수에 따라 사이즈가 정해져 있으므로 선반널의 높이는 이를 고려한다. DVD·BD·CD는 디스크 자체의 사이즈는 변하지 않지만 케이스의 사이즈가 다르므로 주의. 봉투도 종이보다 한 단계 큰 규정 치수가 있다. 업무를 위한 공간에는 이 사이즈가 들어가는 선반이나 수납 케이스를 넣을 수 있는 공간을 만들면 편리.

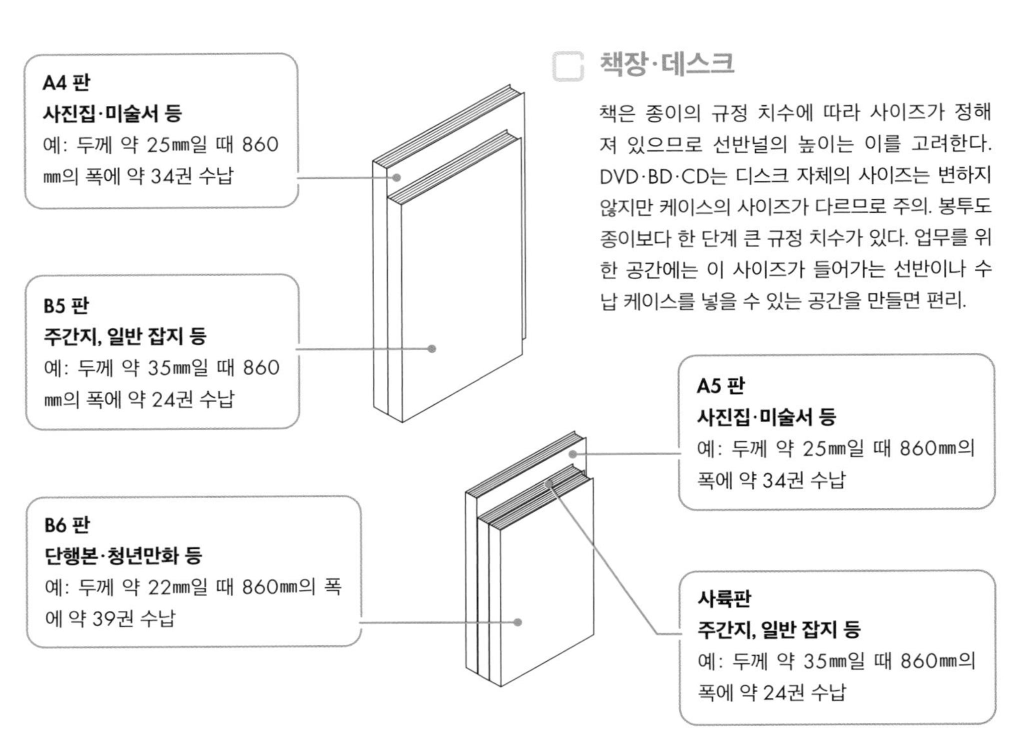

표1) 종이의 규격 사이즈 목록(단위 : ㎜)

JIS 기호	W	H
A4	210	297
A5	148	210
A6	105	148
A7	74	105
B4	257	364
B5	182	257
B6	128	182
B7	91	128

소형 B6 판
신서·소년소녀 코믹 등
예: 두께 약 15㎜일 때 860㎜의 폭에 약 57권 수납

A6 판
문고
예: 두께 약 13㎜일 때 860㎜의 폭에 약 66권 수납

각 미디어의 기본 사이즈

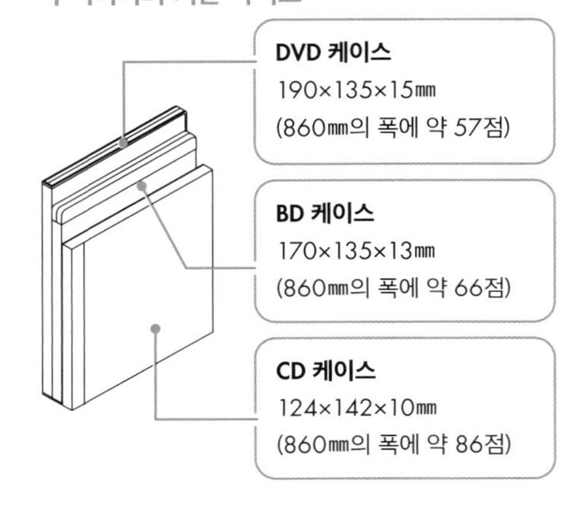

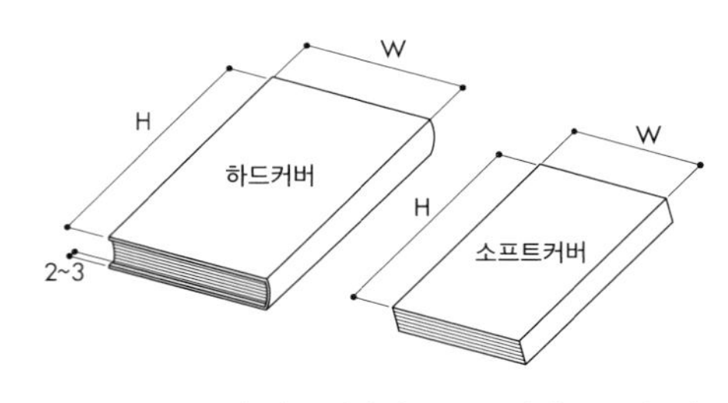

서적은 크게 하드커버와 소프트커버 두 종류가 있다. 소설 단행본이나 전문서에는 하드커버가 많은데, 소프트커버에 비해 두껍고 높이도 높아지므로 책장 제작 시에는 용지 사이즈에 더해 여유 공간을 두어야 한다.

봉투의 기본 사이즈

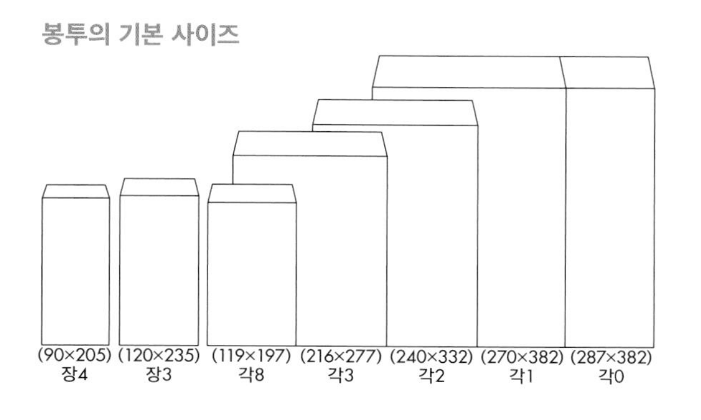

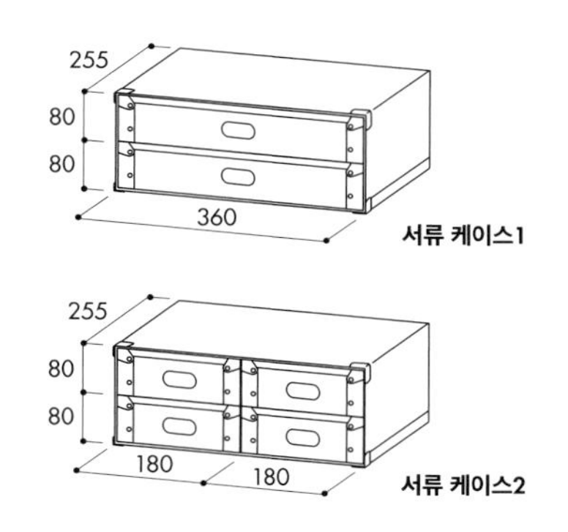

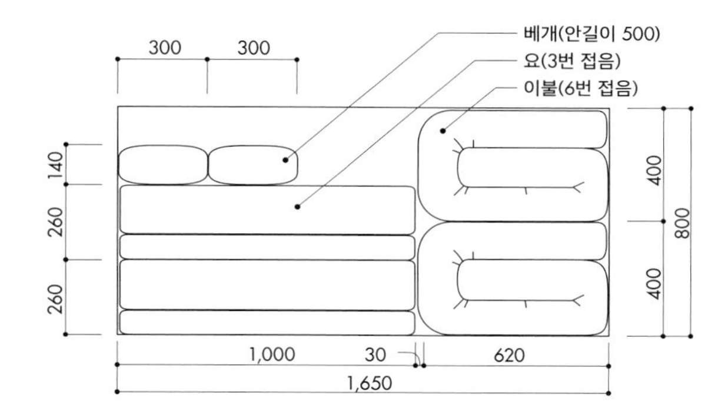

벽장(침구)

이불은 기본적인 사이즈가 정해져 있으며 개는 방식에 따라 수납 방법이 달라진다. 벽장의 기본 치수인 안치수 폭 1,650~1,800㎜, 안길이 800~900㎜에는 3번 접은 요와 6번 접은 이불, 베개를 각각 2개씩 수납할 수 있다. 수납 케이스에 넣는 경우도 있으므로 그 사이즈도 주의할 것.

이불의 기본 치수

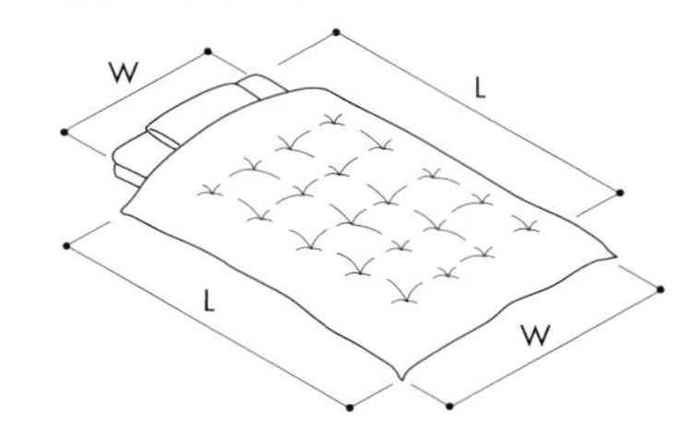

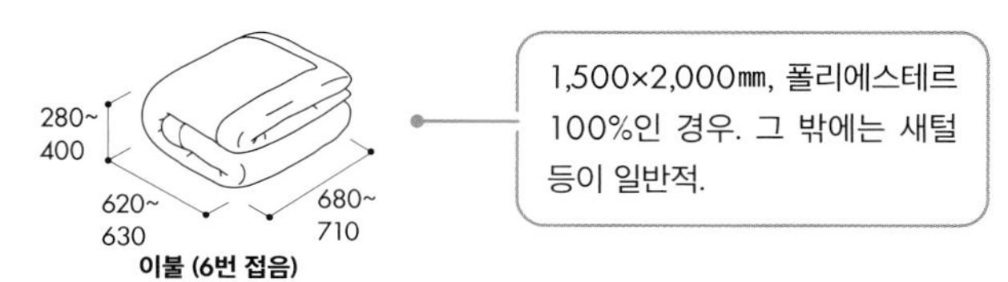

1,000×2,100㎜, 면 50%, 폴리에스테르 50%인 경우. 양모 등 다른 소재라면 사이즈가 약간 달라진다.

1,500×2,000㎜, 폴리에스테르 100%인 경우. 그 밖에는 새털 등이 일반적.

표2) 이불의 사이즈 일람(단위:㎜)

요

종류	W	L
싱글	1,000	2,000
싱글롱	1,000	2,100
더블	1,400	2,000
더블롱	1,400	2,100

이불

종류	W	L
싱글	1,500	2,000
싱글롱	1,500	2,100
더블	1,900	2,000
더블롱	1,900	2,100

이불 수납 커버의 기본 치수

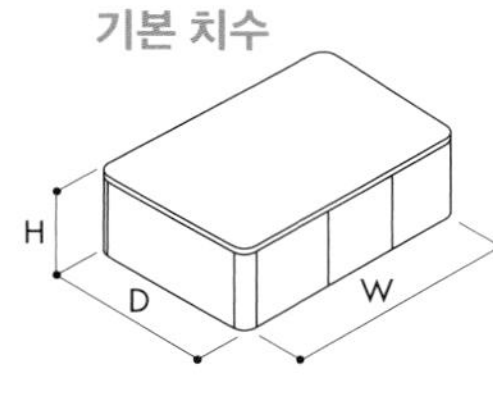

표3) 이불 수납 커버의 사이즈 기준(단위:㎜)

종류	D	W	H
이불용	680	1,000	350
요용	680	1,000	250
모포용	480	680	230
정리용	340	480	200

알아두면 좋은 특수한 치수

**계절용품이나
일정 시기에만 사용하는 물건,
취미용품 등을 잘 수납하려면
그 물건의 사이즈를 알아야 한다.
정리가 잘되는 집의 설계에
필수적인 지식이다.**

계절 장식물

크리스마스 용품 등 '계절 장식물'을 수납해야 하는 경우가 많다. 항상 장식해 두는 것은 아니지만 미리 장식할 공간을 생각한 후에 수납장소를 고려하면 좋다.

880
330
~350
530
530~
750

수납상자형 인형함

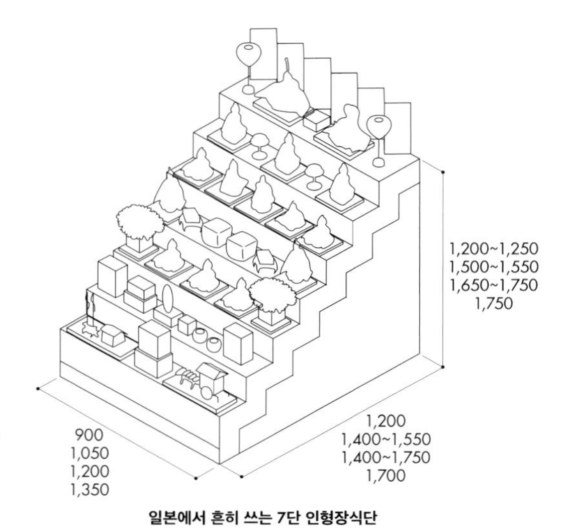

일본에서 흔히 쓰는 7단 인형장식단

유아차·쇼핑 카트

현관에 유모차나 아이의 장난감을 둘 수 있는 수납공간이 있으면 편리하다. 하지만 이 전용 수납공간은 라이프 사이클의 변화에 따라 '무용지물'이 될 우려도 있다. 대체할 수납물을 생각하는 등의 주의가 필요하다.

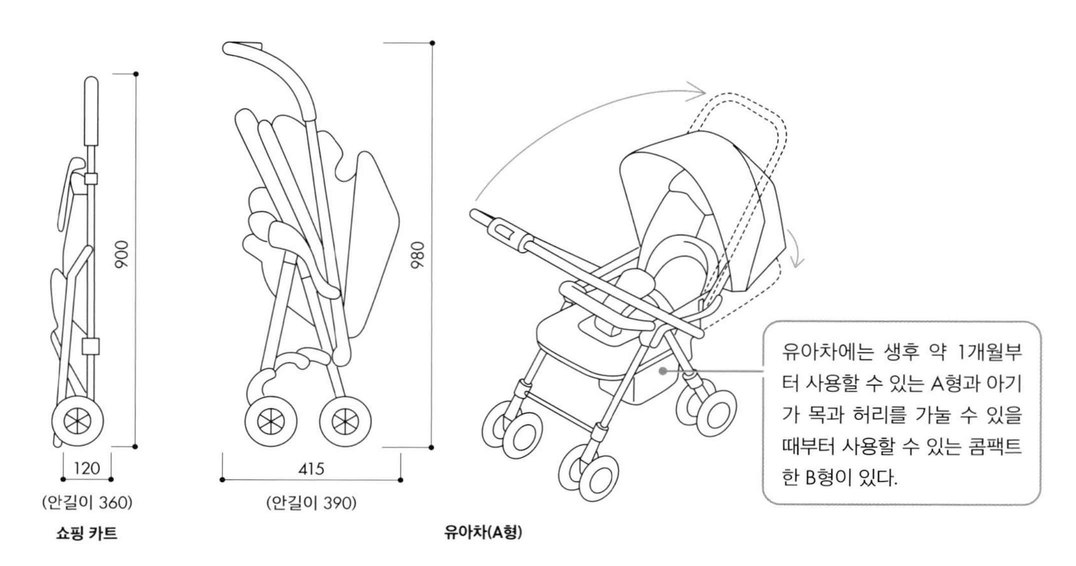

쇼핑 카트

유아차(A형)

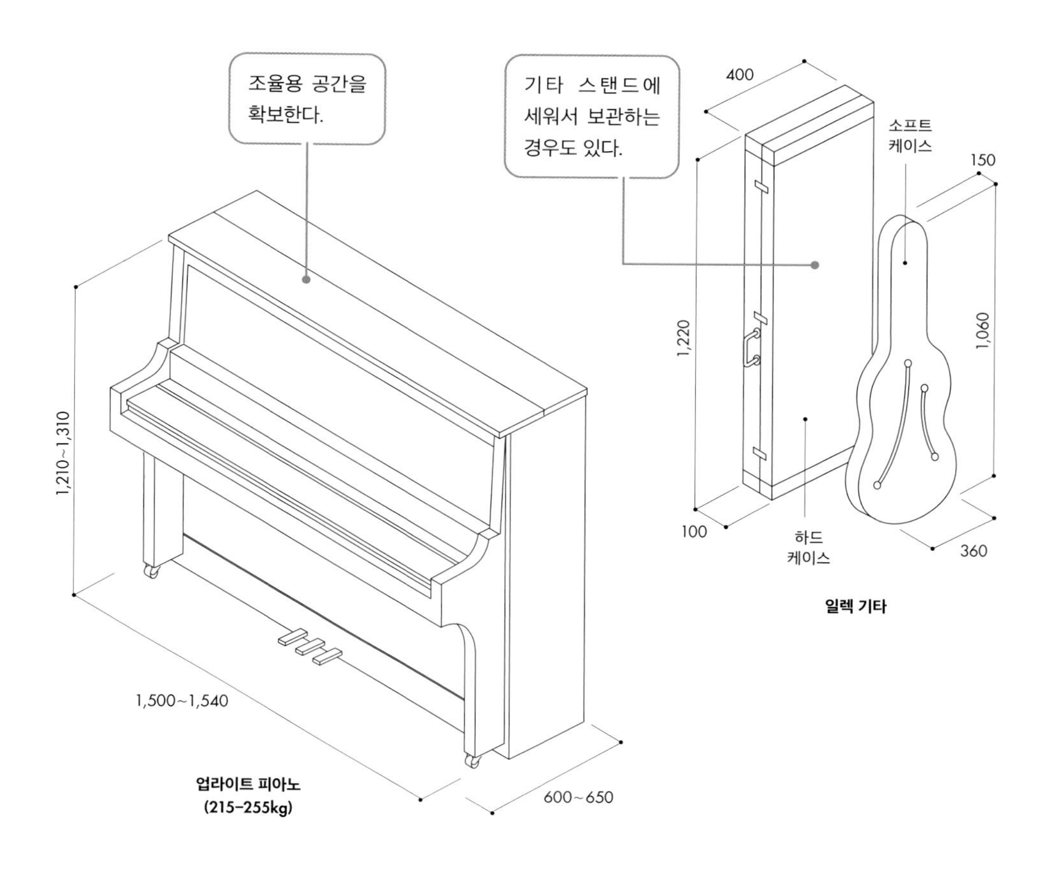

악기

악기 수납은 단순히 공간만 확보해서는 안 된다. 소음 문제와 무게, 반입 경로의 확보가 포인트. 그랜드 피아노는 다리를 떼고 반입할 수 있지만 업라이트 피아노는 모양 그대로 반입한다.

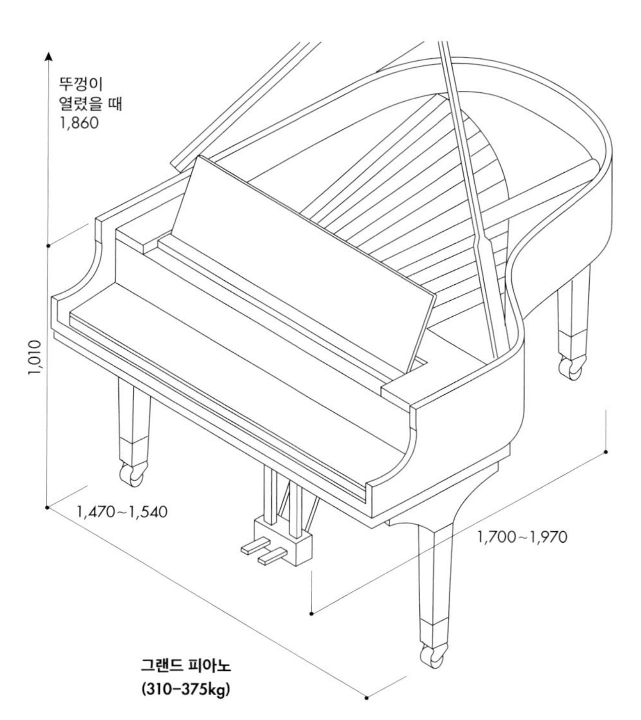

반려동물

가족의 일원인 반려동물에게는 의외로 필요한 물건이 많다. 반려동물의 크기에 따라 화장실이나 케이지의 사이즈 기준을 파악해 둔다.

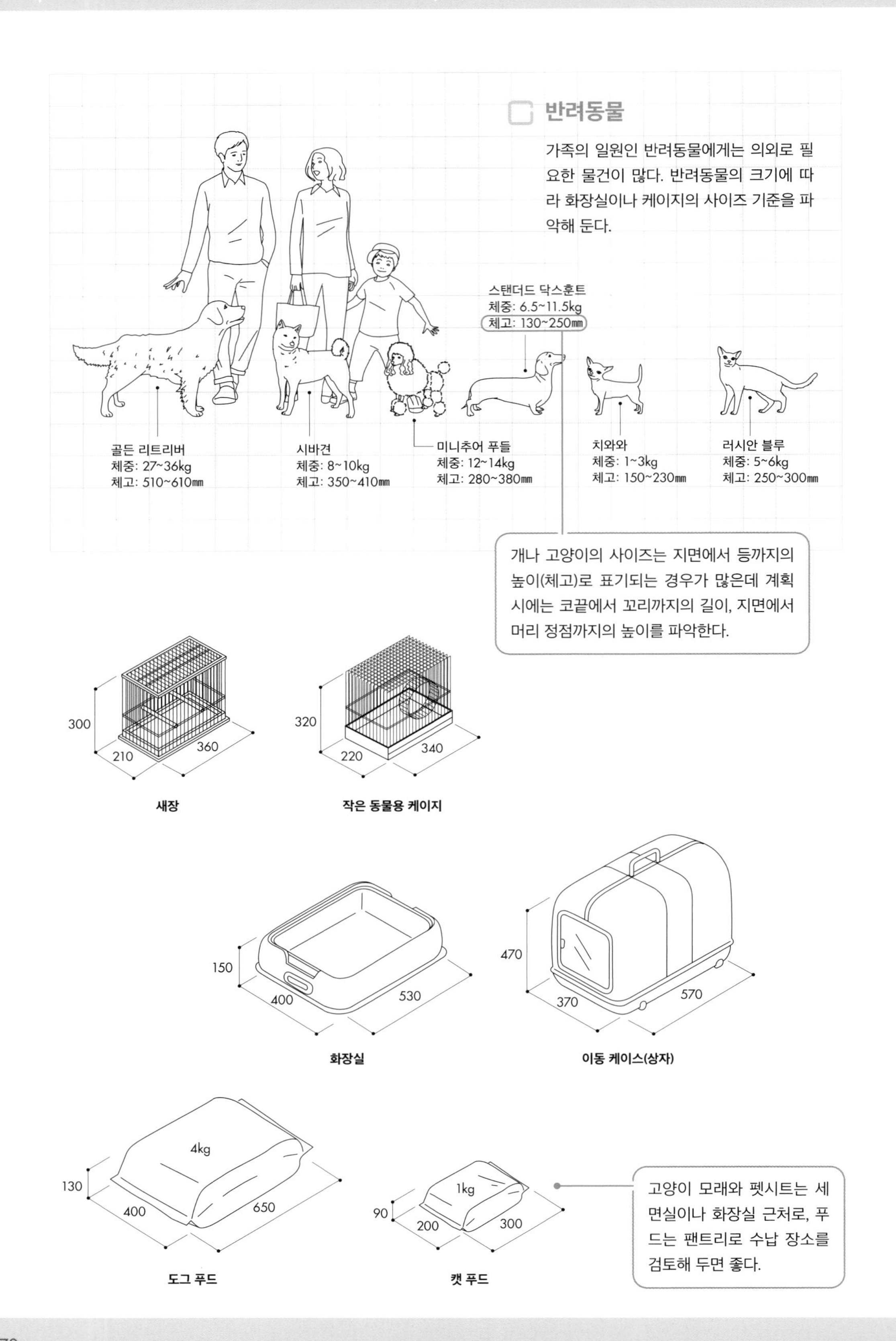

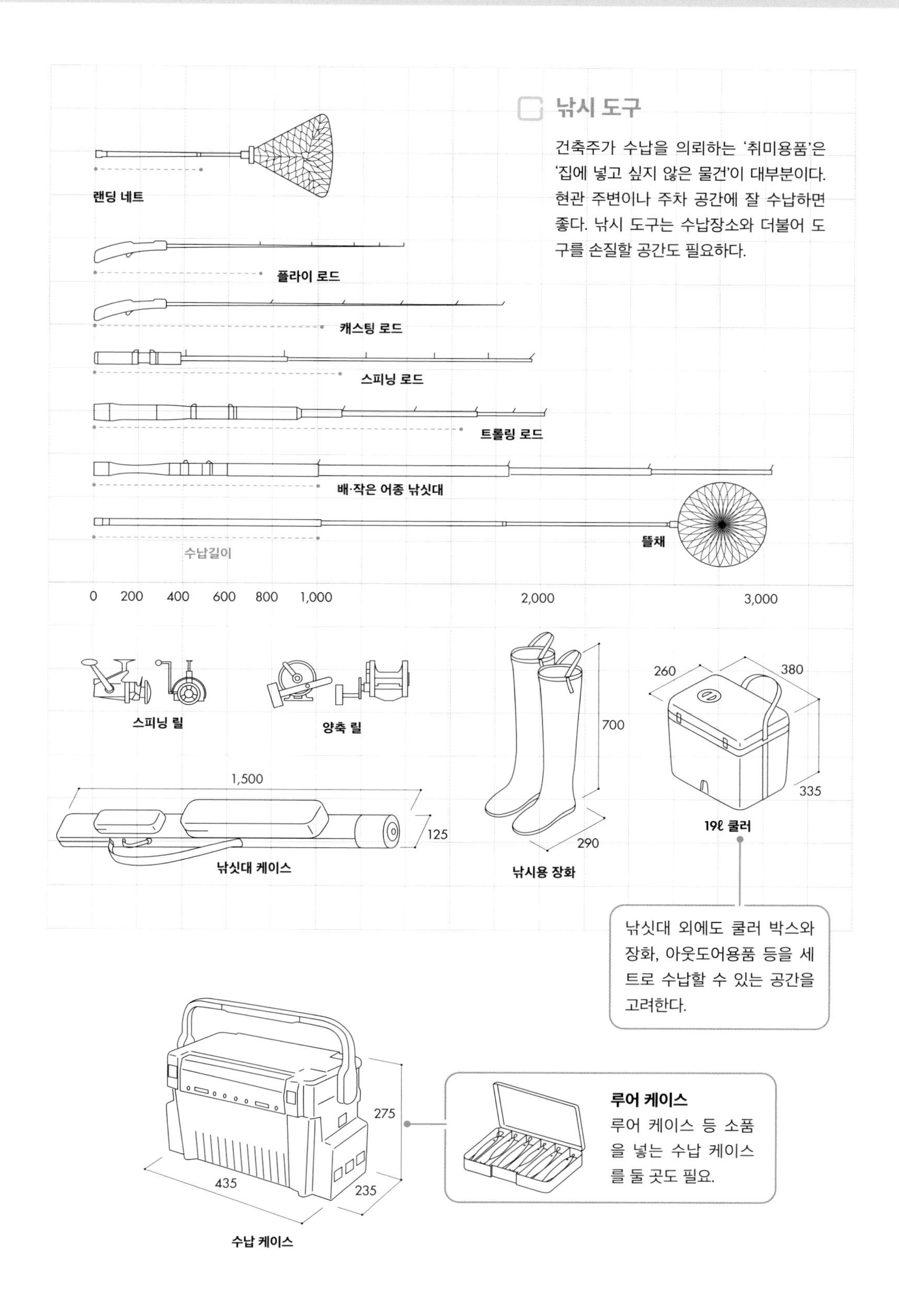
낚시 도구
건축주가 수납을 의뢰하는 '취미용품'은 '집에 넣고 싶지 않은 물건'이 대부분이다. 현관 주변이나 주차 공간에 잘 수납하면 좋다. 낚시 도구는 수납장소와 더불어 도구를 손질할 공간도 필요하다.
랜딩 네트
플라이 로드
캐스팅 로드
스피닝 로드
트롤링 로드
배·작은 어종 낚싯대
뜰채
수납길이
0
200
400
600
800
1,000
2,000
3,000
스피닝 릴
양축 릴
1,500
125
낚싯대 케이스
700
290
낚시용 장화
260
380
335
19ℓ 쿨러
낚싯대 외에도 쿨러 박스와 장화, 아웃도어용품 등을 세트로 수납할 수 있는 공간을 고려한다.
275
435
235
수납 케이스
루어 케이스
루어 케이스 등 소품을 넣는 수납 케이스를 둘 곳도 필요.

스포츠용품

스포츠용품의 수납공간은 거주자의 취미를 위해서뿐만 아니라 미래에 아이의 동아리 활동에 필요한 것까지 예상해서 만든다.

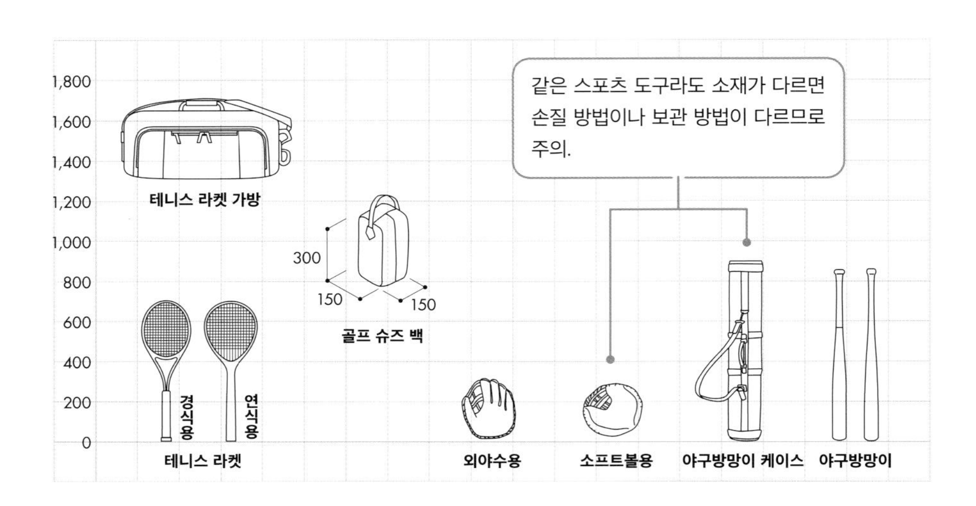

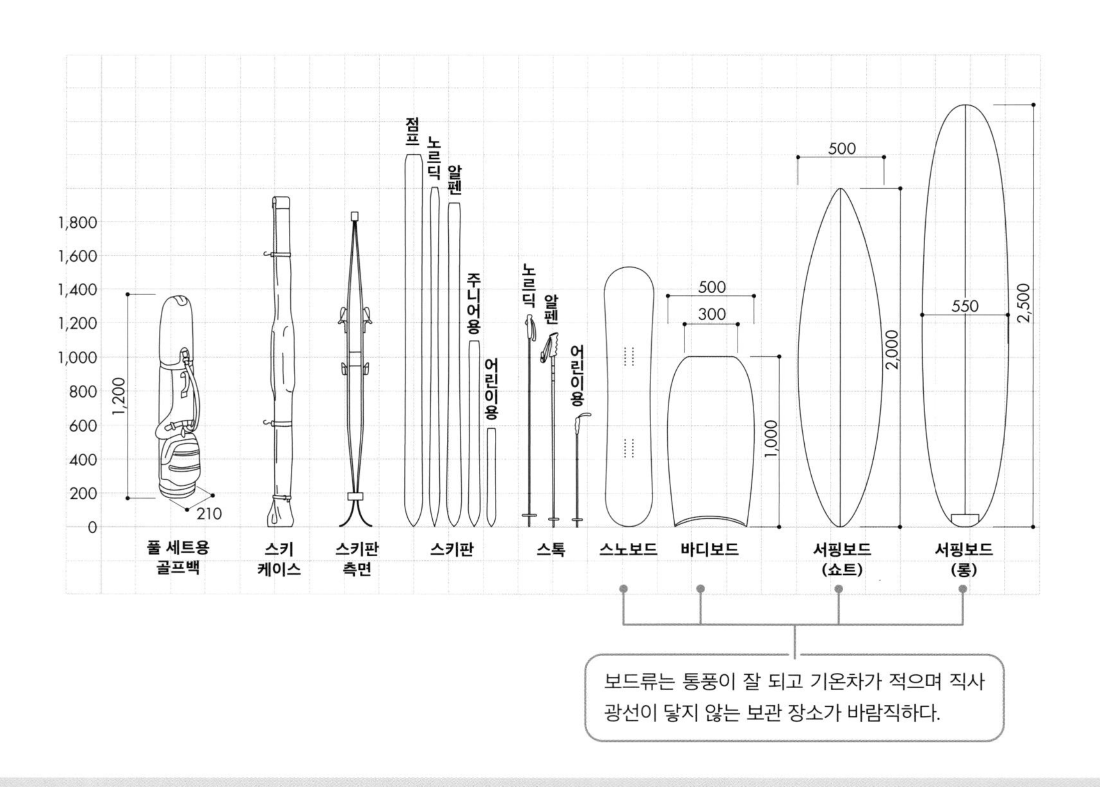

자전거·자동차

주차 공간 주변에 아웃도어나 스포츠용품 수납공간이 있으면 편리하다. 주차 공간은 차의 크기만으로 검토해서는 안 되며, 트렁크를 연 상태에서 물건을 편하게 넣고 뺄 수 있는 사이즈를 확보해야 한다. 지역에 따라서는 타이어(스노우타이어) 보관 장소도 함께 검토해야 한다.

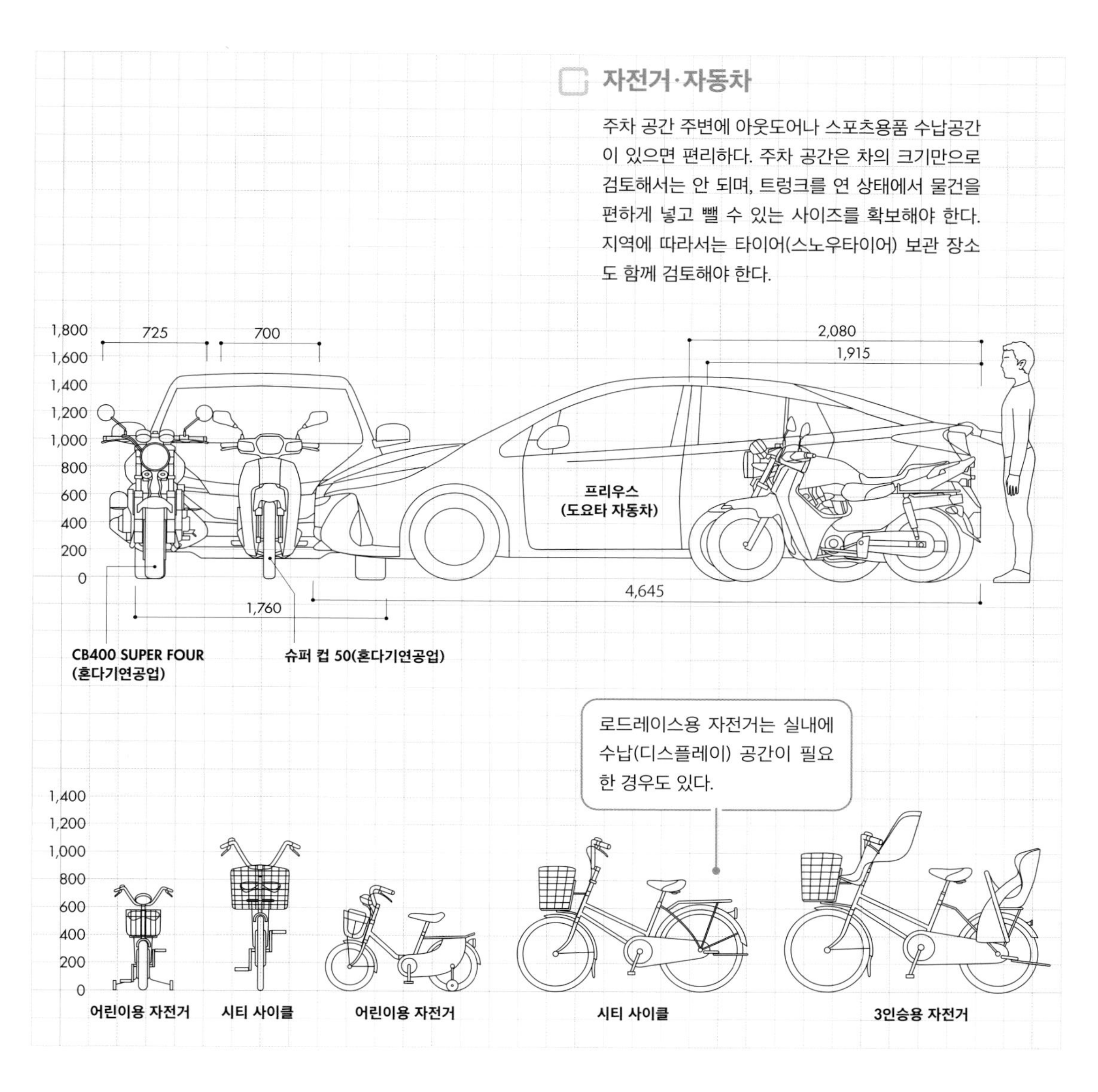

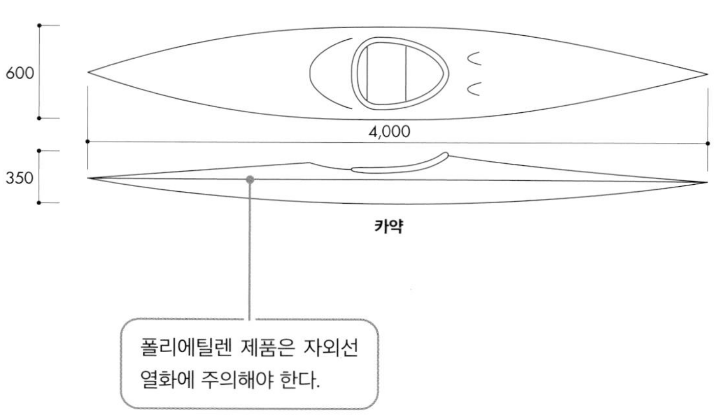

카약

도판 및 사진 출처

5쪽 [설계] 아틀리에 사라
[사진] 나가노 카요
11쪽 [개요] 혼마 이타루, bleistift
13쪽 [개요] 혼마 이타루, bleistift
14쪽 [설계] bleistift
15쪽 [설계] bleistift
16쪽 [설계] bleistift
[사진] bleistift
17쪽 [설계] bleistift
[사진] 도미타 오사무
18쪽 [설계] bleistift
[사진] 이시이 마사요시
20쪽 [설계] bleistift
[사진] 도미타 오사무
22쪽 [설계] bleistift
23쪽 [설계] bleistift
[사진] 도미타 오사무
24쪽 [설계] bleistift
[사진] 오사와 세이이치
27쪽 [개요] 혼마 이타루, bleistift
28쪽 [설계] bleistift
[사진] 오사와 세이이치
29쪽 [설계] bleistift
[사진] 이시이 마사요시
30쪽 [설계] bleistift
[사진] 오사와 세이이치
31쪽 [설계] bleistift
32쪽 [설계] bleistift
[사진] 오사와 세이이치
33쪽 [설계] bleistift
35쪽 [개요] 혼마 이타루, bleistift
42쪽 [설계] 아틀리에 사라
[사진] 호리우치 아야카
43쪽 [설계] 아틀리에 누크 건축사무소
[사진] 와타나베 신이치
44쪽 [설계] 디자인 라이프 설계실
[사진] 이시다 아츠시
46쪽 [설계] 블루 스튜디오
[사진] 다카키 료
47쪽 [설계] LEVEL Architects
[사진] LEVEL Architects
49쪽 [개요] 가쓰미 노리코, 아틀리에 누크 건축 사무소
51쪽 [설계] Kashiwagi·Sui·Associates
[사진] 우에다 히로시
52쪽 [설계] 디자인 라이프 설계실
[사진] 이시다 아츠시
54쪽 [설계] LEVEL Architects
[사진] LEVEL Architects
55쪽 [설계] Kashiwagi·Sui·Associates
[사진] 우에다 히로시
56쪽 [설계] 아틀리에 누크 건축 사무소
[사진] 와타나베 신이치
57쪽 [설계] 블루 스튜디오
[사진] 다카키 료
59쪽 [개요] 미즈코시 미에코, 아틀리에 사라
60쪽 [설계] 아틀리에 사라
[사진] 나가노 카요
63쪽 [설계] 디자인 라이프 설계실
[사진] 이시다 아쓰시
65쪽 [개요] 미즈코시 미에코, 아틀리에 사라
67쪽 [설계] 아틀리에 사라
[사진] 나가노 카요
69쪽 [설계] 아틀리에 사라
[사진] 나가노 카요
70쪽 [설계] 아틀리에 누크 건축 사무소
[사진] 와타나베 신이치
71쪽 [설계] 아스나로 건축 공방
[사진] Miho Urushido
73쪽 [설계] 리오타 디자인
[사진] 신자와 잇페이
74쪽 [설계] 리오타 디자인
[사진] 신자와 잇페이
77쪽 [개요] 가쓰미 노리코, 아틀리에 누크 건축 사무소
78쪽 [설계] LEVEL Architects
[사진] LEVEL Architects
79쪽 [설계] LEVEL Architects
[사진] LEVEL Architects
81쪽 [개요] 가쓰미 노리코, 아틀리에 누크 건축 사무소
82쪽 [설계] 아틀리에 누크 건축 사무소
[사진] 아라이 사토시
83쪽 [설계] 아틀리에 누크 건축 사무소
[사진] 와타나베 신이지
85쪽 [개요] 가쓰미 노리코, 아틀리에 누크 건축 사무소
86쪽 [설계] 디자인 라이프 설계실
[사진] 이시다 아츠시
87쪽 [설계] Kashiwagi·Sui·Associates
[사진] 우에다 히로시
89쪽 [개요] 미즈코시 미에코, 아틀리에 사라
90쪽 [설계] 아틀리에 사라
[사진] 나가노 카요
92쪽 [설계] 아틀리에 사라
[사진] 나가노 카요
93쪽 [설계] 디자인 라이프 설계실
[사진] 이시다 아츠시
94쪽 [설계] 야시마 건축 설계사무소
[사진] 마쓰무라 타카후미
97쪽 [개요] 가쓰미 노리코, 아틀리에 누크 건축 사무소
98쪽 [설계] bleistift
[사진] 도미타 오사무
101쪽 [개요] 가쓰미 노리코, 아틀리에 누크 건축 사무소
102쪽 [설계] Kashiwagi·Sui·Associates
[사진] 우에다 히로시
103쪽 [설계] 아스나로 건축공방
[사진] Miho Urushido
105쪽 [개요] 세키모토 류타, 리오타 디자인
106쪽 [설계] 리오타 디자인
[사진] 리오타 디자인
107쪽 [설계] Kashiwagi·Sui·Associates
[사진] Kashiwagi·Sui·Associates
109쪽 [개요] 미즈코시 미에코, 아틀리에 사라
110쪽 [설계] 아틀리에 사라
[사진] 나가노 카요
112쪽 [설계] bleistift
[사진] 오사와 세이이치
113쪽 [설계] Kashiwagi·Sui·Associates
[사진] 우에다 히로시
115쪽 [개요] 혼마 이타루, bleistift
116쪽 [설계] bleistift
[사진] 오사와 세이이치
109쪽 〈미타조노의 주택〉
[설계] :Kashiwagi·Sui·Associates
[사진] 우에다 히로시
121쪽 [개요] 세키모토 류타, 리오타 디자인
122쪽 [설계] 스즈키 아틀리에
[사진] 스즈키 아틀리에
123쪽 [설계] 리오타 디자인
[사진] 리오타 디자인
125쪽 [개요] LEVEL Architects
127쪽 [설계] LEVEL Architects
[사진] LEVEL Architects
128쪽 [설계] LEVEL Architects
[사진] LEVEL Architects
130쪽 [설계] 안도 아틀리에
사진(131쪽) 니시카와 마사오
132쪽 [설계] 버튼 디자인
[시공] 무라카미 건축공사
[사진] 고마쓰 마사키
135쪽 [설계] 버튼 디자인
[시공] 무라카미 건축공사
[사진] 고마쓰 마사키
137쪽 [개요] 와다 고우이치, STUDIO KAZ
139쪽 [사진] (1~3·6~12·15)사루야마 토모히로, (4)파워 플레이스, (5)아사히 목재 가공, (13·16)와다 고우이치, (14)산에이(三栄), (17~19)야스다 화장합판
139쪽 취재협력 야스다 화장합판
141쪽 [개요] 와다 고우이치, STUDIO KAZ
143쪽 [사진] (1)아이카공업
(2~6)사루야마 토모히로, (7)산게츠
(8)니시자키 공예 (9)야스다 화장합판
144쪽 [개요] 와다 고우이치, STUDIO KAZ
151쪽 [개요] 아오키 노리후미, 디자인 라이프 설계실
157쪽 [설계] 디자인 라이프 설계실
[사진] 이시다 아츠시

가쓰미 노리코(勝見紀子)
주식회사 아틀리에 누크 건축사무소

1963년 이시카와 현 출생. 86년부터 연합설계사 이치가야 건축사무소 근무, 주로 개인 주택을 설계했다. 98년 아틀리에 누크 설립(아라이 사토시와 공동 주관). 1급 건축사, 주택의사

가시와기 마나부(柏木 学)
Kashiwagi·Sui·Associates

1967년 이바라키 현 출생. 90년 긴키대학 졸업. 같은 해 하야카와 쿠니히코 건축연구실. 94년 쓰카다 건축설계사무소. 99년 가시와기 호나미와 가시와기·수이·어소시에이츠를 공동 설립. 2005년 유한회사 가시와기·수이·어소시에이츠 1급건축사사무소로 법인화.

가시와기 호나미(柏木穂波)
Kashiwagi·Sui·Associates

1967년 도쿄도 출생. 90년 도쿄 도시대학 졸업. 같은 해 하야카와 쿠니히코 건축연구실. 92년 인터디자인 어소시에이츠. 96년 수이 설계실 설립. 99년 가시와기 마나부와 가시와기·수이·어소시에이츠를 공동 설립. 2005년 유한회사 가시와기·수이·어소시에이츠 1급건축사사무소로 법인화. 현재 도쿄도시대학 등 비상근 강사.

기쿠다 코헤이(菊田康平)
버튼 디자인

1982년 후쿠시마 현 출생. 2006년 일본대학 예술학부 디자인학과 졸업. 같은 해 세노 마사하루 건축설계사무소. 부동산 회사에서 근무한 후 2014년 버튼 디자인 공동 주관.

나카무라 카즈키(中村和基)
LEVEL Architects

1973년 사이타마 현 출생. 98년 일본대학 이공학부 건축학과 졸업. 나야 건축설계사무소를 거쳐 2004년 레벨 아키텍츠 설립.

다노 에리(田野恵利)
안도 아틀리에

1963년 도치기 현 출생. 85년 무사시노 미술대학 건축학과 졸업. 91년 아키텍처 팩토리에 참가. 98년 안도 아틀리에 공동 주관.

다카기 료(髙木 亮)
블루 스튜디오

1984년 도치기 현 출생. 2006년 일본공업대학 공학부 건축학과 졸업. 같은 해 조직설계사무소 입사. 그 후 아틀리에 데쿠토를 거쳐 2012년 블루 스튜디오 입사.

무라카미 유즈루(村上 譲)
버튼 디자인

1984년 이와테 현 출생. 2006년 일본대학 예술학부 디자인학과 졸업. 같은 해 미우라 신 건축설계실. 2014년 버튼 디자인 공동 주관.

미즈코시 미에코(水越美枝子)
아틀리에 사라

1959년 이바라키 현 출생. 82년 일본여자대학 주거학과 졸업 후 시미즈 건설에 입사. 98년부터 1급건축사사무소 아틀리에 사라를 공동 주관. 신축·리폼의 주택설계부터 인테리어 코디네이트, 수납 계획까지 폭넓게 다루고 있다. 현재 일본여자대학 비상근 강사, NHK 문화센터 강사.

세키모토 료타(関本竜太)
리오타 디자인

1971년 사이타마 현 출생. 94년 일본대학 이공학부 건축학과를 졸업하고 99년까지 AD 네트워크 건축연구소 근무. 2000~01년 핀란드의 헬싱키 공과대학(현 알토대학)에 유학. 귀국 후 2012년에 리오타 디자인 설립.

세키오 히데타카(関尾英隆)
아스나로 건축공방

1969년 효고 현 출생. 95년 도쿄공업대학 대학원 이공학연구과 건축학 전공 수료. 95~2005년 니켄 설계에서 근무. 05~08년 오키 공무점에서 근무. 08년 세키오 히데다카 건축설계공방 1급건축사사무소 개설. 09년 아스나로 건축공방 설립.

스즈키 노부히로(鈴木信弘)
스즈키 아틀리에

1963년 가나가와 현 출생. 가나가와 대학 건축학과에 재학 중 영국 애스턴 대학에 교환 학생으로 유학. 수료 후 도쿄 공업대학 조수. 94년 스즈키 아틀리에 1급건축사사무소 설립(스즈키 요코 씨와 공동 주관). 2004년 유한회사 스즈키 아틀리에로 개편. 가나가와 대학 건축학과 비상근 강사.

아오키 노리후미(青木律典)
디자인 라이프 설계실

1973년 가나가와 현 출생. 히비오 히로시 건축계획연구소, 다이 카쓰마 건축설계공방에서 근무한 후 2010년 아오키 노리후미 건축설계스튜디오 설립. 2015년 디자인 라이프 설계실로 개편.

안도 카즈히로(安藤和浩)
안도 아틀리에

1962년 도쿄도 출생. 85년 무사시노 미술대학 건축학과 졸업. 88년 안도 아틀리에 설립. 90년 아키텍처 팩토리를 톰 헤네간(영국)과 공동 설립, 구마모토 현 아트폴리스 도시계획사업에 참가. 98년 안도 아틀리에 활동을 재개.

야시마 마사토시(八島正年)
야시마 건축 설계사무소

1968년 후쿠오카 현 출생. 93년 도쿄 예술대 미술학부 건축과 졸업. 95년 같은 대학 대학원 미술연구과 석사 과정 수료. 98년 야시마 마사토시+타카세 유코 건축설계사무소 공동 설립. 2002년 야시마 건축 설계사무소로 개칭. 현재 도쿄 예술대학, 가나가와 대학 비상근 강사.

야시마 유코(八島夕子)
야시마 건축 설계 사무소

1971년 가나가와 현 출생. 95년 다마 미술대학 미술학부 건축과 졸업. 97년 도쿄 예술대학 대학원 미술연구과 석사 과정 수료. 98년 야시마 마사토시+타카세 유코 건축설계사무소 공동 설립. 2002년 야시마 건축설계사무소로 개칭. 현재 타마 미술대학 비상근 강사.

와다 고우이치(和田浩一)
스튜디오 카즈

1965년 후쿠오카 현 출생. 규슈 예술공과대학 예술공학부 공업설계학과 졸업. 94년 스튜디오 카즈 설립. 주문 부엌, 주문 가구, 레노베이션 등의 설계를 한다. 2014년부터 공무점에 주문 부엌을 지도하는 '키친 아카데미' 주관. 도쿄 디자인플렉스연구소 비상근 강사.

이즈하라 켄이치(出原賢一)
LEVEL Architects

1974년 가나가와 현 출생. 2000년 시바우라 공업대학 대학원 공학연구과 건설공학 전공 수료. 나야 건축설계사무소를 거쳐 2004년 레벨 아키텍츠 설립.

혼마 이타루(本間 至)
bleistift

1956년 도쿄 도 출생. 79년 일본대학 이공학부 건축학과 졸업. 같은 해 하야시 칸지 건축설계사무소 입소. 86년 혼마 이타루 건축설계사무소 개설. 94년 혼마 이타루|블라이슈티프트로 개칭

Memo

Memo

전문가와 (목공)동호인을 위한

수납 디자인

엑스날리지 지음
박승희 옮김

초판 1쇄 인쇄 2021년 1월 10일
초판 1쇄 발행 2021년 1월 20일

ISBN 979-11-90853-08-8 (13540)

발행처 도서출판 마티
출판등록 2013년 11월 12일
등록번호 제2013-000347호
발행인 정희경
편집장 박정현
편집 서성진
마케팅 주소은
디자인 조정은

주소 서울시 마포구 잔다리로 127-1, 레이즈빌딩 8층 (03997)
전화 02. 333. 3110
팩스 02. 333. 3169
이메일 matibook@naver.com
홈페이지 matibooks.com
인스타그램 matibooks
트위터 twitter.com/matibook
페이스북 facebook.com/matibooks

이 도서의 국립중앙도서관 출판예정도서목록(CIP)은 서지정보유통지원시스템 홈페이지
(http://seoji.nl.go.kr)와 국가자료종합목록 구축시스템(http://kolis-net.nl.go.kr)에서 이용하실 수 있습니다.
(CIP제어번호 : CIP2020054369)